Historia de los metales que cambiaron el mundo

ÁLVARO MARTÍNEZ CAMARENA

Historia de los metales que cambiaron el mundo

GUADALMAZÁN

Guadalmazán • Colección Divulgación Científica
Director editorial: Antonio Cuesta
Edición de Rebeca Rueda y Victoria García

www.editorialalmuzara.com
pedidos@almuzaralibros.com - info@almuzaralibros.com

Talenbook, s. l.
C/ Cervantes 26 • 28014 • Madrid

Imprime: Liberdúplex
ISBN: 978-84-19414-26-7
Depósito legal: M-4134-2024
Hecho e impreso en España - *Made and printed in Spain*

A José Luis y a Rosa;
a Cèsar,
y a Neus.

I en eixes tu que vens,
i rode jo amb el món.

Índice

LOS SIETE METALES DE LA ANTIGÜEDAD

Passy, Francia, 1784

Apenas llevaba un minuto sentada frente a la puerta cuando empezó a sentir escalofríos. Un minuto después comenzó a castañear los dientes y a sentir calor por todo el cuerpo; tras un tercer minuto, sufrió el ataque. La respiración se aceleró, estiró ambos brazos por detrás de su espalda, los torció violentamente, con fuerza, e inclinó su torso hacia delante. El cuerpo entero temblaba. El rechinar de los dientes se hizo tan ruidoso que se oía desde fuera; se mordió la mano con tal fuerza que los dientes quedaron marcados en ella.

El que acabamos de leer es un fragmento del informe que Benjamin Franklin dirigió al rey Luis xvi de Francia describiendo un caso de posesión del que fue testigo. Una posesión de la que en realidad fue responsable, que provocó por mandato expreso del rey, pero que en realidad nunca llegó a ser real. Lo más absurdo de todo esto es que la razón de ser de esta historia la debemos buscar en un metal, el hierro, y en una propiedad extraordinaria, el llamado magnetismo animal. No se preocupen, que más tarde tendremos tiempo de sobra de descubrir este caso; ahora mismo solo nos interesa tomar un detalle de la historia: sin tocarla, sin tan siquiera entrar en su cuerpo o enfermarla, el hierro fue capaz de tomar el control sobre una persona. Por extraño que nos parezca, esta no es la característica más extraordinaria de los metales.

Si pensamos en un metal, nos vendrá a la mente una barra de hierro gris, sólida, resistente y dura. Puede que pensemos también en su facilidad para conducir la electricidad, puede que lo hagamos en su tacto frío. No nos habremos equivocado en nuestra descripción, pero nos habremos quedado muy cortos. Porque los metales son vida y muerte; son venenos terribles, pero también son una de las piezas fundamentales de nuestro metabolismo y de los medicamentos con los que combatimos el cáncer y las infecciones. Los metales son color y arte, con ellos fabricaron Goya y Monet sus pigmentos, y con ellos estallan en color las vidrieras de las catedrales. Los metales son el material con el que representamos nuestros sueños, son símbolo de poder e inmortalidad; el tinte con el que dibujábamos nuestros deseos y pesadillas sobre las cuevas de Altamira. Redescubrirlos nos abrirá las puertas a las entrañas de la historia y la naturaleza humanas, y veremos cómo los metales han sido, y son, trascendentales para la vida, la cultura y la historia humanas, más allá de sus usos fabriles o mecánicos.

Ese es el propósito de este libro. Y lo haremos a través de los siete metales de la Antigüedad, los únicos que nos acompañan desde la prehistoria, aquellos que marcaron el origen de eras enteras de la humanidad: el oro, el cobre, la plata, el plomo, el estaño, el hierro y el mercurio. Tomando a estos siete como excusa, analizaremos el papel de los metales en áreas tan diversas de la idiosincrasia humana como son la religión, la medicina, la nanociencia, las supersticiones, el arte, la política y la biología. Cada capítulo lo dedicaremos principalmente a una temática, aunque veremos cómo muchas de ellas se entremezclan, como es el caso de la medicina y la nanociencia, o el arte y la ecología. Asimismo, cada capítulo tendrá un metal como protagonista, que tomaremos como pretexto para profundizar en el papel de estos elementos en nuestra vida cotidiana, por una parte, y en nuestra historia y cultura, por otra.

¿Por qué el oro es sinónimo de poder? ¿Por qué lo han utilizado la inmensa mayoría de las religiones? ¿Es pura casualidad, o hay algo en él que nos impele a usarlo con este fin? ¿Por qué la agricultura ecológica utiliza sales metálicas para evitar plagas en los cultivos? ¿Cuál es el motivo por el que Trump intentó comprar la isla de Groenlandia, un páramo de hielo y nieve, y por qué están tan interesadas en ella China y las fortunas de Silicon Valley? En este libro responderemos a estas preguntas y a muchas más. Veremos cómo un elemento, el cobre, fue capaz por sí solo de dar fin a periodos de la historia del ser humano; cómo los colonos del Oeste americano purificaban el agua con monedas de plata, y cómo esta se convertirá en nuestra herramienta secreta para vencer a las pandemias del futuro. Veremos que el magnetismo fue origen de muchas de las supersticiones y pseudociencias que gozan de éxito en la actualidad, y que tras toda obra cumbre de la humanidad hay un químico y un metalúrgico.

Y es que un metal raramente ha sido solo un pedazo de metal. Los siete metales de la Antigüedad nos han acompañado desde que diésemos los primeros pasos como especie, al tiempo que han determinado la forma en cómo vemos el mundo, cómo lo entendemos y cómo lo representamos. Y todavía hoy lo siguen haciendo. Descubramos cómo.

CAPÍTULO I

SOBRE EL ORO, LA ETERNIDAD Y LAS RELIGIONES

O cómo el ser humano logró ser inmortal

PER ASPERA AD ASTRA

En este mismo momento, el corazón de una mujer late más allá de la órbita de Saturno. Mucho más lejos, más allá de donde el viento solar es capaz de llegar. Late en el espacio interestelar.

Hoy está a 23 mil millones de kilómetros de donde bombeó sangre en vida, y, con cada segundo que pasa, se aleja otros 16.9 kilómetros. Dentro de unos trescientos años llegará a la nube de Oort y en treinta mil años más superará los confines del sistema solar. Si esperásemos otros trescientos mil años, la veríamos encontrarse con la primera de las muchas estrellas que visitará en su camino, la TYC 3135-52-1. Y así continuará: el latido del corazón de Ann Druyan viajará por el espacio, si nada se lo impide, durante mil millones de años.

Pero este latido no viaja solo, lo acompañan las primeras palabras de una madre a su hijo recién nacido, el primer movimiento de la *Quinta Sinfonía* de Beethoven y el *Johnny B. Goode* de Chuck Berry. Y junto con ellos, decenas de otros sonidos, piezas musicales e imágenes: desde la primera página del libro de Newton *El sistema del mundo*, hasta un esquema de nuestro ADN; pasando por la fotografía de unas niñas andinas, la radiografía de una mano humana y la imagen de un hombre bebiendo de un porrón.

Todo ello constituye el más importante de los mensajes que nunca lanzaremos al espacio, el que nos sobrevivirá como especie y como planeta. Una descripción de quienes somos, grabada en un disco de oro, y que lanzamos al espacio en 1977 con el propósito último de convertirnos en inmortales. Es el Disco de Oro, es la herencia de la humanidad.

* * *

La sonda Voyager 1 fue lanzada al cosmos el 5 de septiembre de 1977 desde Cabo Cañaveral, en la costa de Florida. Su gemela, la Voyager 2, había iniciado su viaje unas semanas antes, el 20 de agosto. Inicialmente, estas sondas se pensaron como una herramienta para explorar los confines del sistema solar, además de sus cuatro últimos planetas: Júpiter, Saturno, Urano y Neptuno. Fue gracias a ellas, por ejemplo, que observamos actividad volcánica por primera vez fuera de la Tierra, en el satélite de Júpiter Ío, o que descubrimos la atmósfera de Titán, el mayor de los satélites de Saturno. Si son aficionados a la astronomía, les sonará sin duda la fotografía conocida como *Un punto pálido azul*, popularizada a través de la serie de Carl Sagan *Cosmos*. Se trata de una imagen de la Tierra tomada a 6000 millones de kilómetros de distancia y que deja ver la Tierra apenas como un pálido punto de luz azul en la negra inmensidad del cosmos. Bien, pues fue la Voyager 1 quien la tomó.

Pero no es su misión principal la que hace tan especiales a estas sondas. Desde que superasen en su avance a Saturno, allá por 1980, el objetivo de las Voyager ha sido avanzar, distanciarse de nosotros y medir. Y cuanto más, mejor. Su sino es adentrarse en el espacio, huir de nuestro sistema y explorar sus confines. Infatigables, alejarse y medir, alejarse y medir. Pero esta solo es una parte de su labor, quizás la más intrascendente. Su verdadera misión empezará una vez que su actividad haya acabado, cuando se agote su combustible y sus motores se apaguen por completo.

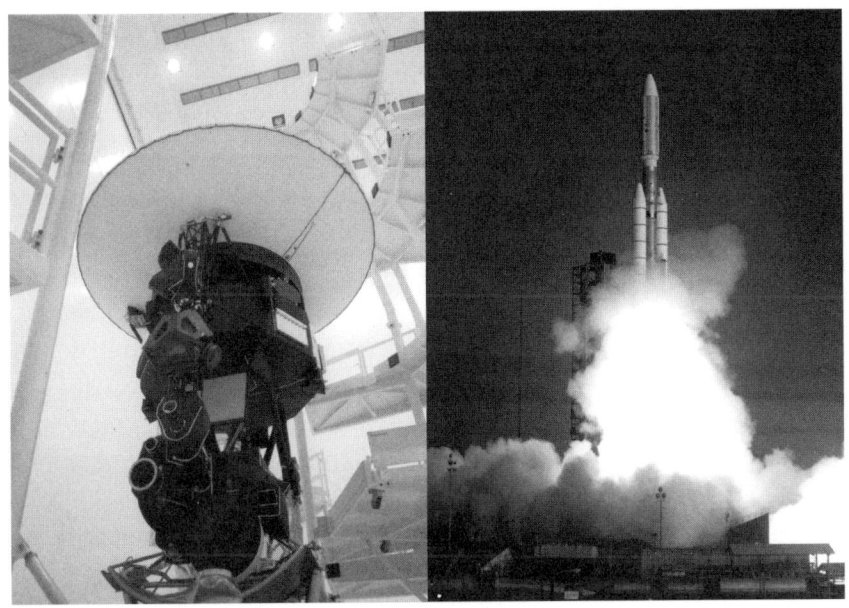

A la izquierda, la sonda interplanetaria Voyager 1.
A la derecha, su despegue a bordo de la nave Titán III.

Habitualmente las sondas se diseñan para acercarse a un objeto celeste, bien sea el Sol, un satélite, un planeta o un asteroide, y tomar todas las medidas posibles hasta morir. La esperanza de vida de estas sondas es de unos pocos años, aunque hay casos extraordinarios en que la suerte se pone de cara y la sonda funciona durante décadas. Pero, incluso en estos, tras su longevidad siempre subyace una certeza: en algún momento la actividad de la sonda tocará a su fin.

La muerte de las Voyager ha sido un proceso lento, agónico, pero al escribir estas líneas está a punto de acabar: con el avance de la misión de exploración, los depósitos de plutonio de las Voyager se agotan y sus diferentes sensores deben ir apagándose. Las primeras cámaras de la Voyager 1 se desactivaron en 1990, al tiempo que los espectrómetros de plasma hicieron lo propio en 2007; unos días antes lo había hecho ya su propio calentador. A partir de 2016 los giroscopios se volvieron inservibles. El apagado selectivo de instrumentos continuó en 2020, con un nivel de batería cada vez más bajo. Y así hasta llegar a 2025. Se calcula que será en torno a este año cuando la sonda acabe con sus reservas de combustible y deje de proporcionar energía a ninguno de sus instrumentos. Se apagará definitivamente, avanzando, inánime, a través del espacio; a una velocidad de centenares de kilómetros por segundo. Lo hará por la propia inercia del movimiento, porque en el espacio no hay prácticamente nada que la frene. Pero, incluso llegado este momento, su misión todavía no habrá finalizado. Una vez inerme, aún deberá transportar nuestra herencia, aquello que somos y lo que nos rodea, lo que queremos que perdure de nosotros una vez nuestra civilización —y aquellas que la sucedan— no sea más que polvo. Y la transporta pegada a su costado.

Durante la construcción de la Voyager 1, sobre uno de sus flancos, los ingenieros acoplaron un estuche de aluminio, circular; grabado en su superficie con unos extraños símbolos: rectángulos con círculos en su interior, rectas discontinuas que se cortan en un punto común, trayectorias zigzagueantes… Y en el interior del estuche, un disco de vinilo, pero no de cloruro de polivinilo clásico, ese material negro que todos asociamos con el objeto. El disco de la Voyager 1 estaba hecho de oro (de cobre chapado en oro, para ser más específicos). Este es el llamado *Golden Record*, el Disco de Oro de la Tierra.

El Disco de Oro de la Tierra es el resultado de una misión muy específica que la NASA le encomendó a un grupo de científicos y artistas, encabezados por Carl Sagan, en la década de 1970. Durante casi un año, este equipo se dedicó a seleccionar y recopilar las grabaciones e imágenes que mejor representasen a la especie humana en particular y a la Tierra en su conjunto; una muestra de la diversidad y la complejidad de la vida en el planeta, así como de la riqueza cultural del ser humano. Todo, con el fin de salvaguardarlas en ese pequeño disco que debía ser enviado al espacio; un disco destinado a no volver nunca a su planeta de origen. Es más, por si la tarea les parece sencilla, piensen que este compendio de datos debía caber en un disco de apenas treinta centímetros de diámetro, un objeto lo suficientemente ligero como para no suponer un lastre para la misión.

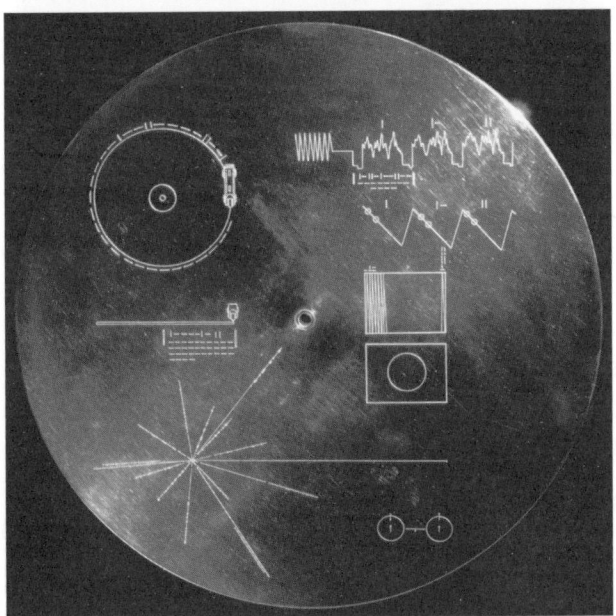

The Sounds of Earth, también conocido como el *Golden Record* o Disco de Oro de la Tierra. Abajo, la cubierta de aluminio dorado para proteger los discos.

El resultado del trabajo del equipo de Sagan es un listado de 115 imágenes que van desde esquemas anatómicos de nuestro cuerpo hasta una descripción del ADN y del sistema solar, pasando por retratos de algunas de las culturas que pueblan el planeta, fotografías de la fauna de nuestro mundo e imágenes de personas de todo tipo y condición. Esta recopilación, además, viene acompañada por una serie de grabaciones entre las que se incluyen sonidos de la naturaleza (de fenómenos naturales, de animales, de constantes vitales), así como de voces, de ingenios construidos por el ser humano (trenes, herramientas, cohetes espaciales despegando) y de música (tradicional procedente de China e India; clásica compuesta por Bach, Mozart y Beethoven; *folk* de Bulgaria; *blues* de Blind Willie Johnson; *rock* de Chuck Berry). Junto con ello, Sagan incluyó los latidos del corazón de la que años después se convertiría en su esposa: Ann Druyan. El resumen lo completa una recopilación de saludos amistosos grabados en 56 idiomas distintos, desde el mandarín hasta el antiguo hitita, y una frase latina traducida a código morse: *Per aspera ad astra*, «Por el áspero sendero, hasta las estrellas». Un resumen de la especie humana; nuestro legado.

Un legado que, además, viene equipado con un mapa para indicar de dónde partió el disco e instrucciones sobre cómo reproducirlo (con referencias universales, nunca mejor dicho): eso son las extrañas líneas grabadas en la cubierta del estuche que protege al propio disco.

Lo más probable es que, llegado este punto, toda esta historia nos suscite algunas preguntas. Ya hemos dicho que la Voyager 1 está hecha para durar; para durar, y para alejarse de nosotros. No en vano, es el objeto que más lejos hemos conseguido lanzar, cuya distancia con la Tierra se amplía vertiginosamente con cada segundo que pasa. Y así seguirá siendo, de hecho, durante centenares de miles de años, millones de ellos incluso, si los cálculos son correctos. Es por tanto el elemento perfecto al que sujetar aquello que queramos alejar de nosotros. Pero ¿por qué motivo querríamos alejar el retrato de nuestra especie y el mundo que habitamos? ¿Y qué significa que la cubierta del disco esté grabada con un mapa para indicar de dónde partió el disco? ¿Indicárselo, a quién? ¿Para quién están diseñadas estas instrucciones? ¿A quién están dirigidas las grabaciones? Y la cuestión más recurrente de todas: todo esto, ¿para qué?

La respuesta más sencilla a estas preguntas es que los discos de la Voyager se diseñaron como un mensaje para una civilización extraterrestre. Una especie de botella que se lanza al océano con la esperanza de que alguien la recoja y sea capaz de leerla; para que una civilización alienígena pueda descubrirnos —es así, de hecho, como se comunicó en su momento al gran público—. Para ellos son las indicaciones del origen de la botella, las instrucciones sobre cómo reproducir el disco y sacar de él la información. Pero seamos honestos, incluso en el caso de existir algún tipo de civilización alienígena capaz de interpretar el disco y su estuche, incluso en ese supuesto, las posibilidades de que se encontraran con la sonda son extremadamente remotas.

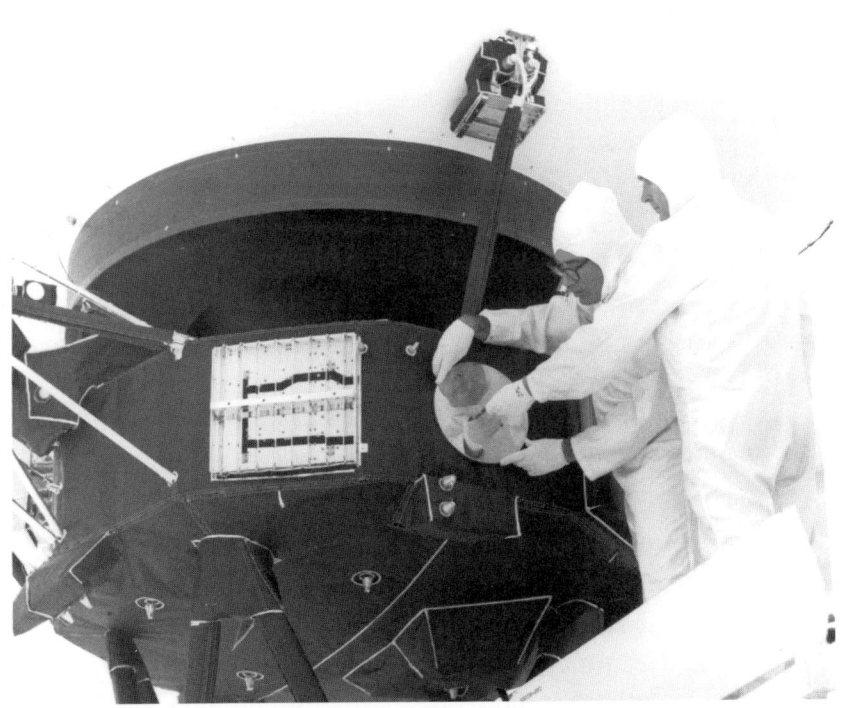

Instalación del *Golden Record* en la sonda espacial Voyager 1.

No, el *Golden Record* es más bien un mensaje de esperanza para nosotros mismos, como lo es la botella para el náufrago que la lanza: la esperanza de que algo nos sobreviva, de que algo de lo que somos perdure en el tiempo. Es la negación de la nada, la huida de ese vacío que tanto nos asusta. Es el deseo de que nuestra cultura y todo lo que conseguimos no desaparezca sin más, como si siempre hubiese estado carente de sentido. Es una cápsula de tiempo. Es el sueño de eternidad.

Pero la eternidad, como dijo aquel, es mucho tiempo. El reto para el equipo de Sagan no consistió únicamente en escoger los elementos que mejor nos representasen y que cupiesen en el limitado espacio disponible, ni tampoco en diseñar las instrucciones para reproducir el disco basándose en referencias universales como el periodo de la transición fundamental de un átomo de hidrógeno; sino en encontrar un sistema capaz de conservar la información por miles de millones de años.

Y es que, si la Voyager 1 era una cápsula diseñada para durar, el disco a transportar debía estar hecho para sobrevivirla. Así, cuando dentro de millones de años la sonda esté medio erosionada por la sutil (pero constante) llovizna de micrometeoroides, cuando cualquier rastro de memoria magnética haya desaparecido, cuando los materiales que la componen estén una y mil veces fracturados por las temperaturas extremadamente bajas del espacio; ahí continuará el disco, inmaculado, listo para ser reproducido, dispuesto a revelar los secretos de una especie humana ya extinta. Encontrar un material que asegurase esto, que, mientras todo alrededor se desmorona, él continúa en pie, no era una tarea trivial.

Evidentemente, utilizar una de las cintas magnéticas tan comunes en el momento no era una opción. Primero, porque, en su viaje a través de la galaxia, la sonda se podría ver sometida a una serie de campos electromagnéticos que borrarían las cintas por completo. Y segundo, porque, incluso en ausencia de estos campos, estas cintas van perdiendo, poco a poco, la información por sí solas. Pensemos, por ejemplo, en las cintas de casete o de VHS que tenemos en casa guardadas y que fueron grabadas hace solamente unas pocas décadas: si las volvemos a reproducir, podremos comprobar cómo la calidad de la imagen y del sonido ha empeorado considerablemente. Esto es debido a que los diminutos imanes que las componen y que codifican sus datos se reordenan espontáneamente con el tiempo, haciendo que la información se pierda. En este caso particular, la pérdida de los datos se ve además acelerada por la influencia del campo magnético de la Tierra. En cualquier caso, nos podemos hacer una idea de la información que podrá contener una cinta de un millón de años: únicamente ruido.

Así pues, la opción por la que se optó fue utilizar un disco de vinilo, aunque sin vinilo, al ser este un material demasiado frágil para las condiciones de la misión. Se decidió que estaría hecho de cobre para que su peso no fuese demasiado elevado, y se recubriría del único metal capaz de conseguir su preservación por millones de años, el metal perfecto para soportar las temperaturas extremas a las que la sonda se vería sometida, aquel inmune a los campos magnéticos y eléctricos. El metal eterno: el oro.

DIOSES DE METAL

El oro deberá ser, por tanto, el guardián de nuestra memoria. Ni el carbono, ni el silicio; ni el elemento del que se hacen los libros, ni del que están hechas las nubes (de computación, claro está). El oro es prácticamente el único elemento que reúne las condiciones necesarias para protagonizar esta misión desde el punto de vista de su ductilidad, su fragilidad y la capacidad térmica que ofrece, entre otras.

Esta es una conclusión absolutamente lógica, pero que no por ello deja de ser curiosa. Y es que debemos reconocer que tiene su punto de ironía que el metal que nos haga eternos sea, precisamente, aquel al que se le ha atribuido tal característica a lo largo de toda la historia del ser humano; el metal de los dioses. Desde Babilonia hasta China, pasando por los iconos mexicas y aztecas. El material que nos hará inmortales es el que ya hacía inmortales (aunque por motivos completamente distintos) a una de las primeras civilizaciones del ser humano, la egipcia. En su idolatría a lo permanente, a lo que nunca muere, esta civilización valoró por encima del resto al metal inalterable por excelencia, el oro. Y, de hecho, la inalterabilidad de este elemento hizo que le atribuyesen la propiedad de la regeneración. Así, a través de este metal, el difunto faraón debía conseguir la inmortalidad renaciendo como el dios Osiris. Es por ello por lo que llenaban de oro el ajuar funerario del fallecido.

Y como bien sabemos, el papel protagonista del oro no acabó con el fin de las religiones antiguas, sino que su uso como símbolo de divinidad e inmortalidad se mantuvo en las principales religiones monoteístas y abrahámicas. Los cristianos católicos visten a sus vírgenes en mantos bordados con hilo de oro, envuelven a sus santos con halos dorados en las pinturas y forran el interior de sus iglesias, basílicas y catedrales de finísimas láminas del áureo metal. Lo mismo sucede con los cristianos ortodoxos, quienes además tienden a forrar las cúpulas y los iconostasios de sus templos de este mismo metal. Si nos acercamos a Jerusalén, sobre los tejados la Ciudad Vieja veremos emerger una cúpula brillante: es el Domo de la Roca, que aloja la piedra desde la que, según la tradición islámica, el profeta Mahoma ascendió a los cielos. Evidentemente, esta cúpula también está revestida en oro, elemento con el que se decora el interior de muchas de las más importantes mezquitas del mundo, desde la Mezquita Shah, en Isfahán, Irán; hasta la Sunehri, en Lahore, Pakistán. Oro en las cruces, oro en las estrellas de seis puntas y oro en las medias lunas.

El sentido de la inmortalidad de nuestra sociedad no tiene nada que envidiar en cuanto a extravagancia al de los egipcios o el de los cristianos del barroco: una sonda espacial destinada a vagar por el espacio durante millones de años, la cual contiene un mensaje grabado en su costado en el que pretendemos resumir el conjunto de la humanidad en poco más de cien imágenes; aunque curiosamente también conserva el oro como elemento central. Es una de esas extrañas coincidencias que recorren la historia humana, podríamos pensar. Por puro azar, dos de sus extremos se rozan de forma que algunos aspectos de nuestros más antiguos rituales coinciden con la más puntera de nuestras tecnologías: la creencia de múltiples civilizaciones humanas en que el oro era el metal que les proporcionaría la inmortalidad se convertiría finalmente, y de forma fortuita, en realidad.

Fotografías al sarcófago y la antecámara de la tumba de Tutankamón en la ciudad de Luxor, Egipto. En esta última se hallaron numerosos objetos y joyas de oro, el mismo metal que bañaba el féretro que protegía la momia del faraón.

Pero ¿estamos seguros de que es una coincidencia? ¿No es «demasiada» casualidad? Al fin y al cabo, que el disco de la Voyager 1 estuviese hecho de este elemento no se decidió jugando a la ruleta. ¿No podría ser que, en el Antiguo Egipto, en Mesopotamia o en Tenochtitlán, se le atribuyesen al oro las propiedades que se le arrogaban por algún motivo material? ¿Estamos seguros de que las antiguas eran creencias infundadas, sin una base real?

Antes de responder a estas preguntas, falta considerar un último elemento, que en realidad todos tenemos bien presente. El oro no es solamente el metal de lo eterno, el de los dioses, sino que es también un símbolo de poder. De hecho, que este metal sea una constante en el imaginario religioso es debido en parte a su simbolismo (lo inalterable, lo inmortal, lo divino), pero también a su vínculo con la riqueza material. Y es que existen pocos elementos que representen mejor la simbiosis entre religión y poder que el oro.

UNA CONSTANTE HUMANA, UN SÍMBOLO DE PODER

Durante siglos, tener un billete no significaba otra cosa que ser poseedor de una pequeña fracción de oro. Un billete era algo más que un simple pedazo de papel: era una promesa; era el testigo de que, escondido en algún lugar y protegido por el rey o por el Estado, un pedazo de oro equivalente al valor que anunciaba el billete aguardaba al portador.

De ser requerido, este «aval» debía poder ser cambiado por su equivalente en oro o moneda «real», la fabricada con metales preciosos. Si ibas al Banco de Inglaterra con tus libras y te asomabas a la ventanilla de «cambios», el funcionario de turno te debía dar la cantidad de oro almacenada en sus reservas equivalente al valor del billete. Si ibas al Banco de Rusia con rublos, más de lo mismo. Y de igual forma con las pesetas, las liras, los dólares... Durante siglos, el valor del mundo y del comercio se sustentó en el metal precioso por antonomasia: el oro.

Todo esto cambió el 15 de agosto de 1971. Aquella tarde, Richard Nixon decidió bajar la persiana. Literalmente. El que fuese el 37.º presidente de los Estados Unidos de América cerró la ventana de cambios de la Reserva Federal. A partir de entonces, se prohibía recuperar el oro guardado en Fort Knox y lo que aquellos billetes con la cara estampada de Washington, Lincoln y Franklin simbolizaban. La maniobra fue astuta: con esta acción, el dólar pasaba a ser un valor en sí mismo, la referencia monetaria, el nuevo oro.

Este fue el punto de inflexión en la influencia de este metal en la economía, pero no en nuestras vidas; porque, pese a lo que pueda parecer, este no fue el fin del reinado de oro.

Todos lo sabemos, este metal continúa siendo hoy en día símbolo de poder y de ostentación. No hace falta reflexionar mucho sobre el asunto para darse cuenta de ello: sin ir más lejos, probablemente todos tengamos en la cabeza la foto de Donald y Melania Trump posando en su ático de la torre homónima, en Nueva York, rodeados de muebles, techos, suelos y paredes chapados en oro como muestra (se da a entender) de su poder.

No faltan los ejemplos: príncipes sauditas que bañan sus coches de alta gama en oro, millonarios que se hacen confeccionar con él camisas de tres kilos de peso y con un valor de casi doscientos mil dólares, nuevos ricos que construyen mansiones con grifos hechos del áureo metal… El oro es hoy en día, y más allá de la opinión que nos merezca, un símbolo inequívoco de despilfarro y ostentación; un símbolo, en definitiva, de poder.

Pero la importancia de este metal en la actualidad no reside únicamente en su valor decorativo o en la imagen que pueda dar de su portador, sino que continúa siendo lo que ha representado tradicionalmente: un activo refugio, un valor que ofrece seguridad frente a las variaciones del mercado económico; sobre todo durante las crisis económicas. Solo debemos hacer un breve repaso de las últimas crisis para ver que con cada una de ellas se ha producido un aumento del precio de este metal: los mercados se han lanzado como locos a por él. En la crisis del petróleo de 1979, el oro se revalorizó un 19 %; durante la crisis de la burbuja de las «punto-com» de 2002, este metal aumentó su valor en un 12.4 %; en 2007, mientras el mercado se desplomaba en la conocida como crisis de las hipotecas *subprime*, él volvía a subir un 9.4 %; en la crisis sanitaria y económica de 2020 derivada de la pandemia de COVID-19, ganó un 22 %; en mitad de la guerra de Ucrania de 2022, y ante la previsión de una crisis energética para ese mismo invierno, el oro subió un 20 %, y suma y sigue. El miedo a la inflación, a que el dinero pierda valor de golpe, lleva a los inversores a comprar estabilidad; los lleva a apostar por la opción segura, aquella que nunca pierde su valor: el oro. Buscan refugio en la tormenta.

Pocas moléculas, y menos metales todavía, han logrado el estatus que ostenta el oro y han sido capaces de conservarlo. Y sí, es cierto que otros han ascendido fulgurantes, superando mil veces su valor; pero la mayoría lo han hecho solamente para caer a plomo poco después. Es este el caso del aluminio. La obtención de este metal en su forma pura es más o menos moderna. De hecho, este elemento no fue descubierto hasta 1825, tardando dos años más en conseguir su purificación. Y no es para menos, la obtención de aluminio puro era tremendamente laboriosa y requería, además, de un recurso extremadamente limitado para la época: electricidad; cantidades ingentes de electricidad. No es de extrañar, por tanto, que, una vez obtenido, un lingote de aluminio puro costase una fortuna.

Así fue durante décadas. Para muestra, un botón: Napoleón III, «sobrino» del gran corso y emperador de Francia desde 1852 hasta 1870, servía a sus invitados más distinguidos con cubertería de aluminio, mientras que dejaba la de oro y plata para el resto, los de menor categoría. Otro botón: París acogió en 1855 la Exposición Universal, ese evento en que países de todo el mundo mostraban su cultura, los avances de sus científicos y las maravillas de su territorio, y lo hizo donde tenía por costumbre, en el mismo lugar en el que treinta y dos años después construiría la Torre Eiffel: en el Champ-de-Mars. El caso es que allí exhibió, al lado de las joyas imperiales francesas, entre coronas y diademas de diamantes y rubís, uno de sus mayores tesoros: un lingote de aluminio, muestra de su poder y riqueza.

Como vemos, en momentos de su historia, el aluminio fue un producto de lujo, llegando a superar hasta en ocho veces el valor del oro. Sin embargo, hoy podemos comprar rollos de veinte metros de este metal por un par de euros en el supermercado más cercano a casa. Y es que el avance de la tecnología y el abaratamiento de sus costes de producción lo convirtieron en un metal llano más. El áureo metal volvía a brillar por encima del resto.

Y así ha sido a lo largo de la historia. Siempre ha habido productos de lujo: pigmentos extraídos a partir de las secreciones de moluscos marinos, como las del caracol *buccino,* con los que tintar las túnicas de reyes y cardenales, especies traídas de los más lejanos confines del mundo explorado o cuernos de unicornio exhibidos con orgullo por sus dueños renacentistas. Al fin y al cabo, un producto de lujo lo es precisamente por el valor que se le da, no por la veracidad de su origen. Pero siempre, entre estos productos, hemos podido encontrar el oro.

Con el descubrimiento de las primeras pepitas de oro o de la primera roca de cuarzo incrustada del áureo metal, milenios antes de la era común, nació una obsesión que duraría eras enteras hasta alcanzarnos hoy en día: la fiebre del oro. El mismo brillo reflejado en los ojos de la primera exploradora que tomó oro entre sus manos se reflejaría cinco mil años después en los ojos de Pizarro mientras el inca Atahualpa depositaba sus iconos a los pies del conquistador; sería el mismo que iluminaría la mirada del pueblo de Roma al ver desfilar a su general Tito junto a los tesoros saqueados del Templo de Jerusalén; el que también llenó los ojos de los embajadores persas al pasear en 1715 por la corte de Luis XIV en Versalles. Y es que el oro ha sido testigo mudo de los más atroces genocidios del ser humano, además de uno de los principales motivos por los que se han arrasado culturas y eliminado pueblos. Por suerte, el oro también ha sido testimonio de algunas de las más bellas creaciones humanas, además de ser el elemento con el que se han forjado algunas de las primeras obras de arte de la humanidad.

Está claro, pues, que este metal nos ha acompañado a lo largo de toda nuestra historia en forma de monedas, joyas, iconos y leyendas; en los altares de las iglesias, en los pomos de las espadas imperiales y en las medallas de los más importantes premios de la ciencia, la cultura y el deporte: los Nobel, la Palma de Cannes y las medallas olímpicas.

La llamada «fiebre del oro» constituyó un auténtico fenómeno social de migración masiva por parte de gentes de toda nuestra geografía hacia determinadas zonas desde las que se daba la noticia del hallazgo de oro. Esta fotografía del año 1852 en Sacramento (California) es una muestra de aquel sensacionalismo frenético que se convirtió en un rasgo de la cultura popular del siglo XIX.

Pero, lejos de explicar nada, reflexionar sobre el valor material y simbólico del oro nos remite de forma recurrente a la misma pregunta: ¿por qué se le da esta importancia? ¿Es una mera coincidencia el valor científico, religioso y económico que se asocia a este metal? Este repaso es la pista a través de la cual podremos dar respuesta a todas estas preguntas. Porque el hecho de que el oro haya sido un símbolo constante a lo largo de nuestra historia —de lo celestial y de lo terrenal— no es una coincidencia, sino fruto de sus características únicas. Unas características que vienen determinadas por su comportamiento químico y que han hecho de este metal uno de los elementos más anhelados, codiciados y, por lo tanto, más perseguidos de la historia del ser humano. Intentemos responder estas preguntas.

UN FILO DE VEINTICUATRO QUILATES

Ya lo hemos visto, el oro es a un tiempo símbolo de poder y representación de lo eterno. Pero estas, a decir verdad, no son propiedades intrínsecas al oro, sino cualidades absolutamente subjetivas que nosotros, los humanos, le hemos dado. Las cualidades propias de este metal, aquellas que tiene, independientemente de si se encuentra en nuestro bolsillo o enterrado a cinco metros bajo tierra, son sus propiedades químicas y físicas. Y estas, permítame que se lo diga, son mucho más interesantes.

Si pensamos en la imagen que tenemos de un metal, así, en genérico, veremos que el oro se ajusta a esta definición a la perfección: es brillante, muy denso, y un excelente conductor del calor y de la electricidad. Pero ese encaje tan perfecto en la imagen idealizada de los metales es tan solo aparente: se diferencia más de lo que se asemeja. De hecho, si obviamos estas primeras características, lo cierto es que el oro no se distinguiría demasiado de un pedazo de arcilla dura con purpurina.

Lo primero que quizás nos rompa los esquemas es que, comparado con sus pares, el oro es en realidad bastante blando, tanto que lo podemos rayar y moldear con relativa facilidad. De metal duro, nada de nada. De hecho, el único motivo por el que lo podemos utilizar en joyería es porque lo mezclamos con otros elementos como la plata, el cobre o el zinc, obteniendo así aleaciones mucho más duras. Por tanto, si ese anillo de oro ultrapuro (y ultracaro) de 24 quilates que le han vendido no se raya con facilidad… debería sospechar[1].

---

1   Por cierto, aquello de los quilates tiene que ver con la pureza del oro. Cualquier objeto se puede dividir en las partes que queramos o que nos den más rabia: en dos, en diez, en doce o en sesenta, por mencionar algunas de las más típicas. En el caso del oro, una tradición que viene de la época romana indica que la composición de una pieza de oro (puro o impuro) se debe dividir en veinticuatro partes. Pues bien, cada una de estas partes es un quilate. Así pues, que una pieza de oro sea de doce quilates significa que, de las veinticuatro partes en que la podríamos dividir, doce de ellas serían de oro puro y las doce restantes se corresponderían con otros elementos. En otras palabras,

El oro es, por tanto, un metal particularmente dúctil y maleable, tal vez mucho más de lo que nos imaginamos. Veamos esto con un poco más de detalle. Que algo sea dúctil significa que lo podemos estirar hasta hacer de él un filamento, sin calentarlo y, evidentemente, sin romperlo; bien, pues el oro es dúctil hasta la exageración. Por ejemplo, si tomásemos un dado de poco más de un centímetro de lado, equivalente a unos veintiocho gramos, hecho con este metal y lo estirásemos, podríamos conseguir un hilo de ochenta kilómetros de longitud sin llegar a partirlo.

Pero no solo eso, sino que, además, es muy maleable; es decir, aplicándole presión, lo podemos deformar en láminas extremadamente finas y sin fracturarlo. Tanto es así que, si tomásemos el mismo dado de un centímetro de antes y lo aplastásemos lo suficiente, podríamos chapar en oro una superficie de diecisiete metros cuadrados, las paredes de una habitación de dos metros de lado.

Esta «laminación» es de hecho una técnica bien conocida desde la Antigüedad, en la cual los artesanos golpeaban el oro entre piezas de cuero hasta obtener hojas de oro tan finas que puestas de canto apenas eran visibles. De hecho, si el oro era trabajado por un artesano lo suficientemente bueno, se podían conseguir láminas de apenas 0.18 micrómetros de espesor. Para que nos hagamos una idea de las dimensiones, sería necesario apilar 7555 de estas hojas para llegar a igualar el grosor de una moneda de un céntimo de euro. Estas láminas son conocidas como «pan de oro».

La maleabilidad del áureo metal ha sido de hecho una propiedad de la que el arte ha sacado buen provecho a lo largo de su historia. En el antiguo Egipto, el pan de oro fue usado para decorar las salas que habían de alojar el cuerpo del faraón; durante la Edad Media, se usaba para «pintar» las ilustraciones de los manuscritos «iluminados» realizados en las abadías cristianas; en los siglos XVI y XVII, fue utilizado para recubrir y enriquecer esculturas de madera, y especialmente sus ropajes, con la técnica del «estofado»; mientras que, en el siglo XX, fue protagonista del modernismo y

---

que su pureza sería del 50 %. Por lo tanto, no puede haber oro de más de veinticuatro quilates, ya que, en este, las veinticuatro partes son de oro puro.

el *art nouveau* a través de cuadros de Gustav Klimt, como *El beso*; por poner unos pocos ejemplos.

Huyendo del cliché de la joyería, el oro ha sido un elemento ampliamente utilizado a través de los siglos en arte de todo tipo, desde la escultura a la pintura. Aquí tenemos dos buenos ejemplos.

A la izquierda, *Judith I* (Österreichische Galerie Belvedere).
A la derecha, *San Andrés* (The Metropolitan Museum of Art).

A la izquierda de la imagen tenemos a *Judith I*, una de las obras más famosas de Gustav Klimt, de 1901, y considerada como uno de los exponentes del *art nouveau*. En esta obra, expuesta hoy en el Österreichische Galerie Belvedere de Viena, el oro sirve para resaltar la figura de Judith: su crudeza, su sensualidad, su poder (acentuado este último por su mirada altiva). Y al mismo tiempo, sirve también para esconder entre sombras la cabeza de Holofernes (miren debajo, en la esquina derecha), el general invasor al que acaba de degollar. Esta obra fue considerada en su momento escandalosa por pervertida y pornográfica, y de esta misma opinión parece ser el barbudo que la observa desde la derecha. Esta pintura no puede ser más distinta. Elaborado alrededor de 1326 por Simone Martini, y hoy expuesto en el Metropolitan Museum of Art neoyorquino, en este retablo se usa el oro para pintar los cielos, enmarcando así a san Andrés y confiriéndole el aura de santidad (y para impresionar un poco a quien visitase la capilla del Palazzo Pubblico de Siena, dicho sea de paso).

Por lo tanto, si lo pensamos bien, es normal que el oro no fuese usado para confeccionar herramientas o armas. Ya no es solo que fuese un elemento de lujo, sino que esa facilidad por deformarse al aplicar una presión no demasiado elevada hizo que la simple idea de hacer un cuchillo a base de oro puro fuese ridícula. Ahora, estas propiedades no explican en absoluto el valor que se le ha dado siempre al oro, debe haber algo más. Desde luego, su maleabilidad no convierte a este elemento en un objeto de lujo, más bien al contrario, ¿qué sentido tiene que algo tan rematadamente «inútil», que no sirve ni para golpear, sea exhibido por las clases pudientes como símbolo de éxito o poder?

Bien, ese «algo más» son en realidad tres «algos»: su rechazo a la mayoría de las radiaciones, su densidad y su apatía por las reacciones químicas, o lo que es lo mismo: su brillo, su escasez y su práctica ausencia de reactividad (en estado metálico).

GUAPO, ESCASO Y FORMAL

Empecemos por el principio. El oro siente una peculiar aversión por la mayoría de las radiaciones, y en especial por la visible y la infrarroja. Dicho en otras palabras, es un metal particularmente eficaz reflejando tanto la luz como el calor. Es decir, brilla mucho.

Esta es una propiedad que ha sido muy utilizada en la industria aeroespacial. Seguro que les suenan las imágenes de satélites e instrumentos lanzados al espacio recubiertos por un papel dorado. Se chapan de pan de oro justo por este motivo: para protegerlos de las inclemencias de su lugar de trabajo, donde la poca atmósfera que les rodea no llega a evitar los males de la radiación solar. Otro ejemplo algo menos conocido: la visera del casco de los astronautas del Apolo 11 estaba recubierta con una película de oro de 0.00005 milímetros (¿recuerdan lo de la extraordinaria maleabilidad del oro?), tan fina que era casi transparente. Los astronautas podían ver a través de ella, pero incluso este oro tan fino era capaz de evitar que la luz del sol los deslumbrase o les llegase a abrasar la cara.

Ese brillo hizo que el oro fuese un elemento que se podía identificar con facilidad por encima del resto de materiales y minerales del mundo. Sobre un mundo mate y apagado, esas piedras resplandecían con luz (casi) propia. Es más, ese mismo aspecto propició que se asociara desde el inicio a lo divino: solo hay algo en el mundo cuyo aspecto se le pueda comparar, el Sol. Por lo tanto, desde un punto de vista simbólico y estético, es comprensible la fascinación que el oro despertó allí donde fue descubierto.

Neil Armstrong, Michael Collins y Edwin Aldrin, tripulantes del Apolo 11.

La segunda característica que hace del oro un elemento tan valioso es su escasez. Hay muy poco oro. Y no ya porque una parte importante se encuentre bien guardado a modo de inversión, sino porque la propia Tierra dispone de poco oro. Nadie arqueará una ceja si le decimos que se trata de uno de los elementos más difíciles de encontrar en la corteza terrestre, bastante más incluso que otros elementos de los que casi con total seguridad no hemos oído hablar nunca, como el niobio, el disprosio o el samario.

Esta, en cualquier caso, no es una particularidad de la Tierra, sino del universo en su conjunto. Y es que para sintetizar oro se necesita una inmensa cantidad de energía. Tanta que tan solo se genera en eventos puntuales y absolutamente masivos de nuestro universo, sucesos que por su propia naturaleza son muy poco frecuentes: las supernovas y las colisiones de estrellas de neutrones.

El primero de estos eventos, las supernovas, se definen como la explosión en la que acaba la vida de las estrellas de mayor magnitud, muchas decenas de veces más grandes que nuestro Sol; una explosión de tal calibre que puede ser por sí sola tan luminosa como una galaxia entera. La segunda posibilidad son las colisiones de estrellas de neutrones: «encuentros» entre un tipo de estrellas tan densas que equivaldría a concentrar decenas de soles en una esfera de apenas veinte o treinta kilómetros de diámetro; hay ciudades más amplias en este mundo. El «choque» entre las estrellas de neutrones da lugar a una explosión tan bestial, y la energía que se libera es de tal magnitud que sería capaz de freír muchos sistemas planetarios a bastante distancia.

Ahora, si tienen un anillo o un colgante de oro, párense un segundo a mirarlo. Todo él, hasta el último de sus átomos, salió de uno de los eventos más extraordinarios del universo, de la colisión o muerte de estrellas, de explosiones que la mente humana apenas es capaz de imaginar. Aunque, visto de otra forma, también es cierto que tanta historia sintetizando oro para que, al final, acabe chapando las paredes de la casa de Trump (o lo que es peor, su baño).

En cualquier caso, la cuestión es que estos eventos suceden con una frecuencia muy baja. Y dado que constituyen la única fuente de oro de nuestro universo, es normal que este no rebose de él.

Pero esta no es la única razón por la que el oro es un bien limitado para los humanos. Es cierto que en general no es que abunde, pero es que nuestro planeta es mucho más rico en oro de lo que por lo común creemos, solo que no lo vemos (o, más bien, no podemos llegar a él), y eso tiene mucho que ver con su densidad, con su elevada densidad.

Probablemente esto nos suene: durante los primeros estados de formación de nuestro sistema planetario, alrededor de esa incipiente estrella llamada Sol empezaron a aglutinarse amasijos de roca, polvo y gas que, con el tiempo, fueron conformando los planetas que conocemos hoy. Uno de aquellos conglomerados era la Tierra. En este punto, no debemos pensar en una Tierra sólida ni remotamente parecida a como la conocemos hoy; todavía, no. Durante aquella primera era de vida de nuestro planeta, su núcleo estaba tan caliente que acabó fundiendo la roca por completo. Y así, durante millones de años la Tierra no fue más que una enorme bola de líquido bullente. Un mar sin fondo de hierro, silicio y magnesio, todos líquidos, todos al rojo vivo.

Bien, ¿y qué sucede con los fluidos y su densidad? Ya lo sabemos: que los más pesados se van al fondo y los más ligeros se quedan en la superficie. Esto vale tanto para un vaso con agua y aceite como para un planeta fundido. Así, la composición de las diferentes capas de la Tierra quedó determinada desde su mismo origen: los elementos ligeros como el aluminio se quedaron en la superficie, mientras que aquellos más pesados, como el hierro o el níquel, se hundieron en su núcleo, y con ellos, nuestro protagonista, el oro.

Es por ello que el hecho de que el oro sea un elemento tan escaso no tiene tanto que ver con que nuestro planeta no disponga de él como con que su elevada densidad lo haya hecho hundirse hasta su núcleo, fuera de nuestro alcance. De hecho, el poco oro del que disponemos viene de «reflujos» del material fundido del interior del planeta o, principalmente, del espacio exterior, de una lluvia de meteoritos geminados de oro que tuvo lugar hace unos cuatro mil millones de años. Es decir, las grandes minas de oro del planeta no son más que los restos de impactos de asteroides cargados del áureo material.

Vuelvan a mirarse el anillo, porque ya no lo harán con los mismos ojos. No es solo que su oro fue creado durante la colisión de dos estrellas de neutrones, sino que llegó a la Tierra desde el espacio portado en un meteorito. Díganme si no es alucinante.

Pero esperen un momento, que todavía queda la última propiedad del oro que acaba de conferirle todo su valor. Más allá de su densidad, o de su capacidad por reflejar la luz, sin duda la característica estrella del oro metálico es su absoluto rechazo por participar en una reacción química. Su bendito tedio por la química.

Al contacto con el aire, el polvo de circonio arde espontáneamente, mientras que el oro ni se inmuta. Cuando se moja, el hierro se oxida con gran facilidad, dando lugar a esa herrumbre granate que a todos nos es familiar. Al oro, por su parte, como si lo quieres tener a remojo diez años: al secarlo, tendrás el mismo oro que tenías al inicio. Ni se embrutece como la plata ni se oxida como el aluminio. ¿Que lo metes en una sonda espacial y lo recuperas tras una travesía de un millón de años? Ahí estará el oro devolviéndote la mirada, aburrido. ¿Que la primera civilización humana decide enterrarse con él? «No problemo, Terminator», la última civilización podrá desenterrarlo y estudiar, así, el origen de Europa.

No hay metal que se le compare: el oro metálico es uno de los elementos menos reactivos que existen. No reacciona con el oxígeno, por lo que ni se oxida ni se corroe. No se ve afectado por el aire, el agua, los álcalis o la gran mayoría de bases, ni por casi ningún ácido. Todo eso hace que, por ejemplo, lo podamos usar en cocina como un colorante alimenticio más con su propio código: E 175. Los metales pesados son bastante tóxicos para los humanos, pero la ausencia de reactividad del oro en nuestro organismo hace que nos lo podamos comer sin problemas; como entra, sale.

Más importante todavía, que no reaccione en condiciones normales (que no se embrutezca o se corroa) constituye la característica clave para entender por qué el oro ha sido de los primeros metales en ser utilizado por un ser humano. Muy pocos metales se encuentran en su forma metálica en la naturaleza, la que se conoce como forma nativa. A excepción del oro, la plata, el platino, el hierro procedente de meteoritos y, en ocasiones, del cobre, en la Tierra ningún otro elemento se presenta como un «metal», sino que lo hace mezclado con otros elementos en forma de sales, rocas, minerales y demás compuestos químicos. Si cogemos una piedra cualquiera del suelo, en su composición probablemente podamos identificar silicio, oxígeno, y puede que algunos metales como el calcio, el magnesio o el hierro. En cambio, el aspecto de esta roca no puede ser más distinto del de estos elementos cuando se encuentran en su forma metálica.

Esta forma «impura» en la que podemos encontrar a la gran mayoría de los metales añade dos obstáculos adicionales a su descubrimiento. En primer lugar, la dificultad de identificarlos, es decir, de darnos cuenta de que esa roca contiene un metal en su interior. Y en segundo lugar, la necesidad de una tecnología lo suficientemente avanzada como para permitirnos separar el metal del resto de elementos, también conocidos como «escoria».

Volvamos al caso del aluminio. Pese a ser el tercer elemento más abundante en la corteza terrestre, en la que llega a suponer hasta un 8 % de su composición, y el primero de entre los metales, este metal no se descubrió hasta bien entrado el siglo XIX. Y es absolutamente normal: el mineral en el que se puede encontrar con una mayor frecuencia el aluminio es la bauxita, una especie de piedra anaranjada, salpicada aquí y allá de manchas rojizas, aunque en función de la mezcla de minerales de la que esté compuesta puede presentar un tono desde amarillo hasta color café. No es este un aspecto que nos haga pensar rápidamente en un metal. Pero es que, además, extraer aluminio puro (metálico) de este mineral requiere de una tecnología que hasta hace un par de siglos ni sabíamos que existía: la electricidad. Separar el aluminio del oxígeno al que está unido y devolverlo (reducirlo, en términos químicos) a su forma de metal precisa de una gran cantidad de electricidad. Así, la dificultad en su identificación y la tecnología requerida para su purificación hicieron del aluminio un metal desconocido hasta hace unos doscientos años, pese a rodearnos por todas partes.

El oro, en cambio, dada su reticencia a reaccionar, se puede encontrar en el medio natural como tal en forma metálica. Así, mucho antes de disponer de la tecnología necesaria para descubrir y purificar el resto de los metales, de poder extraerlos de las piedras y los minerales, el oro ya se presentaba puro ante nuestros ojos.

Pero, por si fuera poco, estas mismas propiedades químicas imprimieron sobre el oro un nuevo significado del concepto de inmortalidad. Ya hemos visto que las religiones han vinculado tradicionalmente el oro con el más allá celestial y con la continuidad de la vida tras la muerte. Es esta una inmortalidad religiosa, basada en la fe y centrada en el individuo: es él quien se salva. Las sociedades modernas occidentales, en cambio, han convertido el oro en su pase a la eternidad a través de imágenes, sonidos y esquemas grabados en un disco dorado con ese mismo propósito. Esta es una inmortalidad material y altruista: no sobrevive el individuo, sino la sociedad en sí misma, y lo hace a través de su cultura. En cualquier caso, ambos tipos de inmortalidad están destinados a cumplir un propósito únicamente sobre la conciencia de quien los genera: la fe del religioso sirve para calmar su incertidumbre personal, mientras que el Disco de Oro le sirve a la sociedad que lo produjo para calmar sus remordimientos («puede que perezcamos como especie, pero al menos nuestra cultura perdurará»). Pero la incapacidad del oro metálico por reaccionar ha dado lugar a un tercer tipo de inmortalidad, la basada en la supervivencia de una cultura a través de su descubrimiento por parte de las civilizaciones que la siguieron. De forma fortuita, el oro le ha concedido un tiempo de vida extra a un pueblo muy particular, provocando que una muerte segura se convirtiera en una simple hibernación de milenios. Y es que, al igual que las personas, un pueblo solo muere cuando el último de sus recuerdos desaparece.

TESTIMONIOS DEL PASADO

La primera vez que el ser humano se encontró con el oro y se obsesionó con él fue hace sesenta y cinco siglos, alrededor del año 4500 antes de nuestra era. Por poner algo de contexto, en aquel momento faltaban todavía unos mil años para la unificación de Egipto, unos dos mil para el nacimiento de la civilización griega y más de tres mil para el de Roma. Es más, hacía solo unos pocos siglos que los grupos de agricultores migrantes habían pisado

De cuantos yacimientos de oro han sido encontrados alrededor del planeta Tierra, destaca el hallazgo, en la mina australiana Star of Hope, en el año 1872, de la pepita de oro más grande del mundo, con un peso de 290 kg y una altura de 1,5 m. El afortunado descubridor fue el minero, fotógrafo y empresario alemán Bernhardt Otto Holtermann, que posa junto a ella en esta fotografía.

Europa por primera vez y toda herramienta con que contaba el ser humano estaba hecha de madera, hueso o piedra. Es probable que esta no fuese la primera vez que el ser humano sostenía oro entre sus manos, de hecho, en la península ibérica se han encontrado pequeñas pepitas de este material en yacimientos datados de hace cerca de cuarenta mil años, treinta y cuatro mil años antes del transcurso de nuestra historia. Pero el valor de este hallazgo radica en que fue el primero que dio lugar a la generación de una cultura del oro, a la acumulación de este metal y, especialmente, a su trabajo y la elaboración con él de piezas refinadas (joyería, iconos religiosos o de decoración, sin ir más lejos); fue en ese momento en el que tuvo lugar el descubrimiento del oro propiamente dicho. Y con él, nació el primer pueblo de orfebres.

Estamos en los Balcanes, en los alrededores del lago de Varna, muy cerca de la ciudad homónima; en la actualidad, destino de veraneo para cincuentones con chanclas, calcetines y la piel enrojecida por el sol. A pocos kilómetros hacia el este, en la lejanía, se puede vislumbrar la orilla occidental del mar Negro. Este lago y su costa pertenecen hoy en día a Bulgaria, pero en su momento fueron el territorio de los tracios, un conjunto de pueblos y tribus, durante largo tiempo nómadas, a los que probablemente perteneció el descubridor del áureo metal. Nos podemos hacer una rápida idea de cómo era este pueblo a través de una de las primeras descripciones que conservamos sobre ellos, de manos del historiador y geógrafo griego Heródoto (*ca.* 484 a. e. c. - *ca.* 425 a. e. c):[2]

> La nación de los tracios es la más grande del mundo, la nación india es la única que le puede semejar en población. Si los tracios fuesen gobernados por un solo caudillo o siguieran unas directrices comunes, serían, a mi entender, inconquistables, invencibles y mucho más fuertes que las otras naciones.

---

2 Aunque también es cierto que las afirmaciones de Heródoto, el padre de la historiografía, hay que tomarlas siempre con cierta cautela: según él, el rey persa Darío consiguió su enorme fortuna de oro usando a unas hormigas «más grandes que un zorro pero más pequeñas que un perro», que amontonaban junto a sus madrigueras montones de arena rica en este metal.

Un pueblo enorme fragmentado en decenas de pequeños reinos. Un pueblo de fieros guerreros, curtidos en una larga historia de conflictos entre tribus, hostil al invasor. Una descripción en aparente contradicción con la otra de sus características por la que el pueblo tracio era famoso: su delicadeza y habilidad en el trabajo del oro. Aquellos «salvajes incivilizados» que nos describen los griegos fueron, al mismo tiempo, reputadísimos orfebres cuya habilidad en el trabajo del oro los llevó a ser admirados por los pueblos colindantes.

En cualquier caso, nada de ello los salvó. Ni su destreza con las armas ni mucho menos su habilidad en el trabajo del oro libraron a este pueblo de ser destruido. Los tracios fueron un pueblo populoso y feroz, pero también débil por su desunión. Pese a su ferocidad y reputación en el combate, llegando a participar posteriormente como mercenarios en la guerra de Troya, por ejemplo, la división existente entre los diferentes reinos hizo que fuesen aniquilados por las civilizaciones que los rodeaban. Y con ello, su rastro fue borrado de la historia humana. La historia la escriben los vencedores, se suele decir, pero hay veces en que a los perdedores ni tan siquiera los incluyen en ella.

Así pues, es mucho lo que desconocemos de este pueblo, más allá de las breves descripciones de los historiadores griegos que han llegado hasta nuestros días, como la que acabamos de leer de Heródoto. Los tracios apenas dejaron un rastro que seguir o restos que estudiar; apenas un testigo material que nos diga quienes fueron, qué historias se contaban o en qué creían. La mayoría de lo que nos ha llegado ha sido gracias a la asimilación de parte de su cultura y su religión por las civilizaciones con las que tuvieron contacto. Sin ir más lejos, muchos de los dioses griegos, de sus historias y su mitología son de origen tracio. Un ejemplo de ello es Diomedes, un legendario rey tracio que pasó al imaginario heleno haciendo honor a su «padre», Ares, dios de la guerra. Según la leyenda, este rey poseía cuatro yeguas que escupían fuego y a las que alimentaba con la carne humana de los extranjeros que capturaba.[3]

---

3   Para que nos hagamos una idea, la imagen marvelizada de un Orbán o un Erdogan de la era clásica.

Precisamente, uno de los doce trabajos de Heracles (Hércules) fue robar las yeguas y dar fin a esta situación, matando por el camino al propio Diomedes, según algunas tradiciones, arrojándolo a los pies de sus propios caballos para que lo devorasen.

Más allá de las leyendas griegas, la verdad es que Diomedes existió, y de hecho fue un importante rey tracio. Es más, algunos de sus descendientes continuaban vivos en tiempos de Alejandro Magno, siglos después de que estas historias empezasen a contarse. Se darán cuenta, pues, del problema que supone que la memoria de un pueblo nos llegue a través de las historias y leyendas que relata su enemigo. Bien por asimilación de su mitología, bien por invención de la historia, el caso es que la cultura tracia acabó perdiéndose, y su legado, diluyéndose «como gota en el mar», hasta ser borrado casi por completo. Con el tiempo, las sucesivas invasiones de pueblos que, surgidos mucho después, los superaban en capacidad política y militar (romanos, celtas, hunos, godos o eslavos, entre otros) eliminaron todo rastro del primer pueblo balcánico.

Diomedes, tras ser asesinado por Heracles, en cumplimiento de sus doce trabajos, es devorado por sus propias yeguas. Grabado de Simon Frisius (1610-1664).

Pero, entre toda esta oscuridad, hay una llama prendida que arroja algo de luz y nos ayuda a dibujar la silueta del que fue uno de los primeros pueblos europeos. Una llama dorada, podríamos decir.

QUINIENTAS LEVAS BÚLGARAS

El 22 de octubre de 1972, mientras operaba su excavadora, Raycho Marinov vio algo extraño entre la tierra con la que trabajaba, algo demasiado brillante para ser un simple pedrusco sin valor. Al bajar de la máquina y remover un poco la tierra, se dio cuenta de que no andaba demasiado desencaminado. De entre los escombros rescató un par de pulseras y un peto, todo aparentemente de oro y con aspecto de ser bastante antiguo. Los guardó en una caja de zapatos y se los llevó a casa.

Quién sabe si por remordimientos, por temor a que lo descubriesen o por un repentino amor por el interés común, el caso es que Marinov acabó informando a los arqueólogos del Museo Arqueológico de Varna de su descubrimiento y entregándoles las piezas que en un inicio se había llevado a casa. Y aquí es donde vino la sorpresa: no es solamente que las pulseras y el peto fueran de oro, sino que su valor iba mucho más allá de lo puramente material. Se trataba de objetos de un inmenso interés histórico, eran los restos de un pueblo del que prácticamente se desconocía todo.

Al empezar a investigar en el lugar del hallazgo, el equipo del museo se topó con uno de los descubrimientos arqueológicos más importantes de la segunda mitad del siglo XX: una inmensa necrópolis tracia como nunca se había visto, con centenares de tumbas de reyes y artesanos, así como de personas de estratos sociales mucho más humildes. Y junto a ellas, la primera joyería confeccionada por un ser humano a partir de un metal. Habían encontrado el tesoro más antiguo de la humanidad, el tesoro de la primera civilización europea.[4]

Marinov fue recompensado con quinientas levas búlgaras, que para el momento equivalía al sueldo de un par de meses; lo que no quita que los servicios de inteligencia lo siguieran de cerca durante los años siguientes, suspicaces ante la posibilidad de que se hubiese quedado «para admiración personal» alguna de las piezas que había encontrado.

En pocos años la mayoría del yacimiento fue excavado y estudiado, aunque se calcula que todavía hoy queda entre un veinte y un treinta por ciento del área por desenterrar. Este trabajo sacó a la luz tumbas fastuosas con kilos de oro en su interior en forma de collares, cetros e incluso alguna que otra funda para el pene de su portador dispuesta, para más detalle, enfundando el susodicho miembro del fallecido (al parecer, la devoción que sienten algunos hombres en la actualidad por su miembro es un rasgo que comparten con sus homólogos de las tribus calcolíticas).

Ahora bien, el valor de las joyas que se encontraron no radica únicamente en que fuesen el primer oro trabajado del que se tiene constancia, sino en lo que nos cuentan de aquel mundo antiguo al que prácticamente solo conocemos a través de las voces de la Antigüedad.

Gracias a ese oro sabemos que ya aquella sociedad estaba jerarquizada. La mayoría de las sepulturas apenas contienen objetos de valor, como cuchillos de sílex, cuentas o brazaletes de hueso. De ellas, las más afortunadas disponen de algún colgante de oro. En cambio, tres cuartas partes de este metal se concentra en solo cuatro de las tumbas, una de las cuales contiene, por sí sola, 1.5 de los 6 kg de oro de todo el yacimiento: una cuarta parte de la riqueza en una sola *butxaca*, el Amancio Ortega tracio.

Por los tesoros encontrados también descubrimos que esta cultura tenía un enorme conocimiento sobre cómo trabajar el oro,

---

4   Al menos, el primero que esté documentado. Es difícil afirmar que no hay un tesoro equivalente escondido en algún lugar entre el Tigris y el Éufrates, por ejemplo, o que en algún momento lo hubo y fue fundido para hacer monedas, anillos o candelabros.

cómo fundirlo para generar piezas más grandes y complejas, y cómo manipularlo para crear refinadas obras de orfebrería. Una habilidad muy superior a la de cualquier civilización del momento.

Asimismo, sabemos hoy que, en un principio, el oro nativo era fundido a golpes. Literalmente: las pepitas se volvían un solo cuerpo cediendo a la razón de los martillos. Con el tiempo, los tracios aprendieron que, al aplicarle el calor suficiente, esa piedra brillante se derretía y se convertía en líquida, para acabar tomando la forma deseada mediante el uso de moldes.

Pero si reflexionamos un poco más sobre lo hallado, la conclusión quizás más importante que podamos sacar es que el primer uso que le da el ser humano a los metales es simbólico, cultural, artístico. Al pensar en un metal, nos vienen a la cabeza rápidamente imágenes de herramientas o de armas. Elementos con los que golpear, aplicar fuerza o imponer la voluntad propia sobre un objeto, animado o inerte, animal o persona, tanto da. La realidad, en cambio, no puede ser más distinta. Los metales se empezaron a usar antes para crear adornos que armas.

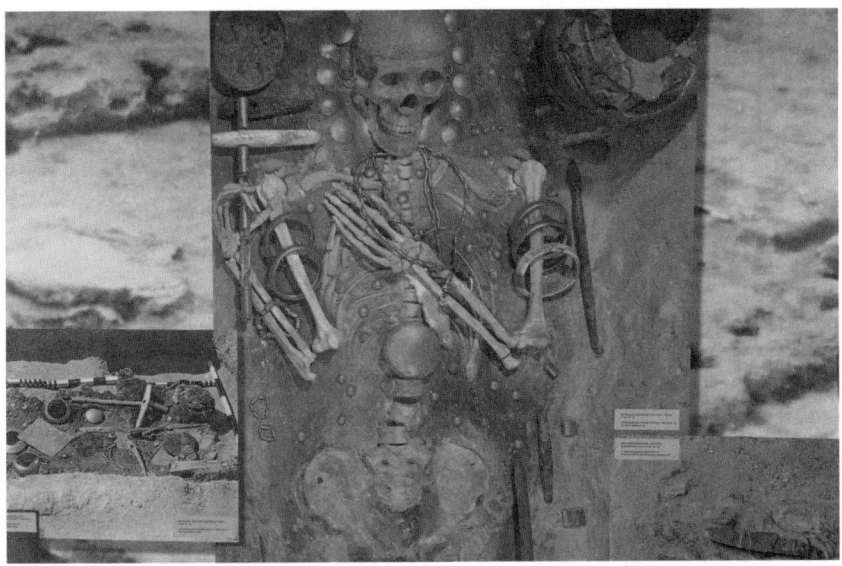

La necrópolis de Varna, en Bulgaria, atesora entre sus valiosas ruinas la colección más antigua de orfebrería áurea. En esta fotografía se muestra la sepultura n.º 43, una de las más opulentas por la riqueza del ajuar funerario del difunto.

Evidentemente, con ello no queremos decir que el oro tuviera un rol superfluo o inútil en estas culturas. Al revés, al ser utilizado en joyería, decoración o para elaborar objetos religiosos, el oro tuvo un importante papel en el refuerzo de las jerarquías de poder internas del grupo, así como en la fijación en el imaginario colectivo de ideas que ayudasen a cohesionar las sociedades cada vez más complejas a través de iconos, creencias y rituales comunes.

En definitiva, el oro proporcionó la vida eterna a un pueblo que, de otra forma, hace milenios que habría desaparecido o del que sabríamos únicamente a través de los mitos que dejaron sus conquistadores. Y todo gracias a las propiedades químicas de este metal y, en especial, a su limitada reactividad, la cual convierte el oro en el metal incorruptible, en el material que nunca se estropea. Esa misma inactividad química que posibilitará que el oro porte nuestro nombre a través del espacio en forma de disco, o la que ha hecho que este metal sea venerado por el ser humano prácticamente desde su mismo descubrimiento.

Ahora, también es cierto que toda regla lleva asociada su correspondiente excepción. Y es que «siempre ha de haber una excepción». El oro es muy estable, sí. Es muy (muy) poco reactivo, también. Pero no es inerte. Al menos, no «completamente» inerte. En definitiva, no es «tan» incorruptible como parece o como nos gustaría pensar.

Pero no nos aflijamos, que no hay mal que por bien no venga. El hecho de que el oro no sea absolutamente inerte tiene sus beneficios. Entre ellos, haber evitado incrementar en un par de unidades el medallero Nobel nazi.

CÓMO QUITARLE UN NOBEL A UN NAZI

La concesión de un Premio Nobel trae consigo un inmenso respeto y admiración, qué duda cabe. Recibir la dorada medalla de manos del rey de Suecia parece otorgar un aura de infalibilidad sobre el galardonado: lo que diga un nobel va a misa. Es más, ver a un nobel en primera persona es prácticamente como ver encarnada la imagen de uno de esos sabios de la mitología.[5]

Cualquier otro premio trae consigo controversia y debate. Ahí tenemos los ejemplos del Óscar a mejor película de 1941 a *¡Qué verde era mi valle!*, en vez de al *Ciudadano Kane* de Orson Welles, o el Balón de Oro de cualquier edición (todos son más o menos polémicos en función del equipo que sigamos). Por contra, muy rara vez se ha cuestionado un Premio Nobel, en parte porque las razones que motivan esta concesión escapan al común de los mortales, en parte porque hay motivos más que sobrados para otorgar esta condecoración.

Ahora, si bien todo ello es cierto, también es verdad que hay una de las categorías de los Nobel que, en realidad, carece de gran parte del prestigio que tienen sus pares. Ese es el Nobel de la Paz. Lo curioso es que el desprestigio de este galardón no radica en el concepto que dice premiar, sino en el criterio más que debatible con el que se ha escogido a lo largo de los años a los «portadores de paz y valedores de la seguridad del mundo». Ahí tenemos a Obama (2009), el presidente bajo cuya firma Estados Unidos expulsó a 2.5 millones de inmigrantes de su territorio, asesinó a más de doscientos civiles fuera de zonas de conflicto y estuvo, por primera vez, en guerra continua durante todo un mandato presidencial. También tenemos a Kissinger, el secretario de Estado estadounidense que, el mismo año que recibía su Nobel de la Paz (1973), organizaba el golpe de Estado contra Chile junto con sus servicios de inteligencia y de la mano de Augusto Pinochet. Y que no se nos olviden las nominaciones a Putin —la última, en 2021 (¿!)— o a Chamberlain (1938); este último, en su papel de primer ministro británico impulsor de esa política del apaciguamiento que tan buenos resultados le dio a la humanidad.[6]

---

5 Evidentemente, con sus notables excepciones. Ahí tenemos el caso de Luc Montagnier, ganador del Nobel de Medicina en 2008 por el descubrimiento del virus del SIDA, y notorio *magufo*: no en vano, es uno de los principales defensores de la homeopatía.

6 Pista: empieza por «la Segunda» y acaba por «Guerra Mundial».

Precisamente, como crítica a esta última nominación (o así se justificaría él mismo tiempo después), un diputado sueco propuso como candidato al Nobel de la Paz al más controvertido de cuantos haya habido: Adolf Hitler. No resultó agraciado (por lo que sea), pero el caso es que, de haberlo sido, tampoco habría podido recoger el premio dada la prohibición explícita que él mismo había dado en este sentido a todo alemán. En febrero de 1937, y como contestación al reconocimiento con el Nobel a Carl von Ossietzky en 1935 por su labor como opositor al nazismo, Hitler prohibió a cualquier alemán aceptar un Nobel. Esta orden obligó a rechazar su correspondiente medalla a Richard Kuhn en 1938, otorgada por su trabajo sobre los carotenoides y las vitaminas; a Adolf F. Johann Butenandt en 1939, por sus estudios sobre las hormonas sexuales, y a Gerhard Domagk, también en 1939, por el descubrimiento de los efectos antibacterianos del Prontosil.[7]

Pero, aunque oficialmente Alemania execrase los Nobel, la realidad es que se volvían locos por ellos: oro de veintitrés quilates con el que identificar a los disidentes que desoían las prohibiciones del régimen, miel sobre hojuelas. Así, aunque de puertas para fuera los repudiaban, lo cierto es que en 1940 el régimen nazi persiguió, y estuvo a punto de conseguir, dos medallas Nobel. Aunque, más que por el camino de las probetas, lo intentó por el de los fusiles.

La prohibición de aceptar un Nobel tenía un efecto indirecto, y es que marcaba como objetivo (por no renunciar a él) a todo aquel que conservase uno, especialmente si eras judío, como James Franck, ganador del Nobel de Física en 1925, o un reconocido opositor, como Max von Laue, quien también se hizo con el Nobel de Física, pero en 1914. Es por ello por lo que estos dos científicos decidieron enviar sus medallas al extranjero, para protegerlas tanto a ellas como a sí mismos. En particular, los Premios Nobel fueron enviados a Copenhague para que el titán de la física del siglo xx, Niels Bohr, quien obtuvo el Nobel en 1922, los conservase en su Instituto Nórdico de Física Teórica. Una decisión lógica, dado que esta institución venía sirviendo

---

7 Años después, entre 1947 y 1949, los tres alemanes recibirían su diploma y la correspondiente medalla, aunque no el dinero asociado al premio.

desde 1933 como refugio para los físicos judíos que huían de Alemania. Pero lo que en su momento era sensato poco después se mostraría como la peor opción. En 1940, Alemania invadió Dinamarca. Como no podía ser de otro modo, uno de los objetivos a escudriñar por el ejército invasor fue ese refugio de científicos judíos, con lo que las medallas y sus protectores volvían a estar en peligro. Había que huir.

Bohr era consciente del peligro que entrañaba llevarse las medallas consigo, tanto para él como para sus propietarios. Estos laureados nobeles, bien por ser judíos, bien por ser disidentes, eran objetivos naturales del nazismo; pero es que además no habían devuelto sus Premios Nobel, por lo que al delito religioso o político había que sumar el hecho de que habían sacado oro del país, lo que en la Alemania nazi era prácticamente delito capital. Además, nadie en sus cabales viajaría en plena guerra mundial, y entre países, cargando con 175 gramos de oro macizo. Y a todo esto se suma un argumento de índole moral: por encima de su cadáver un nazi se iba a enriquecer con el premio que reconocía la labor de estos físicos. No había otra, tocaba esconder el oro; debían hacerlo desaparecer.

Medalla de oro otorgada a los laureados en los Premios Nobel.

La primera opción que barajaron fue enterrarlo: demasiado obvio, pensó Bohr, demasiado fácil localizarlo y llevárselo. No, tenía que ser algo más sofisticado. La solución vino poco después de la mano de una reacción química: iban a disolver el oro.

Nos hemos hartado de decir en este libro que el oro metálico es inerte. Y es cierto; bueno, «casi completamente» cierto, y es que toda norma tiene sus excepciones. El oro no reacciona prácticamente con nada, excepto si lo sometemos a unas condiciones muy particulares. Un ejemplo de ello es la reacción con mercurio. Es tan grande la atracción de este metal por el oro que, al juntarlos, se produce de forma casi inmediata una mezcla, denominada «amalgama», que da lugar a un material blanco, brillante y bastante blando. De los usos y consecuencias de esta amalgama saben bastante en cierta fábrica de nombre Deadwood Terra Gold, allá por Dakota, pero de esto hablaremos más adelante.

Otra forma de hacer reaccionar el oro es a través de cianuro potásico, un compuesto tan venenoso como suena (o incluso un poco más). La toxicidad del cianuro radica en que impide a nuestro organismo utilizar el oxígeno. Es decir, podemos respirar con normalidad, la sangre transporta el oxígeno sin problemas a cada una de nuestras células, pero, al llegar a ellas, el cianuro bloquea su utilización. Respiramos sin problemas, pero nos ahogamos en cuestión de minutos. ¿Se preguntan por la dosis sobre la cual este compuesto es mortal? Apenas nada y menos: con doscientos o trescientos miligramos podemos matar a cualquier ser humano. Pues, aun con todo, este compuesto es el que se utiliza para extraer cerca del 90 % del oro mundial; así de limitadas son las opciones con que contamos para trabajar con este metal (créanme que, si hubiese otro método, se utilizaría; todo, antes que manipular kilos de cianuro).

La tercera forma de hacer reaccionar el oro es a través de un ácido muy concreto y extremadamente corrosivo: el *aqua regia*. Esta es una mezcla de ácido clorhídrico concentrado con ácido nítrico (también concentrado) en proporción tres a uno, conocida desde la Antigüedad y que recibe su nombre por ser una de las pocas formas de disolver los metales nobles, regios o reales. Lo más curioso es que ninguno de los dos ácidos que constituyen la mezcla son capaces de atacar al oro por separado, tan solo la mezcla descubierta por el alquimista persa Jabir ibn Hayyan alrededor del año 800 es capaz de ello. Y fue precisamente esta *aqua regia* la mezcla usada por Niels Bohr y el químico George de Hevesy para disolver los Premios Nobel bajo su protección, con la esperanza de que pasasen inadvertidos a los alemanes cuando registrasen el Instituto Nórdico de Física Teórica de Copenhague.

Así, en 1940, al mismo tiempo que las tropas alemanas asaltaban las calles de Copenhague, Hevesy estaba ocupado en su laboratorio preparando la mezcla de clorhídrico con nítrico y metiendo en ella los Nobel de James Franck y Max von Laue. Podemos imaginar cómo el oro se disolvía lentamente en el líquido humeante; cómo ese bloque de metal macizo se deshacía poco a poco, perdiendo su forma, hasta convertirse en disolución; tiñendo de naranja intenso el líquido, dándole un aspecto similar al de una pinta de cerveza inglesa (naranja, caliente y con un poco de espuma). El nítrico «ablandando» el metal, los cloruros del clorhídrico rodeándolo y transformándolo. Una vez finalizada la reacción, Hevesy dejó el matraz con el líquido encima de una estantería y huyó del instituto.

El tiempo pasó, los ejércitos del eje tomaron Copenhague y, junto con él, el instituto de Bohr. Sus pasillos fueron ocupados; sus despachos, registrados, y sus laboratorios, desmantelados, vaciados de todo aquello que fuese sospechoso de contener una pureza muy elevada (los metales preciosos) o muy baja (las personas de sangre mestiza). Y pasó más tiempo todavía. Y vinieron Stalingrado, Sicilia y Normandía. Y vino un mordisco con sabor a cianuro, y una bala de acero retumbó en un búnker de Berlín.

Acabada la guerra, Bohr y Hevesy pudieron por fin regresar a su ciudad, de la que habían huido en 1943 perseguidos por la Gestapo. Pudieron volver por fin a su instituto... para volver a encontrar el matraz donde lo habían dejado. Ante la sorpresa de todos, allí continuaba ese recipiente sin valor aparente, lleno de un líquido anaranjado, anodino, pero con todo un tesoro en su interior. El oro de los Nobel había sobrevivido.

A la izquierda, el físico danés Niels Bohr; a la derecha, el químico-físico sueco George de Hevesy. Los nobeles científicos que consiguieron burlar a los nazis.

Hevesy, como podemos imaginar, se encargó de revertir la reacción, precipitando el oro y devolviéndole su forma metálica. A principios de 1950, el metal voló a Estocolmo, donde la Academia Sueca procedió a su fundición y a la elaboración de las medallas Nobel, que le serían entregadas de nuevo a sus legítimos dueños en 1952. Pocas veces ha sucedido que un premiado haya recibido dos veces un mismo Premio Nobel.

Esta historia, en cualquier caso, es interesante por dos motivos. El primero, por lo curioso del suceso: los descubrimientos científicos, cuando son de la suficiente importancia, suelen servir para que alguien gane un Nobel; lo insólito es que una reacción química, en contra de los cánones y de la costumbre, sirva para evitar que alguien se lleve la condecoración. El segundo es comprobar que incluso el oro, el material que consideramos inerte desde la Antigüedad, también reacciona bajo determinadas condiciones. Y esto es tremendamente importante, porque nos ha permitido darle usos más allá de los meramente decorativos.

Mediante esta reactividad lo hemos podido «liberar de su forma metálica» (ya veremos más adelante qué significa esta expresión), con lo que hemos logrado acceder a su química. Así, hemos conseguido explorar otros usos para el oro de los que, durante milenios, pensamos que eran los únicos posibles, pudiendo empezar a utilizarlo en medicina, en farmacia o incluso en nanotecnología. Pero todo a su debido momento.

Lo importante ahora es saber que la reactividad, en el oro metálico, es la excepción, una excentricidad que tan solo se da bajo circunstancias muy determinadas; pero que precisamente por no ser la norma nos permite conocer de forma automática el resto de los personajes de nuestra historia. Algo así como si mirásemos el negativo de una fotografía: aunque no lo sospechemos, gracias al oro sabemos mucho ya del resto de sus pares. Porque no perdamos el foco, los protagonistas de este libro son los siete primeros metales del ser humano, de entre los cuales el oro es solamente el *primus inter pares*.

Si el oro es muy inerte, ahí tenemos a casi todos los otros metales que reaccionan prácticamente sin quererlo, algunos de ellos con una extrema facilidad. Y, de hecho, en esta extrema facilidad reside su pecado y su virtud. Su pecado, porque ello dificultó su descubrimiento, que tardásemos miles y miles de años en identificarlos y en aprovecharlos; pero también su virtud, porque es precisamente en esta reactividad en la que se basa su funcionamiento y su utilidad, tanto para nosotros mismos, para nuestra cultura y nuestra ciencia, como para la biología y nuestro propio metabolismo.

Bien, procedamos a revelar el negativo. Es el momento de darle la vuelta y ver qué nos trae. Conozcamos al segundo de nuestros siete testigos. Es el turno del cobre.

CAPÍTULO II
SOBRE EL COBRE Y EL
FIN DEL NEOLÍTICO
O cómo el arte se convirtió en herramienta

EL SUEÑO DE PREVER

«¿Qué dice Joan?» es, probablemente, una de las frases que más se repitió en la Casa Blanca entre 1981 y 1989 (esa y «¿Que Irán ha hecho qué? Uy, ni idea, a mí no me pregunten»). Joan era la astróloga de cabecera de Ronald Reagan, 40.º presidente de los Estados Unidos de América, y «¿Qué dice Joan?», la pregunta favorita de este antes de tomar cualquier decisión. La persona más informada del mundo recurría a una astróloga para dirigir la gestión interna de un país y la política exterior de un imperio.

No es este un caso aislado. También François Mitterrand, histórico presidente de la República francesa y contemporáneo de Reagan, condicionó buena parte de su calendario político a la opinión de su pitonisa particular, Élizabeth Teissier. Entre las decisiones en que la futuróloga influyó se encuentran la fecha para iniciar la intervención militar francesa en la guerra del Golfo, en 1991, y el día en el que celebrar el referéndum de ratificación del Tratado de Maastricht, en 1992.

En los coletazos de la Guerra Fría, el futuro de dos de las mayores potencias mundiales estaba condicionado a lo que dos pitonisas dijesen ver en la posición de los planetas. Sin duda, en ocasiones el rumbo de la política es mucho más frágil de lo que podría parecer.

Evidentemente, estos casos no son representativos del desarrollo de la política a finales del siglo XX, pero sí que son el ejemplo perfecto de la necesidad del ser humano por conocer el futuro. Tanto Reagan como Mitterrand disponían de una enorme cantidad de información a su alcance; algunas de las más potentes agencias de inteligencia del planeta trabajaban día y noche para proporcionar la mejor información a sus respectivos países; extensísimas —y costosísimas— redes de espionaje y contraespionaje les proporcionaban un conocimiento íntimo de las potencias enemigas, y, pese a ello, estos dos hombres dependían de la superchería para poder trabajar.

Pero no nos engañemos, ninguno de estos dos sujetos era particularmente excéntrico, sino que en realidad constituían una buena muestra de sus respectivas sociedades. Todos conocemos a alguien que dice tener algún tipo de poder adivinatorio, que busca el significado de los sueños o que simplemente cree en el destino; todos tenemos un familiar que alguna vez ha ido a que le echen las cartas, a alguien que ha llamado a una pitonisa de esas que se anuncian en los periódicos o una amistad que suele preguntar en la primera cita por el signo zodiacal.

Porque el futuro es incertidumbre, y la incertidumbre asusta. Necesitamos sentir que tenemos el control sobre las consecuencias de nuestras acciones, y para ello necesitamos ser capaces de predecir el futuro. Admitámoslo, nos resulta casi intuitivo, necesitamos saber qué sucederá.

Y esto nos pasa desde siempre. El ser humano, como cualquier otro ser, está sujeto al devenir del tiempo, a los caprichos de la naturaleza. Desde las primeras sociedades, su vida ha dependido de unas leyes que le sobrepasaban y de unos acontecimientos sobre los que no podía influir. La lluvia y el viento; el calor, la sequía o las inundaciones; los depredadores, las infecciones, las enfermedades; todos estos son elementos que por milenios han estado más allá de nuestra comprensión y que, aún hoy, en muchos casos continúan estando fuera de nuestro control. Da igual si vivíamos en cavernas o bajo el dictado de un faraón, sobre el lago de Texcoco en Tenochtitlán, en la orilla de un fiordo noruego o en la desembocadura del río Yangtsé; nuestra vida estaba sujeta a los vaivenes de la naturaleza. Más que evitarlos, como mucho, podíamos escondernos de ellos; nuestra esperanza era lograr esquivarlos.

Rasputín es quizá uno de los casos más conocidos de influencia paranormal en la gobernación de un reino. Sus capacidades adivinatorias y sanadoras lo llevaron a convertirse en el confesor de la esposa del zar Nicolás II, la emperatriz Alejandra, quien confiaba ciegamente en sus predicciones, hasta el punto de llegar a ser considerado por el Gobierno ruso un peligro para el país. Por tal motivo, algunos nobles encabezados por Félix Yusúpov planearon su muerte con arsénico. Curiosamente, el monje no solo sobrevivió al veneno, sino que no mostró ninguna reacción. Finalmente, moriría de un disparo en la cabeza.

Y, de hecho, al contrario de lo que se podría suponer, esta dependencia se volvió todavía más íntima en el momento en el que el ser humano dejó de ser nómada para formar sus primeros asentamientos fijos, para cultivar su alimento y cebar a sus animales. Con el sedentarismo, los caprichos de la naturaleza empezaron a tener un peso todavía mayor en nuestra vida. La aparición de una fuente de alimentación asegurada llevó a un aumento de la población. Sin embargo, al mismo tiempo que engordaban las primeras ciudades de la humanidad, esta se volvió dependiente: la única forma de mantener a tal cantidad de gente era a través del alimento que se cultivaba; dependía por entero de sus cultivos y sus campos. Y esto la hacía vulnerable: una sequía, una inundación, la invasión por parte de un pueblo enemigo..., las consecuencias del más mínimo contratiempo eran terribles. Era preciso, en consecuencia, predecirlos.

No es extraño, por lo tanto, que ya las sociedades antiguas fuesen expertas en analizar su entorno y anticipar su comportamiento. Los egipcios, por ejemplo, buscaban la estrella Sirio en el cielo. Sabían que, el día en que esta apareciese por el horizonte occidental justo antes de la salida del Sol, el Nilo empezaría a crecer de nuevo, y con él, la fertilidad de la tierra. Los griegos, en cambio, buscaban esta misma estrella, la más brillante de cuantas se pueden encontrar en el cielo, para determinar el momento en que los días empezarían a volverse abrasadores. A su aparición le seguían las semanas más cálidas del año, a las que el pueblo heleno denominó «días de perro», y los romanos, «canícula», en referencia a la constelación de la que forma parte esta estrella, el *Canis Maior* o Perro Mayor.[8]

Pero escudriñar el tiempo a través de los astros no fue una habilidad única de las sociedades bañadas por el Mediterráneo. De igual forma que ellas hicieron antes en Mesopotamia y en China, y del mismo modo harían posteriormente los aztecas y los incas. La posición de las estrellas en el cielo era, al fin y al cabo, la forma

---

8   Seguro que el término *canícula* les suena, es el mismo que continuamos usando nosotros mismos para denominar a esas semanas de calor abrasador. Es más, la propia expresión «un día de perros» tiene su origen en este mismo evento.

más fiable de organizar el calendario y determinar el momento más conveniente para sembrar y para recoger lo sembrado, por ejemplo. En ello les iba su futuro.

Y tal era su importancia que cualquier patrón servía, aunque no fuese tal. La naturaleza debía ser desentrañada a través de cualquier signo. Si las estrellas predecían la época de cosecha, ¿no podrían darnos pistas las nubes sobre cuándo vendrá la siguiente plaga? ¿Y las aves? ¿No puede que su vuelo prediga el desenlace de la batalla que romperá al alba? Sin un método fiable para conocer a la naturaleza, cualquier superchería servía. De la misma forma que hoy existen adivinos que dicen leer en los posos de un café si tu matrimonio durará hasta la vejez o te vale más la pena ir creándote ya un perfil en Tinder, en Mesopotamia también creían ver el futuro en los elementos de nuestra vida cotidiana. Sin ir más lejos, en los propios sueños: «Si un hombre sueña con que se come la carne de sus testículos, su hijo morirá»; pero, «si sueña con que alguien le da de beber agua de lluvia, vivirá para siempre». Ale, más les vale ir con cuidado con lo que «fantasean» mientras duermen.

Ante el desconocimiento sobre las causas de los fenómenos más extraordinarios y las leyes que los rigen, prácticamente cualquier evento era susceptible de convertirse en un presagio. Un cometa, por ejemplo, podía ser tanto un augurio feliz como uno funesto: el que surcó el cielo en el año 343 a. e. c., para Timoleón de Corintio, vaticinaba el éxito de su futura expedición contra Sicilia; pero el del 372 a. e. c., para Diodoro de Sicilia, presagiaba la decadencia del pueblo de Laconia, al sur del Peloponeso.

Ahora bien, hagamos un inciso y puntualicemos; tampoco vayamos a caer en el error fácil: ni en la Antigüedad todo el mundo era devoto de la cofradía de la santa superstición ni los designios del destino eran tan inapelables. Prueba de lo primero es Cayo Julio César; prueba de lo segundo, sus augures. Antes de cada batalla, el general romano consultaba a sus augures, el equipo de magos y adivinos que llevaba consigo en sus campañas militares. En caso de que pronosticasen la derrota, Julio César evitaba combatir. Pero, si estos veían la victoria en el vuelo de las aves, esta se producía de forma casi sistemática al día siguiente.

Pocas veces fallaban. Parecía que realmente viesen el futuro ante sus ojos. No nos costará mucho intuir lo que sucedía en realidad, esta impresionante capacidad de predicción tenía truco, y poco tenía que ver con las habilidades adivinatorias de los «consejeros»: Julio César los sobornaba.

Timoleón zarpando hacia Sicilia (William Rainey, 1910) ilustra ese momento en el que el general Timoleón de Corintio contempla el cometa que, según él mismo diría, vaticinaba su éxito en la guerra por la conquista de Sicilia.

Si los augures pronosticaban una derrota, no había forma de convencer a los centuriones de ir a la batalla. En cambio, cuando el presagio era positivo, estos combatían con doble fiereza, convencidos de la victoria. Así pues, con el influjo mágico de unas pocas monedas se podía hacer volar a las aves hacia atrás y a los ríos fluir en sentido ascendente; los augurios decían lo que a uno le apeteciese que dijesen y la balanza de la batalla se desequilibraba en favor del lado conveniente. Con los sobornos, el general inflaba la moral de la tropa, haciendo que un presagio inventado se volviese cierto. La profecía se veía de este modo autocumplida. Y es que, en palabras de Catón el Viejo traídas hasta nuestros días por los textos de Cicerón, «dos augures no pueden mirarse a la cara sin echarse a reír». Timadores ha habido siempre.

Julio César confió siempre en sus augures para predecir las glorias o fracasos en sus batallas; pero desoyó la profecía más importante de su vida: la que lo advertía de cuidarse de los próximos idus de marzo, donde fue asesinado por un grupo de senadores. Un episodio recreado en *La muerte del César* de Carl Theodor von Piloty (1865), donde se muestra al emperador rechazando las advertencias del arúspice Espurina mientras, por detrás, está a punto de ser ejecutado por Bruto.

FRUTO DE LA CURIOSIDAD

Puede que los sobornos de Julio César no sean representativos de una época, pero lo que sí son es una buena muestra de la enorme importancia que tenían en la Antigüedad los presagios, las adivinaciones y, en general, cualquier método —*magufo* o no— por conocer el porvenir. Evidencian, en definitiva, la necesidad del ser humano de cualquier época por explicar su presente y desentrañar su futuro. Esa búsqueda constante de signos y patrones en el medio natural que nos ayuden a intuir por dónde nos vendrán dadas es un comportamiento prácticamente instintivo en el ser humano, y, aunque muchas veces se ha traducido en la generación de supercherías, creencias infundadas, *magufadas* y timos varios, lo cierto es que también ha conducido a la mayoría de los grandes avances de la humanidad.

Puede que el más evidente sea el que tuvo lugar cuando la lectura de los «signos de la naturaleza» y la creación de los patrones que los explicasen se sistematizó mediante un método capaz de poner a prueba las propias hipótesis generadas. Evidentemente, hoy no nos fijamos en el sentido del vuelo de las grullas para saber si el dolor en el pecho puede ser cáncer, ni esperamos que estalle una plaga al ver el sol apagarse tras la silueta de la Luna. Hoy sabemos distinguir las pautas que se repiten de lo que no son más que eventos aleatorios, podemos diferenciar una fuerza física de una tirada de dados. Y eso sucede únicamente porque hemos desarrollado un método para identificarlos, para reconocer los patrones y las leyes que los dirigen. Es decir, hemos generado un procedimiento con el que predecir el futuro. Lo podemos adivinar: este es el conocido como método científico, y su producto, la ciencia.

Quizás la ciencia y el método científico sean los productos más importantes fruto de la curiosidad innata del ser humano, pero no son los únicos, ni mucho menos. Escudriñar nuestro entorno con el fin de conocerlo y así poderlo predecir ha sido la base de gran parte del nuestro desarrollo tecnológico desde hace milenios. Y entre sus máximos exponentes encontramos el que sin duda fue uno de los primeros grandes saltos tecnológicos de la humanidad, uno al que llegamos no ya leyendo las estrellas, sino prestándole atención a las piedras del suelo. Tal fue su importancia que dio nombre a eras enteras de la prehistoria. Puede que ya entrevean de qué se trata: la obtención de los primeros metales útiles.

Ya hemos visto qué supuso el descubrimiento del que probablemente fuese el primero de nuestros metales, el oro. Este es un material inútil para la vida diaria, carente de todo uso práctico por ser blando y fácilmente deformable. Y pese a ello, durante siglos fue el más preciado de cuantos metales conociese el ser humano. Porque su uso no era práctico, sino simbólico. Durante milenios, este metal sirvió (y continúa sirviendo) a modo de ornamento, así como símbolo de estatus social y poder dentro del grupo; en definitiva, para indicar qué posición se ocupaba dentro de una sociedad estratificada, tal y como lo haría una piedra preciosa, un hueso profusamente decorado o un collar hecho con cerámicas de colores. De igual forma, la importancia del descubrimiento del oro se asemeja a la de su uso: no lo es tanto por el hallazgo en sí mismo como por lo que representa. Puede que el oro no hiciese que los pueblos capaces de trabajarlo diesen un salto tecnológico significativo, pero sí que marca el momento en el que el ser humano empezó a manipular un tipo de material nuevo, uno diferente de todo aquello que había conocido hasta el momento.

Muy poco después del descubrimiento del oro, cayó en nuestras manos el segundo de los metales (aunque puede que este hallazgo fuese anterior incluso al del oro, ya que aquí las fronteras se vuelven difusas; más tarde volveremos sobre este punto). Un metal, en cualquier caso, que sí que podíamos afilar y con el que podíamos cortar; uno con el que éramos capaces de construir herramientas mucho más resistentes y armas mucho más letales. Un metal con el que poder arar los campos y conquistar nuevos valles y cuyo descubrimiento, en definitiva, y a diferencia del oro, sí que supuso un antes y un después en la historia humana. Ese metal es el cobre.

Evidentemente, el práctico no fue el primer uso que se le dio al cobre, ni mucho menos. Y es que, al igual que su áureo compañero, también este fue usado antes que nada con fines simbólicos: como identificación de estatus para las élites (servir la comida a tus invitados en platos de cobre bruñido es igual de *kitsch* hoy que hace cinco milenios) o como moneda de uso más o menos común. En cualquier caso, el elemento clave aquí es el avance que supuso empezar a trabajar este metal. La aparición del cobre posibilitó el abandono de las piedras y la madera como principal material con el que fabricar las herramientas, para pasar a usar uno mucho más resistente y, más importante todavía, que podíamos moldear a voluntad.

A base de martillazos podíamos dar forma a ese material sin romperlo, repartir su peso, aplanarlo, redondearlo o incluso alargarlo. Es más, mediante golpes podíamos incluso juntar piezas de cobre para generar una sola unidad. Y con el tiempo aprendimos también a ablandarlo con calor, o incluso a derretirlo y darle la forma deseada con moldes.[9] De esta forma aprendimos a crear herramientas que nunca antes habían sido imaginadas: una aguja, una joya o la hoja de un hacha. Para aquellos pueblos prehistóricos, el cobre era tecnología puntera.

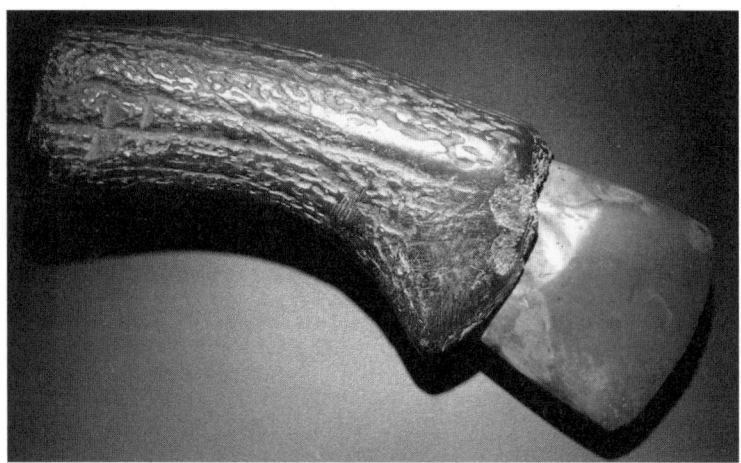

Hacha de cobre con mango de asta de ciervo (3400 y 2200 a. e. c.).

---

9 En concreto, el objeto más antiguo de cobre fundido de que disponemos (lo que no significa, ni mucho menos, que sea el más antiguo que existió) procede de Tal-i-Blis, cerca de los montes Zagros, en Irán, y fue producido alrededor del 4100 a. e. c. Junto a él, en el yacimiento se encontraron hornos de fundición, crisoles e incluso moldes. Aun así, hay pruebas indirectas que nos indican que los humanos fundíamos cobre milenios antes de que creáramos este objeto.

Pero el hallazgo clave, el verdadero salto tecnológico, todavía estaba por venir. Hasta el momento, el cobre del que estamos hablando es cobre nativo, ese que se puede encontrar en la naturaleza como pepitas, en su forma metálica y lista para ser utilizada, la misma forma en la que encontramos el oro. Este es un tipo de cobre que, al igual que sucedía en el caso del oro, destaca por ser particularmente escaso en el medio natural, por lo que su descubrimiento y el hecho de que se empezase a manipular, pese a su importancia, no supusieron un cambio de paradigma. Ahora bien, esa necesidad que muestra el ser humano por conocer y comprender su entorno le llevó a descubrir que esta no era la única forma del cobre, o que al menos el cobre nativo no era la única fuente de donde podía obtener este metal. Llegó un momento en el que el ser humano descubrió que, calentando algunas de las rocas que le rodeaban, estas empezaban a sudar cobre. Y fue en este punto, justo en este momento, cuando la historia cambió.

METALES OCULTOS

La malaquita es un mineral realmente bello, de un color verde azulado similar al de la esmeralda. Si lo cortamos o lo partimos, veremos cómo una especie de surcos ondulantes recorren su interior, cada uno de ellos con un tono distinto de verde; surcos que se persiguen entre ellos formando extrañas figuras en la superficie del corte. Joyas, vasijas, jarrones, mesas, máscaras funerarias, amuletos contra la depresión…; la belleza de este mineral ha hecho que a lo largo de la historia se le diesen diversos y variados usos (algunos, escogidos con más tino que otros, todo sea dicho). Puede que uno de los lugares en que más fácilmente se pueda reconocer este mineral hoy en día sea en el trofeo de la Copa Mundial de Fútbol, pues constituye las láminas verdosas que forman su base. Y, sin embargo, nada de lo dicho nos haría sospechar *a priori* que en su estructura este mineral está formado por cobre.[10] Esto mismo sucede con la calcopirita, un mineral anguloso, entre amarillento y negruzco, muy brillante; un aspecto bastante alejado del que habitualmente asociamos al cobre metálico.

Y pese a todo ello, tanto la malaquita como la calcopirita son dos de las principales fuentes de cobre que ha dispuesto la humanidad con una mayor frecuencia a lo largo de la historia. De hecho, incluso hoy en día, la segunda continúa siendo una de las principales menas de cobre con las que satisfacemos nuestra necesidad del metal. Ahora bien, más allá de que nos proporcionen cobre, puede que la mayor contribución por parte de estos minerales al avance del ser humano sea que gracias a ellos descubrimos que se podía extraer metal de donde solo había rocas.

Miles de años antes de que se inventara la escritura, en una época cuya tecnología puntera era la lítica, el ser humano descubrió un procedimiento más cercano al mundo mágico que al terrenal. Se dio cuenta de que, al introducir malaquita o calcopirita en el interior de hornos y encenderlos, el color verde brillante de la primera y el amarillo miel de la segunda se iban oscureciendo hasta que el mineral pasaba a tomar la forma de un polvo negro, algo más parecido a la ceniza que a cualquier otra cosa. Y no solo eso, sino que, en caso de tener carbón en el horno, el polvo obtenido continuaba transformándose con ayuda del calor para dar lugar a algo completamente diferente: entre las cenizas del horno aparecían pequeñas bolas marrones y un poco más pesadas de lo que esperaríamos; era cobre teñido con el negro de la ceniza. Cuando hicimos este descubrimiento, corría el año 6500 a. e. c., año arriba, año abajo.

Este avance tecnológico, por básico que nos parezca, marcó un antes y un después. Fue el punto de partida para la trasformación de las sociedades, así como la colocación de la primera pie-

---

10 Aunque, a decir verdad, el propio color verde de la malaquita sería una buena pista sobre la composición de este mineral para un ojo experto, dado que este es, junto con el azul y toda la gama cromática que va de uno al otro, uno de los colores que toma el cobre oxidado cuando forma un tipo de estructuras conocidas como «complejos de coordinación».

dra en el descubrimiento y el trabajo de muchos otros metales y aleaciones. Es tal su importancia que este momento dio nombre y origen a una de las eras de la humanidad, la Edad de los Metales; dividida en tres tramos, uno por cada uno de sus protagonistas: la Edad del Cobre, la del Bronce y la del Hierro. A la Edad de los Metales la precedió el Neolítico, un periodo de tiempo en el que el ser humano aprendió a controlar la agricultura y el pastoreo de animales, dando lugar a las sociedades agrarias, y la sucedió la historia con el nacimiento de la escritura (aunque algunos de estos eventos se solapasen brevemente en el tiempo y el espacio). Esto nos da muestra de la importancia que tuvo el manejo de los metales para el ser humano: lo situamos nada menos que a la altura de la aparición de la agricultura y de la escritura.

Cierto es que este tampoco parece un avance demasiado importante; entiendo su escepticismo, querido lector. «Al fin y al cabo», podríamos pensar, «no han hecho otra cosa que meter una piedra en un horno y calentarla». Y no dejaría de tener razón, pero debemos de tener en cuenta un elemento que quizás hayamos pasado por alto: no estamos hablando sencillamente de que los pueblos prehistóricos aprendiesen a extraer metales de las rocas. Nada más lejos. El propio proceso metalúrgico, así como el camino que nos llevó a él, son bastante más sofisticados de lo que podemos pensar. Los minerales como la malaquita o la calcopirita son en realidad una «mezcla» de un metal con diferentes compuestos: sulfuros, fosfatos, carbonatos...; todo depende del mineral del que estemos hablando. Si queremos el metal puro, lo primero que debemos hacer, por tanto, es eliminar de su composición estos elementos que lo único que hacen es estorbar. Y para ello, nada más fácil que calentar el mineral. El problema es que no basta con el fuego. Aplicando una llama sobre los minerales, por grande e intensa que sea esta, lo único que conseguiríamos sería chamuscarlos ligeramente y depositar en su superficie una fina capa de ceniza. Para provocar la «transmutación» necesitamos, como mínimo, un horno, con el cual podremos alcanzar temperaturas muy superiores a las que nos permitiría llegar el fuego por sí solo. Para aquellos pueblos prehistóricos, en la mayoría de los casos estos hornos consistían en agujeros perforados en el suelo o en pequeñas grietas entre las rocas, las cuales se tapaban una vez el fuego hubiese prendido el carbón con el fin de posibilitar que la temperatura de su interior llegase hasta los 1000 °C necesarios para el proceso. Además, para que la combustión pudiese darse una vez el agujero se hubiese cerrado y que así el carbón no se ahogase, aquellos pioneros insuflaban aire al interior de los hornos a través de tubos y fuelles.

De esta forma, encerrando los minerales en un recinto más o menos aislado y capaz de conservar el calor en su interior, podemos empezar a transformar los elementos de los que se componen y, así, degradarlos, eliminando todos aquellos que no nos interesen (todos aquellos que no sean metal). En el caso de la malaquita, por ejemplo, junto al cobre tenemos hidróxidos y carbonatos que mediante el calor transformamos en CO_2 y agua: gases que se pierden fácilmente dejando tras de sí un resto sólido de metal. Pero la transformación no acaba aquí, ese metal que hemos obtenido todavía no está puro, ya que mediante el calor lo único que habremos conseguido habrá sido convertir el mineral de partida en óxido de cobre, un polvo negro todavía más terroso e inservible que el propio material de partida. La transformación del mineral, por tanto, está cerca, pero todavía no ha finalizado.

La transformación culmina con el uso de lo que se conoce como un «agente reductor», un compuesto capaz de eliminar el oxígeno del óxido metálico y devolver al cobre a su forma metálica, propiamente dicha. En este caso, ese papel lo interpreta el carbón, que, a 1085 °C, transforma el óxido de cobre en cobre metálico. Debido a la propia temperatura del horno, este cobre metálico nace fundido, es por ello que lo que obtenemos son pequeñas pelotas de metal amorfo que podremos rescatar fácilmente de entre las cenizas del horno. Por fin, si fundimos estas pelotas de metal, podremos hacer láminas y piezas más grandes y complejas de cobre que podremos, a su vez, forjar para obtener las herramientas deseadas. Y así, de golpe, pudimos extraer cobre de la roca inservible.

Ahora, es lógico que, al conocer toda esta historia, nos surja una duda: ¿y por qué cobre? ¿Por qué no cualquier otro metal? Como sucedía con el oro, de nuevo todo se resume en una combinación entre abundancia y facilidad en su obtención. Puede que el cobre no sea el metal más abundante de cuantos nos rodean en el medio natural (y, de hecho, no lo es ni de lejos, la corteza terrestre es unas mil veces más rica en hierro que en cobre, por ejemplo), pero es más fácil de extraer. Los minerales de cobre no necesitan temperaturas extremadamente altas ni «agentes reductores» particularmente poderosos como para perder todo aquello que no es metal y liberar este valioso material. En cambio, minerales como los del hierro requieren de unas condiciones mucho más drásticas para degradarse y liberar el metal de su prisión mineral, lo que se traduce en la necesidad de disponer de unos hornos mucho más sofisticados, con fuentes de alimentación de oxígeno más eficientes, modos de eliminación de la escoria, y demás. Todo ello causó que, pese a que este elemento fuese mucho más abundante que el cobre, aún nos costase miles de años descubrirlo desde que dominásemos la técnica de la metalurgia.

En cualquier caso, hemos podido ver que este proceso de obtención de cobre metálico a partir de determinados minerales no es ni trivial ni algo que haya podido suceder por casualidad o de forma aleatoria, sino que responde a un ensayo de prueba-error y, en definitiva, a esa necesidad del ser humano por explorar (y, en cierta medida, comprender) su entorno para utilizarlo en beneficio propio. Y tuvo enormes consecuencias para los pueblos que fueron capaces de controlar la técnica. Al aprender a extraer metal de las rocas, dejaron de depender del cobre nativo que pudiesen encontrar: ahora podían fabricarlo ellos mismos. Con ello, la cantidad de cobre de la que pudieron disponer aumentó drásticamente.

La pega (siempre hay una pega) es que este metal tampoco resultaba tremendamente ventajoso en comparación con los materiales de que disponían en el momento (madera, huesos, rocas y minerales). La expresión «menos da una piedra», en este caso particular, no es totalmente válida. Es cierto que el cobre proporciona una mayor versatilidad en la construcción de las herramientas, que le podemos dar la forma deseada, que lo podemos afilar para fabricar cuchillos y útiles cortantes; pero es igualmente cierto que el cobre metálico es bastante blando y fácil de deformar y perforar si la hoja es relativamente delgada. ¿Y de qué nos sirve una herramienta que a la mínima se deforme?

Fundición primitiva en la Edad de los Metales. Grabado de 1897 realizado por Émile Bayard para *La historia del mundo* de John C. Ridpath.

Ahora bien, que esta observación no desmerezca ni un ápice la importancia del descubrimiento del cobre. No por nada a este momento de la humanidad se le dio el honor de nombrar una de nuestras eras, la Edad del Cobre.[11] Lo que debemos de tener en cuenta es que el hallazgo de este metal no resulta tan importante por el descubrimiento en sí mismo como por el camino que recorrimos hasta llegar a él y, sobre todo, por las puertas que nos permitió abrir a continuación. Y es que, a pesar de que el proceso

---

11 Puede que el mayor descubrimiento de esta época, y que marcaría el desarrollo de las sociedades, fuese la técnica metalúrgica mediante la cual se empezó a obtener cobre en grandes cantidades extrayéndolo de minerales como la malaquita y la calcopirita, pero debemos reconocer que nombrar a esta era de la humanidad como la «Edad de los Hornos Hechos Cavando un Hoyo en la Tierra» queda, como mínimo, un poco menos glamuroso.

tampoco sea particularmente simple, su importancia no viene dada por su complejidad, sino por las consecuencias que tuvo. Porque, con cada aspecto nuevo que conocíamos de la naturaleza, el viejo sueño de controlarla se volvía cada vez más real.

EL SUEÑO DE CONTROLAR

Es natural que los astros caigan del cielo, que parezcan desprenderse de la esfera que los sujeta y que, centelleantes, se precipiten sobre la Tierra. Son los cometas y asteroides que por su brillo llamamos «estrellas» y que por su corta vida conocemos como «fugaces»; aquellas que tan solo sobreviven unos pocos segundos en su caída. Y tan natural como este fenómeno es el hecho de que las admiremos.

Es desde bien temprano que la humanidad se siente fascinada por las estrellas que caen. Como desde bien temprano teme a los ríos que bajan torrenciales y se desbordan; a los vientos que hunden barcos y barcazas, y a las lluvias, cuyo exceso inunda y cuya ausencia condena. Desde bien temprano, el ser humano envidia el vuelo de las aves.

Y es también desde bien temprano que asumimos que aquellas maravillas eran obra de dioses, de elementos todopoderosos fuera de nuestra comprensión, seres en cuyas manos está nuestra vida, nuestro futuro y nuestro sino. Ya lo hemos visto, un cometa era una señal del cielo enviado por un ente superior. Una plaga o una enfermedad eran castigos que alguien (algo) lanzaba sobre nosotros. Un destello luminoso era una indicación; un rayo, una advertencia. Y pese a todo ello, pese a creernos títeres de su voluntad, nunca dejamos de pretender influir en las decisiones de aquellos seres: persistimos en nuestro intento por cambiar el destino «que habían reservado para nosotros». Lo intentamos con sacrificios. Lo volvimos a intentar con ritos y rituales, con oraciones y cánticos. Nos castigamos a nosotros mismos y castigamos al diferente; creamos belleza y la destruimos solo para contentar a aquellas deidades. Probamos a temerlas, a amarlas, a reverenciarlas, a rogarles, a rezarles, a vivir en la austeridad para agradarles y a nadar en la opulencia para honrarlas, y nada funcionó. Las deidades no respondieron: ni el entorno se volvió menos hostil ni la vida fue más fácil.

Nunca doblegamos una enfermedad teniendo «pensamientos positivos». Nunca frenamos una riada «sintiéndonos uno» con la naturaleza. Nunca evitó nadie que se lo tragase el mar gritándole al cielo.

Tardamos mucho en darnos cuenta de que aquellas deidades no eran tales, de que no existían; que, a riesgo de forzar el término, no eran más que tensiones y constantes universales; las leyes que rigen la naturaleza, las propias leyes que la constituyen; el dios de Spinoza. Y no fue hasta mucho más tarde que logramos hablar el idioma con que estas leyes estaban escritas y entender no solo que éramos capaces de influir en la naturaleza, sino que podíamos llegar a controlarla a voluntad. Ya lo hemos visto al inicio de este capítulo, una de las principales consecuencias de la curiosidad innata que nos caracteriza como especie fue la creación de un método con el que comprender nuestro entorno, el método científico; a su vez, uno de los principales frutos que este nos brindó fue tomar el control de nuestro entorno.

Entendimos el idioma que hablan las fuerzas y los fluidos, y con él construimos calderas, cañerías y motores a vapor con los que mover sin esfuerzo inmensas moles de hierro. Comprendimos el lenguaje de la óptica y de las lentes, el de la luz y los tejidos humanos, y curamos la miopía con un láser. Hablamos la lengua con la que se comunican los cuerpos celestes, y lanzamos al espacio nuestro propio cuerpo, lo depositamos suavemente sobre los astros[12] y lo trajimos de vuelta.

En definitiva, al entenderla pudimos empezar a cumplir uno de los más viejos anhelos del ser humano: controlar la naturaleza.[13] Y además, lo hicimos a una increíble velocidad, cada nuevo

---

12 Bueno, de momento, solo sobre la Luna.

13 Evidentemente, un control acotado siempre por unos ciertos límites que, en función de lo tecnooptimistas que seamos, nos parecerán más o menos estrechos; pero que en cualquier caso vienen dados por el conocimiento que ten-

descubrimiento aceleraba el ritmo con el que llegaban los demás. Pensemos, por ejemplo, en la aviación y la aeronáutica: en unas pocas décadas pasamos de intentar construir una máquina capaz de elevarnos algún metro del suelo sin que el armatoste se desmontase en el intento, a competir por ver qué país era capaz de poner antes un humano (entero y de una pieza, claro está) sobre la superficie lunar. Para tomar perspectiva: una misma niña podría haber sido testigo del primer vuelo de los hermanos Grimm con 10 años, y de la llegada de Neil Armstrong a la Luna con 76; es decir, podría haber presenciado el primer vuelo a motor de la historia y el culmen de la llamada «carrera espacial» en el transcurso de una misma vida.

Pero, pese a lo impactante de las consecuencias del método científico, no debemos pecar de soberbia. El control por parte de los humanos sobre la naturaleza ni empezó con él ni forma parte de la época moderna, sino que viene de mucho más antiguo. En menor o mayor medida, los humanos siempre hemos pretendido cambiar la naturaleza a nuestro favor, siendo uno de los más tempranos ejemplos, evidentemente, el de los metales. Y es que ¿por qué conformarse con usar un metal que podemos encontrar por ahí tirado, cuando podemos inventar uno nuevo y decidir nosotros sus propiedades?

Continuemos con nuestra historia, volvamos al cobre.

Mediante los precarios hornos que hemos descrito anteriormente, y con la ayuda imprescindible del carbón vegetal, fuimos capaces de extraer el cobre que contenían en su estructura molecular ciertos minerales que podíamos hallar con relativa facilidad en nuestro entorno. Y así, de golpe, dejamos de depender de encontrar un cuerno de unicornio para disponer de metal: ahora lo podíamos fabricar nosotros mismos, arrancarlo de entre las entrañas de las rocas, del interior de los minerales, y trabajarlo a placer. Este evento tuvo una gran repercusión en las poblaciones que empezaron a trabajar con la metalurgia: al extraer metal de las rocas, la cantidad de cobre de la que pudieron disponer aumentó

---

gamos en un momento dado de la naturaleza, así como por nuestro grado de desarrollo tecnológico.

drásticamente. Pero sobre todo puso en sus manos una tecnología que, sin que ellos lo sospecharan, les daría ventaja en un futuro no muy lejano sobre el resto de sus rivales.

Y, precisamente, parte de la responsabilidad en este nuevo descubrimiento que estaba por venir tiene que ver con la pulcritud con la que estos artesanos prehistóricos trabajaban. O, más bien, la ausencia de ella. Y es que calificar el trabajo de aquellos pioneros como «escrupuloso» o «impecable» implicaría faltar descaradamente a la verdad. ¿Qué ocurría, pues, cuando los minerales que usaban estaban sucios o mezclados con otros diferentes? ¿O qué sucedía cuando las rocas que metían en el horno para obtener cobre no eran ni malaquita ni calcopirita, sino otras que en su composición contenían, además de cobre, otros metales o metaloides? Pues que el cobre que obtenían no estaba puro, no era cobre metálico impoluto, sino que contenía otros elementos (impurezas) en su estructura.

Resultado de la extracción de cobre del mineral
del que este formaba parte originariamente.

Bien es cierto que esto tampoco tendría por qué ser necesariamente un problema. Con las impurezas y los metales sucede algo parecido a lo que pasa con las mutaciones genéticas y los seres vivos: la gran mayoría no tienen un efecto sobre el producto final (ya sea animal o metal). Es decir, son inocuas. Ni fu ni fa, ni chicha ni limonada. A no ser que sean muy abundantes, estas impurezas no suelen causar una modificación significativa de las propiedades de los metales, de la misma forma que nuestro ADN puede sufrir (y sufre) modificaciones constantemente sin que ello nos suponga necesariamente un problema de salud.

Hay ocasiones, sin embargo, en que, por leves que sean las alteraciones sobre nuestro código genético, si estas se dan en lugares clave del ADN con la suficiente frecuencia, podrán causar serios problemas para el organismo: puede que algunas proteínas dejen de funcionar de forma adecuada, que las células no se reproduzcan al ritmo necesario o que los niveles de ciertas hormonas en sangre no sean los apropiados. Todo ello podrá derivar en la aparición de enfermedades que, en función del efecto de la mutación, podrán ser más o menos graves. Lo mismo sucede con los metales. Hay ocasiones en que, por insignificantes que sean los niveles de concentración de estas impurezas, estas son capaces de alterar las propiedades del metal y hacerlo de peor calidad: más quebradizo, más blando o menos brillante, por ejemplo. Es esto, de hecho, lo que les sucedería muchas veces a nuestros antepasados cuando, trabajando en sus hornos, el metal se les contaminaba.

Pero hay algunas (pocas) veces en que sucede todo lo contrario y esa alteración aleatoria acaba resultando beneficiosa. De vez en cuando se da que la modificación de la proteína, en lugar de «estropearla», hace que esta trabaje un poco más rápido, que sea más eficiente haciendo su labor y elimine toxinas a una mayor velocidad, por ejemplo; o puede que esa modificación aleatoria la haga capaz de interaccionar más selectivamente con la sustancia adecuada, evitando que se entretenga con otras que solo suponen un estorbo. Y lo mismo sucede con los metales: hay impurezas que, lejos de empeorar las propiedades del material, las mejoran cambiando su color o su brillo, haciéndolos más robustos, más duros o menos frágiles.

Una de las primeras veces que fuimos testigos de este efecto fue alrededor del milenio quinto antes de la era común, cerca de lo que en la actualidad es Irán. Sucedió que, al sacar un pedazo de cobre recién producido en el horno, este no presentaba ni el color negro de la ceniza ni el marrón cobrizo que correspondería, sino de un tono más bien blanquinoso. Y lo más importante, ese extraño metal era mucho más duro que el cobre normal. Deformarlo costaba un infierno, por no hablar de lo difícil que era doblarlo, perforarlo o simplemente rallarlo.

El caso es que, probablemente sin ser conscientes de ello, habíamos utilizado el mineral equivocado para alimentar los hornos. Y ese mineral, además de cobre, contenía arsénico. Por poner un ejemplo de mineral de cobre con arsénico, ahí tenemos la enargita, de aspecto grisáceo y brillante, la cual presenta en su estructura un átomo de arsénico por cada tres de cobre.[14] Así, el simple hecho de tener arsénico en la hoguera había «impurificado» el metal resultante dando lugar a una aleación metálica, algo así como una mezcla de metales. Pero, es más, esa «contaminación» de arsénico había mejorado sustancialmente las propiedades mecánicas del cobre. Y así, sin saberlo, habíamos producido nuestra primera aleación: bronce arsenical.

Y lo que empezó como una casualidad, con el tiempo se convirtió en técnica. Una vez conseguimos identificar por qué ese cobre de repente era mucho más duro y, por lo tanto, mucho más útil, comenzamos a forzar nosotros el proceso introduciendo las impurezas de forma intencionada. Y vimos además que no valía cualquier cantidad de arsénico. Con pequeñas fracciones de este compuesto conseguíamos aumentar rápidamente la dureza de la aleación resultante hasta llegar a un punto en que, si añadíamos todavía más «impurezas», el material se volvía extremadamente duro, pero también muy frágil. A la mínima se resquebrajaba y se

---

14 También es posible que no sucediese así, sino que puede que usásemos mineral de cobre contaminado con otros minerales arseniatos por equivocación, o incluso podría ser que lo hubiésemos añadido de forma intencionada a la hoguera para ver cuál era el resultado, quién sabe.

tornaba inútil. Controlamos, así, la composición de las aleaciones y las propiedades del metal final.

Problema: el bronce arsenical es duro, pero también es muy frágil y particularmente tóxico. Para ser considerado como tal y que empiece a superar las propiedades del cobre, el bronce arsenical debe contener un mínimo de un 2 % de arsénico, la cual no es una cantidad menospreciable. Así, a partir de este momento, el trabajo de los herreros y artesanos del metal se vio íntimamente ligado al uso del arsénico y, por tanto, al padecimiento de sus efectos. Entre ellos: enfermedades cutáneas y daño en los nervios externos (más allá del cerebro y la médula espinal, los conocidos como nervios periféricos), cuyo principal resultado es un debilitamiento de las extremidades (pies y piernas), atrofia muscular y pérdida de reflejos.

Escultura del siglo XVIII de Buda hecha con bronce arsenical.

Los pueblos prehistóricos eran buenos conocedores de los problemas de salud que ocasionaba el trabajo con los metales. De hecho, es muy probable que las enfermedades derivadas de la producción del bronce arsenical, así como de su trabajo y manipulación, generasen en el imaginario colectivo la idea del herrero como una persona con problemas de salud.

No hay mejor demostración de lo interiorizada que estaba la asociación herrero-enfermo en estas culturas como el hecho de que este concepto cristalizase en sus propias deidades. Por lo general, los dioses son seres estéticamente muy cercanos a la perfección, especialmente aquellos que forman parte de los panteones helenos y romanos: seres atléticos, de facciones perfectas y moldeados siguiendo el estereotipo más normativo de la época en que fuesen representados. Hasta el más anciano de los dioses muestra, tras una piel cansada por la edad, unos músculos cincelados en mármol. Sin embargo, la inmensa mayoría de los seres mitológicos y divinos relacionados con la metalurgia (ya sean mediterráneos, escandinavos, del África occidental o europeos en general) presentan, digamos, algunos problemas físicos o de movilidad.

Por poner unos pocos ejemplos: Hefesto, el dios herrero griego, padecía cojera y era extremadamente feo (no lo digo yo, ya lo describía así su propia madre, Hera), y lo mismo sucede con su homólogo romano, Vulcano. Curiosamente, tanto Hefesto como Vulcano son prácticamente los únicos dioses de sus respectivos panteones que no son física y normativamente perfectos. Por ir un poco más al norte: sucede de lo mismo con Vølundr.[15] El herrero por excelencia de la mitología nórdica y anglosajona en general fue mutilado por el rey vikingo Níðuð, quien le cortó los tendones de los gemelos para evitar que huyese y obligarlo, de esa forma, a forjar las más bellas y valiosas joyas para él. Por no dejaros con la intriga sobre cómo concluye esta última historia: tranquilos, que acaba «bien», al menos según los estándares vikingos. Vølundr se vengó del rey matando a sus dos hijos y fabricando copas y joyas

---

15 Vølundr o Völundr Smed para los escandinavos, también conocido como Valund para los islandeses, Wayland Smith para los ingleses, Wieland der Schmied para los alemanes o Veland le Forgeron para los franceses.

con sus cráneos y sus ojos (piezas que después enviaría al propio rey Níđuđ como obsequio), violando y dejando embarazada a su hija y huyendo de su prisión usando unas alas que él mismo se había construido. Para rematar la historia, antes de escapar tuvo el detalle de acercarse al palacio del rey Níđuđ e «informarle» del destino de sus dos hijos y de su hija, para acabar marchándose, volando y entre carcajadas.

Para que nos demos cuenta de lo arraigado del estereotipo: algunos de estos dioses fueron «creados» en épocas muy posteriores a las del uso del bronce arsenical, cuando reinaban otros metales. Hefesto, por ejemplo, es un dios de la Edad del Hierro, a milenios de distancia de la época de dominio de este bronce, y aun así posee las características físicas que se asociaban a la metalurgia con arsénico. Ello da muestra de que este vínculo entre producir metal y enfermar se mantuvo en el imaginario de los pueblos mucho tiempo después de que este efecto dejase de ser real.

En este mismo sentido, vale la pena comentar que hay autores que han intentado justificar estas características físicas comunes de los dioses herreros, y en especial su cojera, mediante otras explicaciones, como que así se evitaba que pudiesen huir, unirse a otros pueblos y fabricar armas para ellos, o la que ofrece el historiador Arnold J. Toynbee: que de esta forma se prevenía que las personas con movilidad reducida o dificultades físicas se viesen marginadas, rechazadas o incluso desterradas por la sociedad. Estas explicaciones, en cualquier caso, parecen ser un poco naífs y estar un tanto anquilosadas en prejuicios del siglo pasado; aunque el mayor problema que presentan es que no llegan a justificar por qué son siempre los dioses relacionados con la forja y los metales los que se encuentran mutilados de una u otra forma. Es difícil, en cualquier caso, escoger sin margen de duda entre las diferentes hipótesis, dado el grado de elucubración que llevan asociadas y los escasos restos materiales que conservamos y que podrían ayudarnos en nuestra decisión.

La huella que dejó el arsénico en la imagen del herrero se ve muy claramente gracias a la mano de Rubens. Detengámonos un momento en las siguientes dos imágenes.

Vulcano forjando los rayos de Júpiter y *Mercurio*, ambas obras de Peter Paul Rubens (*ca.* 1636-1638), conservadas en el Museo Nacional del Prado (Madrid).

A la izquierda, se representa a Vulcano, dios romano de la forja y del fuego (Hefesto en la mitología griega), y, a la derecha, a Mercurio, dios mensajero griego (Hermes en la cultura romana), protector del comercio y de los viajeros. Ambas pinturas son realizadas por Rubens (y su taller) entre 1636 y 1638 para la Torre de la Parada de Felipe IV. Mientras Mercurio luce orgulloso sus rasgos apolíneos, Vulcano es mostrado sudoroso, sucio y mucho menos agraciado que el mensajero, atributos asociados a la mala salud de los herreros. Pero, a pesar de estos rasgos que embrutecen la imagen de Vulcano, falta el más característico: su cojera. Y como la de Vølundr, también esta tiene un origen un tanto extravagante. Según la tradición, tras darlo a luz, la madre de Vulcano (Juno) se sorprendió de la fealdad del bebé: un ser peludo, feúcho, llorando y sin llorar, de pie «marchito» y piel oscura tintada por el hollín… Y tan feo le pareció que, horrorizada, lo tiró de lo alto del Olimpo al océano. Nueve días con sus nueve noches estuvo cayendo Vulcano hasta que su cuerpo diese violentamente con el mar. Según el mito, como resultado de la colisión, el dios quedaría irremediablemente cojo, condenado de por vida a que al sonido de sus pasos lo acompañase un andar vacilante y las burlas y las risas de aquel con quien se cruzase. Un andar vacilante del que nosotros mismos somos testigos a través de la danza tortuosa que caracteriza a su *alter ego*, el fuego.

Más allá de lo curioso de que los dioses herreros presenten en la mayoría de las culturas lo que en la época se consideraban graves defectos físicos (y que se escenificaban de forma tan tajante como cortándole los tendones a un dios), el hecho de que esta asociación entre metalurgia y problemas de salud en los dioses sea tan general es muy relevante por un hecho más: nos da buena muestra de la importancia y difusión de la técnica de producción de bronce arsenical entre los pueblos y territorios. Con la propia difusión de la técnica, muy probablemente se extenderían también los prejuicios que llevaba indeleblemente vinculada.

Así, y a pesar de todas sus desventajas, el bronce arsenical fue relativamente popular en la época, usándose durante milenios y difundiéndose a través de los territorios y entre los pueblos. Desde el Tigris y el Éufrates su uso se extendió (en periodos de expansión que durarían miles de años) a lugares tan remotos como la península itálica o las regiones de Gansu y Qinghai, al noroeste de la actual China. E incluso más allá del continente euroasiático, el bronce arsenical fue la aleación metálica favorita en parte de Sudamérica, siendo la predominante en territorios como los actuales Ecuador y Perú.

Y es que pese a todos los problemas que causaba en quien lo trabajase, el salto tecnológico que proporcionaba el bronce arsenical era tal que su coste para la salud era un «inconveniente» que no había otro remedio que soportar (especialmente si quien lo tenía que soportar era otro). Aunque es obvio que, en el caso de que surgiese una alternativa al arsénico para «endurecer» el cobre, esta substituiría rápidamente al bronce arsenical.

BRONCE

Y surgió. Claro que surgió. Era cuestión de tiempo.

Fruto de la combinación entre el azar y la cabezonería humana, a la larga aprendimos que había otros minerales que también podíamos añadir a los hornos, junto a la malaquita, para obtener «cobre endurecido», y sin que por ello tuviésemos que acabar enfermando. El principal de esos minerales fue la casiterita, y el elemento que contenía y que era capaz de endurecer el cobre no era otro que el estaño. Bendito estaño. Alrededor del 3300 a. e. c., el mundo explotó de actividad gracias a él.[16]

Con cobre y estaño hicimos bronce. Ahora sí, este sí que es el bronce que todos conocemos, el que se ha usado una, mil y cien mil veces en la historia; aquel que no necesita apellidos (arsenical…) para poder ser reconocido. Un material duro, resistente, dúctil y ligeramente maleable; dócil en el moldeado y sumiso al afilado. Un bronce que ya no era ni tóxico ni frágil, como lo era el arsenical, sino que resistía el embiste de una piedra, el filo de un cuchillo y el paso del tiempo.

Pero, antes de avanzar demasiado deprisa, fijémonos en una cosa: hasta este momento lo único que hemos hecho es empezar a hacer un uso un poco más sofisticado del horno de fundición. Nada más. No inventamos nuevas técnicas ni tecnologías complementarias, únicamente mejoramos la que teníamos. Y de

---

16 Un mundo pequeño que apenas abarcaba Próximo Oriente y Europa, ya que el bronce llegó al resto del mundo en fechas bastante posteriores. Más adelante incidiremos sobre este tema.

ahí viene precisamente la importancia de la obtención del cobre mediante estos hornos, por las puertas que nos abrió; porque una vez entendimos cómo funcionaba esta técnica, aprendimos a controlarla. Añadiendo este o aquel mineral al horno, extraíamos de él el metal que pudiese contener, que automáticamente se combinaba con el cobre fundido resultando en un tercer material.

Con el desarrollo de la metalurgia, además, nos dimos cuenta de un detalle trascendental: las propiedades del producto resultante no eran una combinación de las de los materiales de partida. Bronce hecho con un 90 % de cobre y un 10 % de estaño no presentaba un 90 % de la dureza del cobre y un 10 % de la del estaño, sino una totalmente distinta y que nada tenía que ver con la de los materiales de partida. Al realizar una aleación metálica, los átomos de los metales se unen entre sí, mezclándose para dar un compuesto completamente distinto: en la aleación los metales pierden sus propiedades individuales ganando otras completamente diferentes. Es decir, el material resultante no es un promedio de los de partida, aunque sus propiedades sí que dependen de las proporciones de los metales que lo forman.

Con el tiempo aprendimos también a modular estas propiedades. Entendimos que, si mezclábamos tal cantidad de casiterita en el horno con tal otra cantidad de malaquita, el bronce era blando y lo podíamos usar para unas determinadas aplicaciones (monedas o joyería, por ejemplo). En cambio, si le añadíamos un poco más de casiterita a la mezcla, el bronce resultante se volvía cada vez más duro, resultando útil para aplicaciones que requerían de un poco más resistencia a la deformación (ya fuesen un arma, una armadura o un arado). En otras palabras, el trabajo de la metalurgia se sofisticó. Hoy traducimos ese «un poco de casiterita» a porcentajes y sabemos que las cantidades ideales de estaño en el bronce van desde un 3 % para los bronces blandos hasta un 20 % (o incluso un 25 %) en los bronces más duros.

En definitiva, con el perfeccionamiento y la sofisticación de aquella técnica (un tanto precaria) mediante la cual extrajimos por primera vez un metal de las entrañas de un mineral, pudimos obtener un material que, este sí, marcaría un antes y un después por mérito propio. Empezó aquí la segunda de las eras de los metales: la Edad del Bronce. Y con ella, el mundo reventó de actividad, el *statu quo* se invirtió y los paradigmas se desintegraron. El bronce cambió el mundo; con él transformamos la realidad.

Con bronce forjamos arados, que sustituyeron a los viejos hechos de piedra y madera, y de esta forma aumentamos el rendimiento en el trabajo logrando cultivar áreas cada vez mayores con el mismo esfuerzo. Y con bronce producimos también, y a «gran escala», elementos tan aparentemente triviales como clavos, agujas, punzones y cinceles; pero que en su simplicidad escondían su enorme utilidad. Forjamos armas (hachas, cuchillos, espadas) con las que arrasamos valles y montañas y con las que nos impusimos sobre el resto de los pueblos; confeccionamos joyas, monedas y ornamentos con los que mostrar nuestra clase social y exhibir poderío económico; elaboramos recipientes ricamente gravados, placas donde representarnos y altares desde donde comunicarnos con los dioses.

Vestimos con bronce a nuestros ejércitos. ¿Qué miedo les podían tener a las piedras o al cobre del enemigo, si a ellos les protegía el bronce? Y con bronce los continuamos vistiendo durante siglos. Miles de años después de que el primer soldado se protegiese con un peto de bronce, las legiones romanas todavía usaban este metal para proteger la cabeza, el corazón y el pecho de sus *hastati*.

Construimos con bronce a nuestros dioses, y con bronce representamos sus mitos. Esculpimos a Poseidón lanzando su tridente y a faraones arrodillados a los pies de alguna deidad ya olvidada; moldeamos los rostros de los monarcas más poderosos del mundo y el cuerpo de las bailarinas de sus cortes.[17] Gracias al bronce, en la actualidad, 4500 años después de danzar en vida, esa misma bailarina nos muestra con gesto sugerente y mirada altiva lo que fue y a lo que dedicó sus días. Una mirada que hoy continúa viva, cuando su verdadero cuerpo ya no es más que polvo mezclado con la tierra que cubre las ruinas de Mohenjo-Daro, la que fuese su

---

17 Las esculturas comentadas corresponden a *El Dios del cabo Artemisio*, siglo v a. e. c., Grecia; *Amenemhat III*, sobre el 1800 a. e. c., Egipto; *Máscara de Sargón*, 2250 a. e. c., Imperio acadio (Mesopotamia), y *La bailarina*, sobre el 2500 a. e. c., Pakistán, respectivamente.

ciudad. Una mirada que sigue viva gracias a que la carne trasmutó en metal; gracias a que su ser se hizo cobre y estaño.

Ahora bien, nadie se sorprenderá si afirmamos que todos estos cambios no son la principal consecuencia del desarrollo del bronce. Es cierto, considerados de forma individual nos pueden parecer más o menos relevantes, o incluso absolutamente trascendentales en ciertos casos. Pero algo nos dice que hay algo más, podemos intuir que todos y cada uno de estos avances no son más que indicios de que algo mucho más gordo se estaba cocinando. Y es que la afirmación de que «el bronce transformó las sociedades» tiene mucho más de literal que de hiperbólica.

La primera de las consecuencias de la obtención de bronce tiene que ver con el desarrollo de la propia metalurgia. Dada la complejidad de esta técnica y el valor que tenía para el grupo, surgió la necesidad de que ciertos miembros del mismo se empezaran a especializar en ella. Este trabajo no podía llevarlo a cabo cualquiera, sino que aquel que estuviese a su cargo necesitaba de una preparación y un conocimiento que lo hacían imprescindible para la sociedad, lo que además le daba un estatus social por encima de los demás. Por tanto, es en este momento cuando tiene lugar un aumento de la especialización del trabajo y un incremento de las diferencias sociales dentro del grupo.

La Máscara de Sargón, pieza de bronce hallada en 1931 en el templo de Ishtar, en la antigua ciudad de Nínive, pertenece al siglo XXIII antes de la era común.

En segundo lugar, con el desarrollo de los hornos, la cantidad de cobre y metal en general de la que empezamos a disponer aumentó dramáticamente. Ya no disponíamos de reducidas cantidades de cobre nativo con el que confeccionar unos pocos elementos ornamentales o para forjar la hoja de un cuchillo, sino que ahora las armas, útiles y herramientas de metal se podían fabricar por decenas, cientos si el grupo y el yacimiento de mineral eran lo suficientemente grandes como para permitirlo. Además, la obtención del bronce hizo que el material con el que confeccionar las armas fuese de una calidad muy superior a cualquier otro con el que hubiésemos trabajado antes. Así, la combinación de ambos elementos (incremento de la cantidad de metal disponible y de sus propiedades) hizo que disponer de metal ya no diese ventaja en el uno contra uno, sino que aventajase a pueblos enteros frente a sus rivales.

Las propiedades de los nuevos metales descubiertos hicieron que todos los pueblos los anhelasen, lo que derivó en un aumento del comercio. Saber cómo extraer metal de las rocas y cómo endurecerlo y fabricar bronce se guardó como el más profundo secreto, como los planos de la bomba atómica para los Estados Unidos en los años cuarenta o como los algoritmos de funcionamiento de las redes sociales en la actualidad. Evidentemente, al final el secreto dejó de ser tal y los misterios de la técnica fueron esparcidos entre los pueblos; pero, mientras que eso no sucedió, el grupo conocedor de la clave obtuvo enormes beneficios económicos al ostentar el monopolio sobre la posesión y venta tanto de cobre como de bronce metálicos.

Pero, incluso una vez el secreto fue esparcido, esta técnica continuó estimulando el comercio entre pueblos. Una vez todos sabían cómo extraer cobre de los minerales y cómo combinarlo con estaño para obtener bronce lo que necesitaban ahora era, precisamente, disponer de esos minerales. De esta forma fue como empezó un intenso comercio de malaquita, calcopirita y casiterita, iniciando nuevas rutas comerciales entre pueblos y potenciando las ya existentes. Estos encuentros favorecieron e intensificaron los intercambios culturales entre sociedades, al tiempo que acentuaron la jerarquización y complejidad de las mismas, así como las desigualdades entre los componentes del grupo.

Por último, y por si esto fuese poco, el aumento de los intercambios y las interacciones entre los grupos hizo que se necesitase, por una parte, contabilizar las transacciones de forma más precisa y, por otro lado, llevar un registro de las mismas; de forma que este comercio acabó impulsando el desarrollo de la aritmética y la escritura.

Tanto lío simplemente por «meter una piedra en un horno y calentarla»; «fíjate tú», que diría aquella. Al final, un gesto en principio tan sencillo tuvo enormes consecuencias hasta el punto de marcar, según algunos académicos, el inicio de la civilización. No es preciso, en cualquier caso, recurrir a estas afirmaciones grandilocuentes para darnos cuenta del valor que tuvo el descubrimiento de la metalurgia; con lo que hemos visto, es más que suficiente para hacernos una idea.

No obstante, la historia de la metalurgia no acabó en este punto. Con el tiempo continuamos mejorando los hornos, insuflándoles más oxígeno, por ejemplo, y alcanzando de esta forma temperaturas más elevadas. Gracias a ellas conseguimos descomponer otros minerales y obtener metales que hasta el momento habían pasado desapercibidos. Es ese el caso del hierro, cuyas sales minerales son mucho más estables que las del cobre, por lo que el esfuerzo que hay que aplicar para separar el metal del resto de la materia es mucho mayor (y por eso, pese a ser mucho más abundante que el cobre, se tardó más tiempo en descubrir y obtener). Como podemos suponer, el hierro y sus aleaciones (como el acero) presentaban nuevas y atractivas propiedades que hicieron que, paulatinamente, el bronce fuese desapareciendo en su favor. Es de esta forma como empezó alrededor del año 1200 a. e. c. la tercera de las eras de los metales: la Edad del Hierro.

En cualquier caso, y como bien sabemos, ni el cobre ni el bronce dejaron nunca de utilizarse. Quizás el mejor ejemplo lo tengamos en el centro de París, en Place Vêndome. Justo en mitad de esta plaza, una columna de cuarenta y cuatro metros hecha a imitación de la de Trajano muestra en su cima a un Napoleón vestido con atuendo de emperador romano. A lo largo de toda ella, una espiral de bajorrelieves muestra escenas de la batalla de Austerlitz (1805), donde tuvo lugar una de las victorias más importantes de

Napoleón frente a los ejércitos combinados del zar ruso Alejandro I y el emperador austríaco Francisco I. Pues bien, estos bajorrelieves, confeccionados por algunos de los más importantes escultores de la época para honrar a uno de los héroes de la Francia del siglo XIX, no están hechos con otra cosa que con bronce: 425 placas de bronce. Pero el simbolismo de esta columna no solo reside en sus relieves, sino también en el propio material con el que están hechos: ese bronce procede de los cañones del ejército austríaco derrotado, que fueron fundidos y vueltos a forjar para representar la derrota de quien una vez los disparó. Así, cinco milenios después de que se descubriese el bronce y tres mil años después de que acabase la Edad del Bronce, los ejércitos del mayor imperio del mundo todavía forjaban sus armas con este metal, al tiempo que los artistas lo continuaban usando para crear arte.[18]

Y lo mismo sucede con el cobre: este metal ha cambiado sus usos, pero nunca ha perdido totalmente su importancia. Fue sustituido por el bronce por sus mejores propiedades físicas, pero a través de él continuó estando presente en las sociedades, en campanas, monedas y cañones. Milenios más tarde, con la invención del generador eléctrico de Faraday en 1831, el cobre volvió a ganar protagonismo usándose en cables, instalaciones eléctricas, transformadores de corriente y demás sistemas eléctricos.

Así, pese a no llegar a perderse nunca en el olvido, con el tiempo los metales encontraron el final de su reinado. Durante milenios, los metales y sus aleaciones fueron la tecnología puntera de las sociedades humanas. Pero, tras siglos de apogeo, empezó el inevitable declive que tarde o temprano le llega a toda tecnología. Poco

---

18 No es el único caso; la estatua de Horatio Nelson que ocupa el centro de la londinense Trafalgar Square es otro de los ejemplos más conocidos. Este monumento homenajea al gran vicealmirante de la Marina Real británica, héroe inglés y principal responsable de la victoria naval del Imperio británico sobre las Armadas napoleónica y española durante la batalla de Trafalgar de 1805. Y como la columna de Napoleón, también esta presenta elementos de bronce, como los grandes leones de las esquinas y los relieves que muestran diferentes batallas en las que participó, y también estos están hechos con las armas fundidas de los ejércitos derrotados. Podría ser, incluso, que el arma que acabó con su vida durante esta batalla forme hoy parte del monumento que lo homenajea.

Columna Vendôme o de Austerlitz, coronada con una estatua de Napoleón, quien la encargó en 1810. Plaza Vendôme de París.

a poco los metales fueron perdiendo el protagonismo que tuvieron. Los dimos por sentado. Simplemente estaban ahí, a nuestra disposición, como un material más; como lo estaba la lana, la madera de roble o el granito. El descubrimiento y uso de un metal dejó de marcar el grado de desarrollo de una civilización. La Edad del Cobre, la del Bronce y la del Hierro nunca dieron paso a la Edad del Plomo, la del Zinc o la del Estaño. Al contrario: más o menos al tiempo de la invención de la escritura, dejamos atrás la Edad de los Metales para adentrarnos en la historia.[19] Y pese a que nunca nos abandonaron, aunque nunca dejaron de ser partícipes de nuestros más importantes descubrimientos, lo cierto es que los metales jamás volvieron a brillar entre los humanos como lo hicieron antaño. Su reinado había acabado.

UN PAR DE CONSIDERACIONES FINALES

Se extrañará usted, querido lector, de que, a diferencia de lo que cabría esperar, no hayamos dado más que un par de fechas a lo largo de este capítulo. Hemos tratado la Edad de los Metales, el inicio y el fin de eras enteras (el Neolítico, la Edad del Cobre, la del Bronce), y todo ello sin especificar prácticamente en ningún momento la fecha concreta en la que aquellos acontecimientos tuvieron lugar. Hay un motivo, y es que esa fecha que echa en falta, en realidad, no existe. O, mejor dicho, hay demasiadas.

Cuando hablamos del momento exacto del descubrimiento de los primeros metales, no hay afirmaciones contundentes. No puede haberlas. En primer lugar, porque aseverar que el inicio del uso de un metal sea coetáneo a los objetos más antiguos que tenemos de ese mismo metal no deja de ser una suposición, y un tanto arriesgada, por cierto. En segundo lugar, porque es bastante improbable que los restos materiales más antiguos de que

---

19   Como todo, también esto tiene sus excepciones: en Oriente Próximo, la escritura se solapó con la Edad del Hierro.

disponemos realmente sean aquellos más antiguos que existen (o que llegaron a existir). Y, en tercer lugar, por la poca fiabilidad de muchos de los restos materiales con los que contamos.

Tomemos como referencia algún descubrimiento más o menos moderno. El del oxígeno, por ejemplo. Podemos estar bastante seguros de que el oxígeno se descubrió alrededor de finales del siglo XVIII, pues tenemos una serie de registros, publicaciones y cuadernos de anotaciones que nos explican de forma (más o menos) fiel quién, cuándo y de qué modo se dio con este elemento.[20] Sabemos así de los experimentos con mercurio de Lavoisier, de las explosiones de fuego de Priestley y de los intercambios de ideas que mantuvieron estos dos, así como del camino en paralelo (y ajeno a sus coetáneos) que emprendió el sueco de adopción Scheele.

En cambio, cuando hablamos del descubrimiento de los primeros metales, estamos condicionados por evidencias mucho más frágiles y escasas, y la mayoría, indirectas. Tomemos ahora como ejemplo el primero de los protagonistas de la Edad de los Metales: el cobre. La inmensa mayoría de los objetos que alguna vez se produjeron con este metal hoy han desaparecido, bien porque se reutilizaron para construir nuevas herramientas y ornamentos, bien porque el paso del tiempo los ha ido degradando hasta llevarlos a un estado oxidado e irreconocible, o bien, simplemente, porque se hallan escondidos a metros de profundidad bajo la tierra en un lugar ignoto (y que difícilmente llegará a excavarse). Todo ello ya nos hace prever que la respuesta a la pregunta «¿cuándo empezamos a trabajar el cobre?» nunca podrá gozar de una elevadísima precisión.

Pensamos que los objetos más antiguos hechos por el ser humano con cobre datan de cerca del 9700 a. e. c. Se trata de unas pequeñas cuentas de metal (muy) oxidado encontradas en Rosh Horesha, al sudeste del actual Israel, que probablemente fueron moldeadas en frío y a base de golpes (recordemos que en esta

---

20 Comentario a los alumnos de cualquier grado en ciencias experimentales: ¿veis ahora por qué debéis hacer unos buenos cuadernos de laboratorio? No sea que acabéis siendo el Lavoisier de vuestra época y vuestras libretas acaben siendo objeto de devoción en los museos.

época la fundición de los metales todavía era tecnología futurista). Pues bien, el caso es que estos objetos son hoy entre verdes y muy verdes; del color marrón brillante del cobre, nada de nada. ¿Y no les suena ese cobre verdoso de nada? Efectivamente: malaquita. Podemos suponer que, a lo largo de todos los milenios que han pasado desde la elaboración de esta pieza, el cobre ha ido reaccionando con la humedad de la tierra y los carbonatos del ambiente para convertirse en una mezcla mineral muy parecida a la malaquita. Ahora bien, ¿podemos estar seguros de esta suposición? ¿Se trata de cobre que se ha oxidado con el paso del tiempo, o ha sido malaquita desde el inicio? En otras palabras, ¿cómo saber si este objeto que se parece tanto a la malaquita no fue siempre malaquita? Ya se sabe: si nada como un pato, camina como un pato y grazna como un pato… Y esta distinción es crucial, ya que, en caso de que las cuentas estuviesen hechas con malaquita desde el principio, ello implicaría que no serían uno de los primeros trabajos con cobre del ser humano. Afirmar, pues, que esas cuentas de cobre son en realidad el primer cobre trabajado de la humanidad es, cuando menos, un tanto atrevido.

Hay casos todavía más inciertos y que afectan a objetos miles de años más antiguos. En el propio yacimiento de Rosh Horesha se halló una cuenta de ese mismo cobre verdoso, y que las pruebas de datación sitúan en el año 11 100 a. e. c. (con un margen de error de doscientos años). O incluso más: en Iraq, en la cueva de Shanidar, se han encontrado collares de cobre junto a restos humanos de hace 15 000 años. En los dos casos el cobre tiene ya poco de cobre metálico, sino que es un material verdoso, muy oxidado, prácticamente malaquita. Cierto, en ambos ejemplos los niveles de cobre son particularmente altos en las muestras, lo que nos podría llevar a pensar que, efectivamente, esas «joyas» fueron en su momento cobre nativo que con el tiempo se oxidó; pero pasar de ahí a identificarlas como restos de nuestro primer cobre, o contemporáneos a él, implica dar un salto de fe demasiado grande. Y, sin embargo, aceptar unos objetos u otros como los primeros elementos que hicimos con cobre conllevaría desplazar la fecha de origen del trabajo con metales en varios cientos (si no miles) de años. Así de frágiles son las afirmaciones sobre las fechas de estos acontecimientos.

Pero vayamos todavía un poco más lejos. Imaginemos que damos estos objetos como buenos, sin restricciones; que fueron confeccionados con cobre metálico. Incluso bajo este supuesto, ¿cómo estar seguros de que son los más antiguos que existen y/o nunca existieron? ¿Cómo asegurar que esas cuentas formaron parte de nuestro primer collar de cobre? Tenemos la seguridad de que «al menos en ese momento» ya trabajábamos los metales, pero es difícil tener la certeza de que su descubrimiento no es incluso anterior. Todo ello nos obliga a trabajar con espacios de tiempo amplios e intervalos de confianza bajos. Y es por ello que raramente en un texto de historia aparecen afirmaciones como «El ser humano empezó a trabajar el cobre en tal fecha» o «En este año la humanidad descubrió el bronce». En consecuencia, también nosotros hemos intentado evitar en este texto ese tipo de afirmaciones o asociar los diferentes avances en la metalurgia a fechas concretas.

Más allá de las dificultades técnicas o materiales para dar una fecha de inicio del trabajo con cada metal, existe un impedimento de tipo conceptual: para ninguno de los metales de la prehistoria puede haber una fecha de descubrimiento, fundamentalmente, porque no hay «una única fecha».

En ocasiones, el hallazgo de una nueva aleación o el modo de producirla ocurría en un lugar y un momento dados, y a partir de ahí se iba transmitiendo de pueblo en pueblo, diseminándose así a través de los territorios y las civilizaciones. Desde Oriente Medio hacia Europa, Egipto y la India, por ejemplo. Esto hizo que, mientras que en Sumeria (hoy, parte de Iraq) ya usaban el bronce sobre el 3300 a. e. c., en la península ibérica no se utilizó hasta el 2250 a. e. c.; en Tailandia, hasta el 2100 a. e. c., y en Corea, hasta el año 1000 a. e. c. Es más, la escasa o nula interconexión con ciertos pueblos obligó a estos a llegar a cada descubrimiento por su propia cuenta. Así, en la América andina no entraron en la Edad del Bronce hasta bien avanzada nuestra era (sobre el 600 de la era común), mientras que en América del Norte nunca llegaron a ella.[21] ¿Cuándo empieza, por tanto, la Edad del Bronce? ¿Cuándo

---

21 Es más, los pueblos nativos americanos que vivían en torno a los Grandes Lagos (lo que hoy es parte de los estados de Ontario, Míchigan o Wisconsin, y que

se usa bronce por primera vez o cuándo se usa de forma generalizada por un cierto número de pueblos? ¿Y cómo establecer este criterio? ¿Cuántos pueblos es necesario que usen el bronce para considerar que la humanidad entró en la edad de este metal? ¿O puede que no haya una sola fecha, sino una por pueblo? En términos generales, en historiografía se considera que la Edad del Cobre empezó sobre el año 6500 a. e. c.; la del Bronce, sobre el 3300 a. e. c., y la del Hierro, cerca del 1200 a. e. c., pero ya vemos que estas fechas dependen mucho de qué parte del mundo y qué pueblo o civilización estemos considerando.

Por tanto, la historia que se ha descrito en este capítulo sobre el descubrimiento de los metales y la metalurgia es una simplificación de la que tuvo lugar en la realidad, ya que esta sucesión de eventos ni es común para todos los pueblos ni tuvo lugar siempre de la misma forma. El caso extremo lo tenemos en el ejemplo del África subsahariana, donde se pasó directamente a la Edad del Hierro sin haber pasado anteriormente por las preceptivas Edades del Cobre y del Bronce.

Por último, y al margen de los tiempos en que tuvieron lugar los distintos acontecimientos históricos, hay un elemento adicional que debemos considerar relacionado con su autoría y el modo en que se produjeron: sería un error considerar los descubrimientos de los metales como momentos *eureka*, hechos puntuales conseguidos gracias a una mente prodigiosa sin la cual no hubiéramos extraído cobre de los minerales ni descubierto la dureza extraordinaria del bronce arsenical. No es esa, al menos, la intención que se ha intentado dar a la historia de la obtención de los primeros metales en este libro. Como comenta Pablo Rodríguez Palenzuela en su libro *¿Cómo entender a los humanos?*, la humana es una cultura acumulativa, es decir, es una cultura en la que las mejoras de la tecnología o el avance en el conocimiento de cada materia se producen a través de pequeñísimos pasos logrados por gente anónima, pero que por acumulación

---

constituye un trozo de la frontera entre Estados Unidos y Canadá) no llegaron tan siquiera a fundir cobre, pese a trabajar con cobre nativo desde el 4000 a. e. c., golpeándolo para darle forma de flecha.

acaban dando lugar a avances muy importantes. Es esta una característica propia de la cultura humana, única entre el reino animal. Por tanto, cada uno de los descubrimientos y hechos narrados en este capítulo relativos a la obtención y manipulación de los primeros metales es mérito (muchas veces inconsciente) del trabajo de miles de personas.

No puede haber por tanto un día y una hora a la que se produjo el descubrimiento del bronce, por mencionar uno de los protagonistas del libro, como sí lo hay para el tungsteno o el uranio; sino que este fue un proceso que se alargó durante siglos.

Martin Heinrich Klaproth, químico alemán descubridor del uranio, el titanio, el circonio y el telurio (este último ya había sido identificado anteriormente por Franz-Joseph Müller).

No obstante, teniendo estas consideraciones en mente, la historia descrita en este capítulo nos puede servir para entender cómo, impulsados por la curiosidad, los humanos alteramos la naturaleza en nuestro propio beneficio, transformando con ello nuestras propias sociedades. Cómo, comprendiendo nuestro entorno, fuimos capaces de modificarlo y controlarlo a voluntad. Nos sirve para conocer cómo dimos el que probablemente fue nuestro primer gran salto tecnológico.

UNA DE TANTAS FORMAS

Observar, entender y controlar. Prever el entorno y dominarlo, alterarlo a voluntad; así se podría resumir la obsesión del ser humano por excelencia, la que ha condicionado gran parte de su historia y lo ha llevado a ser quien es (y a estar como y donde está).

Debido a esta obsesión hemos realizado algunos de los más grandes avances de nuestra especie, aunque también hemos provocado (y continuamos provocando) desastres de proporciones planetarias. Gracias a ella hemos descubierto el método científico, cómo volar, cómo dividir la luz y cómo sanar un cáncer; aunque también hemos arrasado ecosistemas enteros y alterado el clima de un planeta. Y como hemos visto, uno de los más tempranos avances alcanzados gracias a este empeño se materializa en la metalurgia, que no es otra que la historia de cómo intentamos domar la naturaleza.

La idea de domar la naturaleza es casi tan vieja como el ser humano, aunque algunas veces se expresase de forma más consciente que otras. Cierto, puede que en cada época tomase unas dimensiones proporcionales a lo avanzado de la tecnología disponible en el momento, pero de la misma forma es también cierto que ha sido una idea transversal a la historia de la humanidad. Porque esta es una obsesión que nació en el momento exacto en el que un ser humano tomó entre sus manos por primera vez una diminuta pepita de cobre, aparecida de la nada, de un simple pedazo de roca verde conservado al calor de un horno; le quitó las cenizas y quedó deslumbrado por su brillo natural. Un brillo que se reflejaría en sus ojos, como el del oro, para ya nunca desaparecer.

Y aunque los metales fueron los reyes de este primer periodo de transformación sobre la naturaleza, también su reinado tocó a su fin. Habitualmente se acepta que con la invención de la escritura acabó la Edad del Hierro, la tercera de las eras de la Edad de los Metales; momento a partir del cual los metales quedaron en un segundo plano para la humanidad. Es cierto que nunca dejaron de usarse extensamente y en prácticamente todas las áreas de interés del ser humano, pero ese protagonismo que tuvieron antaño como punta de lanza tecnológica de la humanidad se había perdido.

Y pese a ello, los metales nunca dejaron de acompañarnos, más de lo que pensamos; desde mucho antes de lo que imaginamos. Fijémonos en un detalle: hasta el momento, en los dos primeros capítulos de este libro hemos hablado de arados, espadas, esculturas y joyas hechas con cobre y bronce, así como de monedas, iconos y ornamentos confeccionados con oro; siendo todos ellos objetos donde el metal es el elemento protagonista, fácilmente reconocible como el componente que le da sentido y funcionalidad al utensilio. Sea cual sea el metal del que están constituidos, en todos responde a una misma definición: un sólido, más o menos brillante, más o menos duro y resistente; grisáceo; como mucho, marrón en el caso del cobre y dorado en el caso del oro. Un pedazo de cobre sin más, una simple pepita de oro.

Pero esta es solamente una de las facetas de los metales. Esa imagen que toma cuerpo en nuestra mente al mentar el término *metal* no es más que una de las muchas formas en que estos pueden existir, y no es ni de lejos la más interesante ni la que más hemos usado los humanos a través de la historia. Es más, esas otras formas metálicas en realidad forman parte de nuestro ser y de nuestra propia naturaleza. Y es que los metales han estado con nosotros desde mucho antes de que nadie encontrase un pedazo de cuarzo incrustado con oro o de que a nadie se le ocurriese arrojar un pedazo de malaquita al fuego. Esas otras formas nos han hecho ser quienes somos; esas otras formas, querido lector, nos han hecho humanos. A ellas van dedicados el resto de los capítulos de este libro.

CAPÍTULO III

SOBRE LA PLATA, LO NANO Y LAS INFECCIONES FRUSTRADAS

O cómo prevenir una gastroenteritis con una moneda de plata

UNA SIMPLE COPA DE PLATA

Sobre la mesa hay una copa. Es una simple copa de plata, una vasija sin más. Ello no quita que esté ricamente decorada: filigranas argentadas adornan el vaso de vidrio, en cuya superficie una serie de grabados recuerdan viejas historias de la mitología romana. Es además un objeto antiquísimo, con muchos siglos a sus espaldas, casi tan viejo como las propias historias que luce en su frágil piel. Pero, vaya, que, si obviamos todo eso, no deja de ser una simple copa, una vasija sin mucho interés.

Y aun así, un grueso cristal la protege en su vitrina. A su lado hay un pequeño cartel que indica su nombre: «copa de Licurgo».

Lo más probable es que, de encontrarnos con esta copa en un museo, la pasáramos por alto: no hay nada en ella que la haga destacar extraordinariamente, al menos a simple vista. El British Museum, en cambio, no parece ser de la misma opinión, tan solo hace falta ver el celo con el que la custodia o el lugar de honor que le otorga dentro de su colección. Debe haber, por tanto, algo que se nos escapa.

Su aspecto no engaña, es una copa vetusta, una vasija que ha conocido diecisiete siglos. Fue fabricada en tiempos del emperador Constantino I el Grande, sobre el siglo IV después de la era común; más o menos por la época en la que este sujeto abandonaba Roma, trasladaba la capital del Imperio romano a Bizancio y rebautizaba a esta ciudad con su propio nombre, Constantinopla. A miles de kilómetros de la futura Estambul, una serie de artesanos trabajaban para producir un elemento único, de lujo, solo al alcance de los bolsillos más dados de sí de la época; una copa que es, en realidad, una obra de orfebrería magistral; aunque no es esto lo que le da su valor.

Originalmente la copa tan solo estaba formada por la vasija de vidrio: la plata que la decora es un añadido posterior. El vidrio verde un tanto opaco con el que está hecha, eso sí, es de primera calidad, producido probablemente en Egipto o Palestina. Una vez fabricado, el material fue labrado en un segundo taller, donde se talló en su superficie una serie de personajes mitológicos; entre ellos, el dios Dionisio y su rival, el rey Licurgo, del que la copa recibe su nombre.

Poco sabemos de la historia de esta copa hasta el siglo XIX. Su buen estado de conservación sugiere que nunca ha sido enterrada, de forma que muy probablemente sobrevivió como parte del tesoro litúrgico de alguna iglesia, o en el interior de un sarcófago. Su historia moderna empieza sobre el año 1800, cuando es saqueada durante la Revolución francesa y sale a la luz. A partir de aquel momento la copa fue pasando de mano en mano (de guante blanco en guante blanco) hasta llegar a la familia Rothschild, una de las dinastías de banqueros más importantes de la historia. Fueron ellos quienes se la vendieron en 1958 al British Museum por la suma de dos mil libras esterlinas. Pero tampoco son sus grabados, su historia ni su participación como sujeto pasivo en la Revolución francesa la justificación de su valor, aunque fue justo en su redescubrimiento cuando ganó parte de él: es en este punto cuando alguien decidió decorar la copa y añadirle una cenefa en su borde y un pie en su base; todo ello, con forma de hojas y hecho con plata dorada.

A nadie le amarga un dulce. El principal (y probablemente único) motivo para añadirle la plata era hacer que un objeto de lujo fuese de ultralujo. Sumarle valor y decorarlo a la moda. Podemos imaginar incluso una operación de especulación: que cuando lo fuese a vender pudiese cobrar el doble de por lo que se lo había comprado al saqueador de iglesias/sarcófagos. Ahora, lo que ni el propietario de la copa ni el orfebre que la decoró sabían es que, buscando la riqueza, habían conseguido algo muy diferente: le habían otorgado la capacidad de purificar el agua.

No importa que el líquido que vertamos en ella contenga bacterias, que esté infestada de *E. coli*, de salmonela o de legionela; quien beba de ella no enfermará, tal es su virtud. Habían producido un cáliz purificador, pero no uno de esos que purifican almas y cuya eficacia depende de la fe que le pongamos, sino de los que purifican aguas y cuya efectividad puede ser comprobada empíricamente. Y todo, por añadir una cenefa de hojas plateadas al borde de la copa.

MINAS, PUENTES Y SELVAS DESPOBLADAS

La capacidad purificadora de la plata es una de las propiedades más desconocidas de este metal. Pero, para poder profundizar en este comportamiento, antes debemos conocer a su protagonista, el argento. Y para ello, primero debemos ir hasta Palestina. A tres mil kilómetros de donde se «encontró» la copa de Licurgo, y décadas más tarde de que eso sucediese, tuvo lugar un descubrimiento que, en principio, nada tiene que ver con esta copa. Aunque también de franceses va la historia.

El hallazgo ocurrió en Silwān. Este es hoy un barrio a las afueras de la Ciudad Vieja de Jerusalén, de mayoría palestina, pero controlado por el Estado de Israel desde la guerra de los Seis Días de 1967. Hace siglo y medio, en cambio, no era más que una de las muchas aldeas que rodeaban la ciudad santa. Su única particularidad era estar formada por un puñado de casas excavadas, la mayoría de ellas, en la pared de la montaña. Corría el año 1870 cuando por sus calles paseaba un ciudadano francés particularmente interesado por lo que había en el interior de esas casas.

El paseante en cuestión era Charles Simon Clermont-Ganneau, intérprete para la diplomacia europea ante el Imperio otomano, pero que destacó principalmente por su trabajo como arqueólogo y orientalista. Aquel paseo, en realidad, no era otra cosa que parte de la investigación que estaba desarrollando en Silwān.

La colina sobre la que se construyó esta aldea la preside la «Tumba de la Hija del Faraón», un pequeño monumento monolítico y de estilo egipcio donde, según la tradición, se encuentra enterrada la esposa del rey Salomón. Bajo su mirada, Clermont-Ganneau recorría con ojos curiosos la aldea, paseando sus calles. A unos sesenta metros al sudoeste del salomónico monumento, bajando por la calle principal de la aldea, una casa excavada en la roca atrajo la atención del paseante. A decir verdad, no había mucho que justificase el interés de Clermont-Ganneau por la construcción. La fachada era sencilla, de unos ocho metros de ancho por cuatro de alto, recubierta con una masonería más o menos moderna. La puerta daba a una estancia pequeña, vacía, fría pese al calor palestino.

En la fachada solo había un elemento a destacar: un panel. Hundido en la roca, sobre la única puerta de la construcción, un rótulo de piedra antecedía la entrada. En él apenas eran distinguibles tres líneas de caracteres fenicios, antecedentes de los árabes y los hebreos; el texto parecía haber sido borrado intencionadamente a base de martillazos. Ante la imposibilidad de descifrar las inscripciones, y como buen europeo que se precie, Clermont-Ganneau mandó cortar el panel de la pared y lo envió al British Museum de Londres.

Pasaron ochenta años hasta que el texto de la placa pudo ser descifrado. Lo logró el arqueólogo austrohúngaro Nahman Avigad.[22] A partir de fotografías y reproducciones de aquellas rocas, Avigad consiguió interpretar el mensaje que dominaba la entrada y que tan concienzudamente había sido mutilado. El texto rezaba lo siguiente:

---

22 Concretamente, Nahman Avigad nació en Завалів, Galicia. Evidentemente, con ese nombre no se trata de la Galicia española, sino de un territorio comprendido entre las actuales Polonia y Ucrania, y que hasta su caída perteneció al Imperio austrohúngaro. Hoy, la ciudad de Завалів (o Zavaliv) forma parte de Ucrania.

Barrio de Silwān (Jerusalén). Arriba, vista panorámica del lugar, enclavado en la montaña. Abajo, el monolito conocido como Tumba de la Hija del Faraón.

Aquí no encontrarán ni oro ni plata.

Solo huesos…

Maldito sea quien se atreva a abrir esta tumba.

Las casas excavadas en la pared eran en realidad sepulcros; la aldea de Silwān no era otra cosa que un antiguo e inmenso cementerio.

Que los ocupantes del sepulcro considerasen necesario rotularlo con una advertencia de este tipo da buena muestra de que en la búsqueda continua e insaciable de oro y plata ni tan siquiera las tumbas o las lápidas se respetaban; aunque lo vacío que Clermont-Ganneau encontró el lugar es también un buen ejemplo de que tampoco es que estos mismos deseos se tuviesen en demasiada consideración. Y ya se pueden imaginar que saquear un nicho no ha sido la mayor atrocidad que ha cometido el ser humano por saciar su sed de plata.

Buena fe de ello puede dar el Sumaj Orck'o, el cerro boliviano que vio nacer en sus entrañas la mina del Potosí, el mayor yacimiento argentífero del mundo entre los siglos XVI y XVII.[23] En aquella época se afirmaba, jocosamente, que se podría construir un puente del Potosí a Europa hecho con la plata extraída de este cerro y aun así sobraría para pavimentar las calles de Madrid y Sevilla de lingotes de plata. Añadía Eduardo Galeano en su libro *Las venas abiertas de América latina* que se podría construir, asimismo, un puente de vuelta solo con los huesos de quienes murieron dentro de la montaña.

Alrededor de la mina se creó un desierto demográfico de decenas, si no cientos, de kilómetros de radio: todo ser humano que viviese en él fue reclutado para servir a la gran montaña. Pero el ritmo al que aquel monstruo devoraba seres humanos era mayor al que los podían reponer los españoles. Cuando se acabó con la población indígena, se recurrió a la africana, flotada con barcos esclavistas hasta la costa americana. En total, la mina del Potosí

---

23 Sumaj Orck'o es el nombre en quechua de esta montaña andina, cuya traducción literal sería «Cerro Bonito». Los castellanos, en cambio, lo denominaron «Cerro Rico». La diferente denominación no es casual ni inocente.

engulló más de ocho millones de vidas humanas. A la sombra de este cerro, saquear una tumba en búsqueda de plata ya no parece un crimen tan atroz.

La primera característica que nos viene a la cabeza al oír hablar de la plata es que se trata de un metal precioso. Ya hemos visto en el primer capítulo el valor económico del oro, poco hay que añadir al de la plata más que el par de testimonios que acabamos de ver. De igual forma, muchas de las razones que motivaban el valor del oro se repiten en el caso del metal argentado: escasez, belleza, falta de utilidad para fabricar herramientas y pasividad ante las reacciones químicas son algunos de los más importantes. Es en ellas donde encontró su utilidad y su aplicación: joyas, medallas, monedas, trofeos, vajillas, vasijas, máscaras, objetos de decoración…; la lista de objetos típicamente fabricados con plata es interminable. Su alto valor hizo que se usase (y se continúe usando) en rituales religiosos para fabricar incensarios, relicarios y exvotos. Se teje ropa con hilo de plata y se cose a las prendas de vestir; se incrusta en armas, en armaduras, en muebles y en vasijas. Ahora y hace milenios. La mayoría de las culturas de la Antigüedad, por ejemplo, contaban con artesanos especializados que casi siempre trabajaban para la casa real y que con frecuencia contaban con el privilegio de disponer de un área propia dentro de la ciudad para producir sus relucientes maravillas; tal era el estatus de estos orfebres en la sociedad.

Además, y como sucedía con el oro, su valor no conocía fronteras naturales ni artificiales: la extracción de plata se produjo de forma intensiva en la mayoría de los continentes. Así, podemos encontrar minas de plata con milenios de antigüedad en Anatolia, en Japón, en Corea, en China, en Sudamérica y en el Mediterráneo (desde la península ibérica a la báltica, pasando por la itálica). Los fenicios, según se cuenta en los registros, extraían la plata de las minas hispanas a un ritmo tal que, en ocasiones, sus barcos no eran capaces de cargar con toda la plata producida, por lo que llegaron a usar este metal en lugar de plomo en las anclas para poder aumentar el cargamento de cada viaje. La humanidad lleva enamorada del brillo de la plata desde que la conoció, al menos desde el año 4000 a. e. c.

En cualquier caso, si nos quedásemos únicamente con el valor económico de este metal, solo estaríamos arañando la superficie de todo lo que esconde. Porque, a pesar de lo que se parece al oro, lo cierto es que entre ellos existen ciertas diferencias.

La plata comparte con el oro muchas de sus propiedades, pero la cuestión es que no las lleva al extremo como sí hacía este. La plata es escasa, sí, pero aun así es unas veinticinco veces más abundante que el oro: la concentración de plata en la corteza terrestre es de alrededor de 0.080 mg por kg de muestra en promedio, mientras que la del oro es de 0.0031 mg/kg. La plata es blanda, pero ni es tan maleable como el oro ni tan dúctil: se puede aplanar en frío sin por ello romper o agrietar el metal, pero no se puede llegar al extremo de fabricar «pan de plata» con el espesor conseguido con el «pan de oro». La plata es bella, de un gris claro y brillante, pero ni tiene esa belleza intrínseca del oro ni es incorruptible como él, y esa es, al final, la principal diferencia entre ambos elementos: su distinta reactividad química.

UN BARÓN CON ÍNFULAS DE GRANDEZA

La plata es el más reactivo de los metales nobles; si estos elementos recibieran su título nobiliario en base a su inactividad química, difícilmente la plata podría recibir algo más elevado que una baronía.[24] A pesar de no reaccionar con el agua, el aire o la mayoría de los ácidos y las bases; la plata pierde la cabeza por el ozono y por los ácidos oxidantes, como el ácido nítrico o el sulfúrico caliente. Recordemos que ninguno de estos compuestos era capaz por sí mismo de hacerle la menor marca al oro. Es más, la baja calidad del «pan de plata» que comentábamos no viene dada solamente porque sus láminas no puedan ser tan finas como las

---

24 Aun así, no deja de ser un metal noble. Puede ser bastante más reactivo que el oro o el platino, pero ello no quita que presente una reactividad mucho más moderada que el resto de los metales de la tabla periódica.

de oro, sino por su delicadeza: tan pronto las depositamos en una superficie, empiezan a oxidarse. No las podemos ni tan siquiera tocar con las manos desnudas si no queremos dejar manchas de oxidación. Es por ello por lo que el «pan de plata» necesita que, tan pronto se deposite, se cubra con un barniz protector.

Pero no hace falta recurrir al «pan» para ser testigos de la reactividad de la plata. Si tenemos alguna pulsera, un anillo o un pendiente de plata, o incluso algo de cubertería de este metal (esa que se acumula en los armarios de las personas mayores, que raramente se usa, pero que periódicamente debe bruñirse), nos habremos dado cuenta de que con el tiempo se ennegrece y pierde el brillo. Lejos de lo que puede parecer, esto no se debe a la oxidación de la plata, que, como hemos visto, no se produce en condiciones normales; sino que es debido a la reacción del metal con compuestos que tienen azufre en su estructura (por el que la plata siente una intensa atracción) y que se pueden hallar en bajas concentraciones en el aire. La concentración de estos compuestos es particularmente alta en las ciudades por efecto de la industria y los vehículos a motor de combustión, por lo que es en estos entornos donde el deterioro de los materiales argentados es más acusado. Para limpiar la suciedad, por cierto, lo único que debemos hacer es revertir la reacción: con un poco de papel de aluminio, agua caliente y bicarbonato, hacemos que la plata suelte el azufre y se lo dé al aluminio, obteniendo así plata límpida y brillante.

Su reactividad más bien moderada ha condicionado la vida de este metal, desde el propio modo en que es extraído. Si el oro se obtiene como tal de la naturaleza, en su forma metálica nativa, la plata la encontramos principalmente en forma de mineral. Así, pese a que también exista la plata metálica nativa, lo cierto es que es mucho más habitual encontrarla en minerales como la clorargirita y, especialmente, la argentita, formando sales con cloruros o sulfuros, respectivamente. De hecho, el modo principal de obtención de plata hoy en día es como subproducto de la extracción de otros metales, como el cobre y el plomo, con los que se encuentra formando minerales. Esto, además, no es algo nuevo: los romanos extraían la plata de las minas de Hispania, como la de Arditurri, en Gipuzkoa, o la de la rambla del Abenque, en Cartagena, a partir de galena, que no es otra cosa que un sulfuro de plomo rico en plata. Tan intensa fue esta actividad que llegaron a emplear simultáneamente un total de 40 000 esclavos en la extracción de este mineral, liberando a la atmósfera niveles de plomo tan elevados como los que podemos encontrar en la actualidad. Pero esta es una historia que merece su propio apartado, ya volveremos sobre este punto en el siguiente capítulo del libro.

Si la plata es capaz de reaccionar para formar compuestos, es evidente que parte de su utilidad histórica ha venido dada por estos mismos. Por ejemplo, algunas de las aplicaciones que se le han dado a la plata tienen que ver con la fotografía, donde típicamente se han usado sus nitratos y haluros; en las (cuasi desaparecidas) pilas de botón, a través de sus óxidos, o en la producción de explosivos, con el fulminato de plata. El propio nombre de este explosivo, por cierto, ya lo dice todo. El fulminato de plata es una sal de cianato y plata, muy inestable y que reacciona con una gran violencia al mínimo estímulo. Tanto es así que el contacto con una pluma cayendo o con una gota de agua provocan su detonación.

Otra aplicación que se le ha dado desde hace casi medio siglo es en la siembra de nubes mediante el uso del yoduro de plata. Si este compuesto se libera a la atmósfera, se puede favorecer la condensación de agua alrededor de él formando nubes artificiales que pueden derivar en lluvia. Esta técnica es especialmente útil para la disipación de la niebla en aeropuertos militares, por ejemplo, o para la eliminación de granizo cuando su tamaño es demasiado grande y sus consecuencias, por tanto, pueden ser fatales. En cualquier caso, la siembra de nubes mediante el uso de yoduro de plata es una práctica muy esporádica y que nada tiene que ver con los *chemtrails* denunciados por cierto sector de la población con tendencia al *magufismo*. En España se usa principalmente para proteger los cultivos de granizadas intensas, previniendo los daños que podrían provocar, y bajo las indicaciones de la Agencia Española de Meteorología.

Es justo en la reactividad de la plata donde hemos de buscar una de las particularidades de la copa de Licurgo. Porque puede que se le añadiese este metal para aumentar su valor económico y estético; al fin y al cabo, es para ello para lo que se ha empleado típicamente en la historia; pero, como se ha mencionado brevemente, no es esto lo que hace realmente especial a este vaso.

Gráfico explicativo de la siembra de nubes con yoduro de
plata mediante un generador en tierra y un avión.

Si la plata hace especial a esta copa es por el mismo motivo por
el que hace especiales al resto de recipientes hechos con plata, y
es que les aporta una reactividad muy especial. Esta es, además,
la razón que hay detrás de extraños comportamientos vistos a lo
largo de la historia y que están relacionados con el argento. Por
ejemplo, según cuenta Heródoto, ningún rey persa bebía agua que
no hubiese sido contenida en recipientes de plata. Este mismo historiador asegura que el propio Ciro II el Grande hacía transportar
el agua únicamente en grandes vasijas de este metal en sus campañas militares a través del desierto persa, allá por el siglo VI a. e. c.
Otro ejemplo: era un hábito común entre los colonos americanos
añadir monedas de plata a los barriles en que llevaban el agua y la
leche en sus travesías a través del lejano Oeste. La razón tras estas
excentricidades aparentes es bien práctica: por algún motivo desconocido, el contacto con la plata evitaba la corrupción del agua.
Se podían recorrer largas distancias bajo el sol y pasar semanas o
incluso meses sin reabastecerse de agua, y sin por ello temer que
esta se pudriese. Y no lo hacía por un simple motivo: la reactividad
de la plata convierte a este metal en un excelente agente antimicrobiano. En otras palabras, es un eficaz asesino de microorganismos.

El lector más despierto ya se habrá dado cuenta de que, visto
lo visto, otras de las grandes aplicaciones que ha encontrado el
argento a lo largo de la historia han sido la prevención y la cura

de enfermedades. Ya los grandes nombres de la medicina antigua detectaron que usar plata en las operaciones o en el tratamiento de heridas cutáneas evitaba que estas se infectasen. Así, Hipócrates (siglos V-IV a. e. c.) usaba preparados de plata para el tratamiento de úlceras y para favorecer la curación de las heridas. Ibn Sina (más conocido en Occidente como Avicena, siglos X-XI e. c.) utilizaba limaduras de plata para «purificar» la sangre, así como para tratar el mal aliento. Paracelso (siglo XVI e. c.) usó nitrato de plata para ayudar a cauterizar hemorragias causadas por heridas en la piel, la cual es una práctica que se continúa empleando hoy en día.

Existen pruebas de que ya en el año 1000 a. e. c. se utilizaba para potabilizar el agua. A partir de aquel momento, la plata se fue usando de forma puntual a lo largo de la historia. Y no solo la plata metálica, sino también algunas de sus sales, como el nitrato que ya empleaba Paracelso. Por ejemplo, sobre el año 1700 este compuesto se usaba de forma regular para tratar enfermedades venéreas, fístulas de las glándulas salivales o incluso abscesos perianales. Además, también se empleaba para tratar heridas en la piel a pesar de su carácter cáustico (aunque, sin duda, era preferible a la alternativa: un hierro candente).

El uso de la plata experimentó su época de mayor esplendor sobre el siglo XIX, con la consumación de la unión de la medicina, la cirugía y la química, y en paralelo al desarrollo de la teoría microbiana. Esta teoría establece que los microorganismos son responsables de la generación de una amplia gama de patologías.[25] Entre otros, esta teoría debe sus inicios a los trabajos del obstetra húngaro Ignacio Felipe Semmelweis, quien observó una mayor mortalidad entre las mujeres cuyo parto era asistido por médicos que venían de practicar autopsias sin lavarse las manos; a los del médico inglés John Snow, quien asoció la propagación del brote de cólera del Soho londinense de 1854 con tomar agua del pozo de Broad Street, el cual estaba contaminado con heces; así como a los del polímata francés Louis Pasteur, quien expuso propiamente la

---

25 «Teoría» en su sentido científico, no en el de uso común: una teoría no es una hipótesis que no ha sido (o no puede ser) demostrada, sino aquella que es falsable y que ha sido corroborada mediante el método científico.

«teoría germinal de las enfermedades infecciosas», según la cual estas patologías son causadas por gérmenes que se contagian entre individuos, y no por un desequilibrio de los humores.

Siendo conscientes de la necesidad de acabar con los microorganismos para evitar la propagación de enfermedades o la infección de las heridas abiertas, la utilización de agentes antimicrobianos se volvió un imperativo, y su escasez, una evidencia. Es por ello por lo que, hasta el desarrollo de los antibióticos modernos en el segundo cuarto del siglo XX con el descubrimiento de la penicilina, la plata metálica y el nitrato de plata constituyeron la base de los tratamientos destinados a evitar infecciones. Así, más allá de los tímidos usos de plata en medicina de los siglos anteriores, como, por ejemplo, los del padre de la cirugía moderna, Ambroise Paré, en el siglo XVI, fue en el siglo XIX cuando el empleo de este metal en el tratamiento o la prevención de infecciones se disparó.

En 1852, James Marion Sims utilizó hilos de plata para suturar fístulas vesicovaginales en mujeres esclavas con éxito, allí donde el hilo de seda había fallado incluso en doce ocasiones con la misma paciente.[26] En la década de 1880, Carl Siegmund Franz Credé usó gotas de nitrato de plata para prevenir la aparición de conjuntivitis gonocócica en neonatos, un tipo de infección transmitida por el contacto de los ojos del bebé con las secreciones genitales de una persona (su madre, por lo general) con gonorrea. Mediante este tratamiento se redujo en tan solo trece años la incidencia de

---

26 Para ser justos, en este momento Pasteur no había demostrado todavía que las bacterias pueden causar enfermedades, por lo que el uso de plata por parte del Dr. Marion se basaba en la intuición de sus propiedades curativas. Por otra parte, usar esclavos o personas «de baja cuna» para probar nuevos procedimientos médicos o quirúrgicos ha sido una práctica recurrente a lo largo de la historia; por ejemplo, antes de operar a Luis XIV de una fístula anal, su cirujano personal Charles-François Félix estuvo practicando con indigentes que encontraba por París. Más de setenta de ellos pasaron por sus manos, muchos de los cuales murieron. Aquellos sin techo parisinos que sirvieron para practicar y que perecieron por el camino fueron enterrados al amanecer y sin campanas que tiñeran por sus almas para «que nadie supiera lo que estaba pasando». La lógica detrás de esto está clara: es preferible que sufran *les misérables*, a los que se les niega incluso el derecho sobre su propio cuerpo, a que lo haga «una persona de verdad».

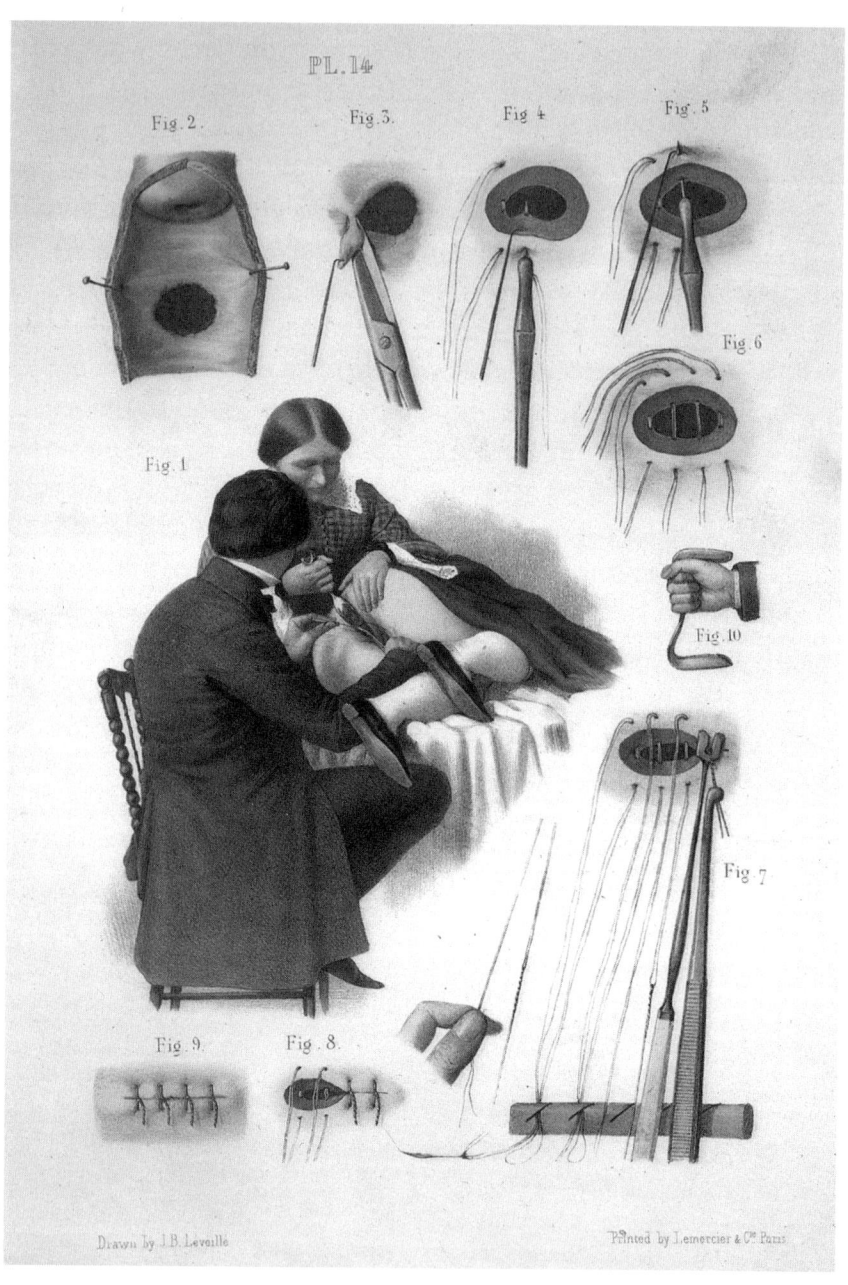

James Sims realizó crueles experimentos vaginales con esclavas negras sin anestesia, como la sutura de fisuras rectovaginales con hilos de plata, como se describe gráficamente en esta imagen. El éxito de sus comprobaciones lo llevó a obtener el título de padre de la ginecología, aunque a su memoria le sigue el debate moral sobre si considerarlo un sanador o un sádico de la medicina.

esta enfermedad del 7.8 % al 0.13 %, por lo que en numerosos países esta práctica acabó siendo obligatoria por ley. A partir de 1890, bien la plata bien su nitrato se usaron para tratar quemaduras, envolver heridas o fabricar las hojas de los cuchillos que usar en operaciones, por ejemplo.

Tal fue la fiebre por el uso de la plata en medicina que, entre las décadas de 1900 y 1940 en Estados Unidos y parte de Europa, se popularizó la moda de tomar plata coloidal (una disolución con partículas extremadamente pequeñas de plata). Así, decenas de miles de pacientes ingirieron asiduamente esta sustancia, al tiempo que millones de dosis fueron administradas por vía intravenosa. Esta práctica, en cambio, carecía de base científica. Los efectos de la plata sobre heridas abiertas se transferían a aquella ingerida por vía oral de forma injustificada: «Si esto funciona aquí, seguro que también funciona allá». El problema es que el cuerpo humano no responde a esta lógica. De hecho, introducir plata en el organismo mediante estos procedimientos puede ser más perjudicial que beneficioso: no tiene efectos terapéuticos, ya que la plata ingerida es transformada por nuestro sistema digestivo; por contra, su ingesta continuada en el tiempo y su acumulación puede derivar en gastroenteritis, decoloración de la piel (o argiria), convulsiones o incluso la muerte.

La ineficacia manifiesta de estos «tratamientos» basados en la ingesta de plata no ha evitado que hayan llegado hasta nuestros días; en esta ocasión, en forma de terapias pseudocientíficas. Por ejemplo, a raíz de la pandemia de COVID-19 se comercializaron por parte de estafadores y vendedores de «crecepelos» modernos disoluciones de plata coloidal a modo de remedio universal.[27] Un par de gotas, y curado. Evidentemente, unos días después de contagiarse, la inmensa mayoría de los consumidores de coloides de plata sanaban (o eso, o estaban observando con atención el techo de alguna sala de cuidados intensivos), pero es que es ese el proceder natural de la enfermedad. El efecto real que tenían las disolu-

27 Entre otras, también le atribuyen a la plata coloidal la capacidad de eliminar el VIH, el herpes (zóster y no zóster) y el acné.

ciones de plata coloidal era la transferencia de «plata» en sentido contrario al seguido por las promesas y los potingues milagrosos.

Más allá de los usos ilícitos que se le ha podido dar a la plata, lo cierto es que hoy en día se continúa usando allí donde se ha comprobado su utilidad. Un ejemplo puede ser el recubrimiento de superficies de acero con el fin de prevenir la aparición de bacterias y moho u hongos en múltiples espacios: desde entornos médicos hasta ascensores, sistemas de ventilación y salas de servidores. En los propios hospitales, además, es muy común el uso de filtros de plata y cobre en los sistemas de purificación del agua para eliminar la legionela; es más, mucho del material hospitalario está hecho o recubierto de plata, desde catéteres intravenosos hasta apósitos para úlceras, instrumental quirúrgico y sondas vesicales. Estos usos han llegado incluso hasta nuestras casas; las encimeras «autodesinfectantes» o las neveras «antimicrobianas» casi siempre deben su adjetivo al hecho de que el fabricante ha depositado este metal en su superficie.

Pero ¿por qué la plata presenta actividad antibacteriana? Es simple: por su moderada reactividad. Al igual que el resto de metales, la plata está formada por un conjunto de átomos empaquetados de forma más o menos compacta, la unión de los cuales le concede las propiedades finales al metal: su brillo, su dureza o su conductividad eléctrica vienen dadas por la interacción entre todos esos átomos. Ahora bien, cada uno de ellos puede reaccionar por su cuenta. En el caso del oro, por ejemplo, eso es muy extraño, por ese motivo el oro es un metal tan inerte; por contra, en el caso del hierro sucede justo lo contrario, cada átomo puede reaccionar fácilmente con el oxígeno del aire para formar un óxido de hierro. La plata está en un punto intermedio: tiene poca tendencia a reaccionar, de no ser que la pongamos en contacto con el agua. En ese caso, la plata es capaz de liberar algunos de los átomos de su superficie en forma de iones de plata Ag^+. Estos iones, por su parte, se unen con cierta facilidad al ADN y ARN de bacterias y virus, inhibiendo su proliferación; pero lo más importante es que también tienen la capacidad de unirse a las proteínas que estos tienen en sus membranas, empedrando de esta forma el camino al cementerio microbiano. Entre los microorganismos que no resisten la acción del ion plata, podemos encontrar la salmonela, la *E. coli* o el herpes, además de otros cientos de tipos de bacterias, hongos, virus y protozoos. Es por ello por lo que la plata se considera un agente antimicrobiano de amplio espectro.

Aunque esta reactividad también puede jugar en nuestra contra. A pesar de que los iones de plata son por lo general innocuos para los humanos, lo cierto es que, dependiendo de su concentración y el uso que se les dé, pueden llegar a ser perjudiciales. Usar la plata para recubrir superficies, fabricar material o construir filtros con los que purificar el agua o el aire es una buenísima idea; ingerirla parece no serlo tanto. Aunque no solo...

St. Jude Medical es una empresa sita en Minnesota y especializada en la fabricación de material médico. Es, de hecho, una de las mayores compañías del sector, cuyo nombre se puede encontrar año tras año, y desde 2010, en la lista Fortune 500, la cual recoge las quinientas compañías más importantes de Estados Unidos por volumen de ventas. Su lema es «More control. Less risk» («Más control. Menos riesgo»). A mediados de los años 90, este lema les falló.

Acabando el siglo xx, esta compañía tuvo la idea de producir unas válvulas cardíacas recubiertas de plata para evitar que, al implantarse, estas se pudiesen infectar. Hasta aquí, todo bien, el recubrimiento de plata funcionó, ayudó a prevenir las infecciones y los pacientes se recuperaron de la operación a corazón abierto más rápido de lo habitual. El problema llegó más tarde: con el tiempo, los iones de plata que liberaba el metal y que tan útiles habían resultado para evitar infecciones se fueron acumulando en el tejido cardíaco, resultando tóxicos. Evidentemente, aquellas válvulas se retiraron del mercado, al tiempo que St. Jude Medical aprendió una valiosa lección: la plata, como tantas otras cosas, mejor fuera que dentro.

MATERIALES DICROICOS

Volvamos a la copa de Licurgo. Acabamos de ver que la plata que decora su borde hace de este un objeto especial. Aunque, visto lo visto, no más que cualquier otra copa de plata: todas ellas tienen la capacidad de aniquilar microorganismos en la misma medida. Si fuese esta su única característica, la copa de Licurgo no sería más interesante que cualquier otro cáliz argentado.

Pero el caso es que este es un objeto único. Aun despojándolo de los añadidos de plata, aun dejando el vidrio desnudo, continuaría siendo un objeto sin par. Porque, si hoy en día despierta admiración entre los entendidos, no es debido tanto a la riqueza de sus filigranas como a sus intimidades; no fascina tanto por lo que muestra como por lo que oculta. Y es que esta copa todavía guarda un secreto adicional que en un principio nada tendría que ver con tratar enfermedades, pero que acabaremos descubriendo como una de las armas más efectivas contra las epidemias que nos acechan. Un secreto, además, que tiene que ver con el vidrio, pero también, y sobre todo, con la plata. Lo mejor de todo es que, para revelar sus intimidades, tan solo necesitamos una vela.

Acerquémonos de nuevo a la copa de Licurgo y fijémonos ahora en el vidrio que constituye la vasija original, sin los añadidos del siglo xix. El vidrio muestra en su superficie una escena brutal. En ella, el mítico rey Licurgo trata de escapar desesperadamente de la vid que lo atrapa y que acabará matándolo, al tiempo que el dios Dionisio y un par de seguidores observan la lucha y ríen burlonamente, conocedores del destino del rey. Una interpretación de la escena grabada en la superficie de la copa de Licurgo (un tanto desagradable para decorar una copa de vino, si quieren mi opinión) sostiene que en realidad representa la victoria de Constantino i sobre Licinio, con quien fuese coemperador y rival, que tuvo lugar en el año 324 e. c. Tomemos ahora una vela y desvelemos lo que oculta esta copa.

Si aproximamos una llama a la copa y la introducimos en su interior, donde debería ir el vino, veremos que el vidrio cambia de color. Cuando el objeto es iluminado desde dentro de la cavidad, este cambia su apariencia por completo, transformándose, perdiendo su tono verdoso y tornándose de un color rojo-rubí intenso. Y con ello, la escena empieza a brillar llena de vida, acentuando lo trágico de la historia: Licurgo grita rojo de ira y terror mientras Dionisio, ante la visión de la muerte de su rival, ríe rojo de placer. Los sentimientos se inflaman; la vida y la muerte, la traición y la venganza; todo, en una sola copa; todo gracias a una llama.

Pero, más allá de la historia que nos cuenta la copa, el efecto que produce la llama en el vidrio es fascinante: en función de la dirección de la luz, de si iluminamos la copa desde dentro o desde el frente, esta toma un color u otro. Es prodigioso. Ninguna propiedad del vidrio es capaz de explicar este comportamiento: no se trata de que la luz se refleje unas veces en la copa y otras veces la atraviese, ni tampoco que, al pasar a través del vidrio, la luz ilumine el material desde dentro revelando su verdadero color. Nada más lejos de la realidad. Estamos ante un efecto cuya existencia no tiene sentido por estar adelantado a su tiempo en más de dieciséis siglos; el verdadero motivo por el que la copa de Licurgo es un objeto único en el mundo es que se trata de uno de los primeros trabajos de nanotecnología de la humanidad.

La copa de Licurgo, diatreta de vidrio dicroico del siglo IV e. c.

Es normal que en este punto nos asalten las dudas. ¿Cómo que nanotecnología en una copa de vidrio? ¿Cómo es posible que fabricasen este objeto en la antigua Roma? ¿Y qué sucede en el interior del vidrio para que se comporte de tal forma? Vayamos paso por paso, que todo tiene su explicación.

El verdadero motivo de la existencia de esta copa probablemente tenga más que ver con un error en la fabricación del vidrio que con que los artesanos que la produjeron dispusiesen de unos conocimientos particularmente avanzados a su tiempo. Es posible que, en el proceso de obtención del vidrio, este se contaminase de restos de oro y plata finamente molturados que podría haber por el taller, incrustándose en la estructura interna del material. Porque ahí es precisamente donde está la gracia de este objeto: no es una copa de plata porque su borde o su base estén hechos con este metal, sino porque en su interior, incrustados entre el vidrio, pedazos de plata le proporcionan un brillo sobrenatural.[28]

«Alto ahí, esto no explica nada», me podrían responder. «¿Cómo va a producir ese cambio de color el hecho de que tengamos trozos de oro y plata en el interior del vidrio?». Fácil, porque no tenemos «trozos» de metal formando parte del vidrio, sino partículas infinitamente pequeñas, el resultado de partir en un millón de partes una pepita milimétrica. Lo que tenemos en el interior del vidrio son nanopartículas de oro y plata. Y cuando la luz impacta en estas nanopartículas, lo inimaginable tiene lugar: estos pedazos de metal absorben la luz. Tal cual. No se trata de que el metal que hay en el interior del vidrio refleje la luz que le llega, o que lo calentemos al rojo vivo; en cualquiera de estas circunstancias el efecto sería comprensible. Lo fascinante es que es el propio metal el que capta la luz.

Esto es extrañísimo. Absorber la luz no es, en absoluto, una propiedad de los metales. Cuando esta llega a la superficie de un metal, rebota, sale reflejada sin que el metal se quede ni una mínima parte. Por eso los metales son por lo general tan brillantes, y por eso todos ellos son grises, a excepción del oro y del cobre. En cambio, cuando tienen un tamaño nanoscópico, los metales

---

28 Para ser justos, el efecto es causado tanto por la plata como por el oro que contiene, aunque la primera es unas 7.5 veces más abundante que el segundo.

se saltan esta norma por completo: empiezan a interaccionar con la luz, absorbiendo una parte de ella. De esta forma, la luz que sale de la copa no es la misma que entra, sino que sale transformada por la interacción con el metal. Y esa interacción, lo podemos suponer, hace que la luz sea roja. Dicho así parece magia; ya volveremos más tarde sobre este punto.

El caso es que son estas propiedades que otorgan las nanopartículas de oro y plata las que hacen que, en función de la dirección desde la que iluminamos la copa, esta cambie de color. Si la luz incide de frente sobre el vidrio, los haces rebotan en él sin llegar a tocar las nanopartículas cobijadas en su interior y la copa se ve de color verde. En cambio, si se pone la vela en el interior de la vasija, la luz atraviesa el vidrio e interacciona con los metales, estimulando a las nanopartículas y volviéndolas rojas. De esta forma, el vidrio de la copa brilla con luz propia, tornándose bermellón.

La copa de Licurgo es un caso extraordinario, pero no único. Sabemos por unas supuestas cartas del emperador Adriano que este le regaló a su cuñado un par de copas con las mismas propiedades que la copa de Licurgo. Sin embargo, sí es la única que ha llegado hasta nuestros días. En cualquier caso, no solo de vasijas vive la nanotecnología añeja: por extraño que parezca, hay otros objetos basados en nanopartículas que también cuentan con siglos de historia. Objetos que tienen exactamente el mismo comportamiento que la copa, pero con una ventaja adicional, son mucho más accesibles: no hace falta viajar a Londres y entrar en el British Museum para admirarlos, sino que la mayoría puede encontrarlos a no mucha distancia de su propia casa. Estamos hablando de las vidrieras de las catedrales medievales.

En ellas se da el mismo efecto que tiene lugar en la copa romana. Si observamos las cristaleras desde fuera del edificio, estas parecen apagadas, oscuras. En cambio, al entrar en el templo vemos cómo resplandecen de color. Las imágenes encajadas entre la fría piedra, medio ocultas en la oscuridad, se convierten en luz para alumbrar la catedral. Cada ventanal muestra un rompecabezas de piezas de vidrio que, unidas, forman una imagen de conjunto que parece emitir un brillo propio. Cuando los rayos del sol las atraviesan, estos parecen romperse en su interior. No lo traspasan limpiamente, sino que estallan contra él, semejando fragmentarse y empaparse con su color. Así, los rayos de mil colores continúan su viaje hasta bañar el suelo y formar las caleidoscópicas formas con que nos encontramos al entrar en el templo. Todo ello es producto de las nanopartículas metálicas que los artesanos medievales lograron incrustar en el vidrio. Nanotecnología con sello medieval.

El caso de las vidrieras y las nanopartículas es además muy interesante porque nos permite observar una virtud adicional de estos materiales. Si salimos del templo, lejos del influjo de las vidrieras, nos acercamos a la fachada principal y desde esa posición le echamos un vistazo al pórtico, veremos cómo un conjunto de figuras de arcángeles, apóstoles y enviados divinos nos devuelven la mirada. Es esta una mirada fría y plana, gris, ausente del color que sí tienen las cristaleras; pero esto no ha sido siempre así. Con mucha frecuencia los portales de las catedrales estaban ricamente pintados: rojos y verdes para las vestiduras; azul para el cielo en el tímpano, y pan de oro para las cenefas, los mantos y las coronas. El color y la riqueza del pórtico debían epatar de la misma forma que lo hacía todo aquello que rodeaba al templo: la altura de sus torres, las dimensiones de sus naves, la potencia de sus campanas y la riqueza de su decoración. Pero sucede que, poco a poco, las inclemencias del tiempo fueron erosionando la policromía de los portales, hecha en su mayoría con óleos. Y con los años, esta acabó desapareciendo. Hasta nuestros días llegaron únicamente aquellos restos de pigmentos que, cobijados entre los rincones de las esculturas, evitaron el polvo, la lluvia y el sol. Un ejemplo particularmente sangrante es el de la fachada de la catedral de Santiago de Compostela, aunque se repite en prácticamente todos los templos de importancia. Esta catedral, como decimos, fue pintada inicialmente en el siglo XII, necesitando de nuevas capas de pintura en los siglos XVI y XVII; de hecho, en el momento en el que se produjo su última restauración (2006-2018), la policromía se encontraba en «riesgo de inminente pérdida definitiva».

Pues bien, las vidrieras son inmunes a esta degradación. Pese a ser de la misma época que la pintura de los pórticos y haber sufrido las mismas tempestades e insolaciones, estas no han perdido ni un ápice de color. Muestran sus motivos como el día en que fueron engastadas en el muro. Esto es debido, en primer lugar, a que las nanopartículas metálicas que les dan color no están en la superficie del vidrio, sino que se encuentran en su interior, con lo que están protegidas del efecto del agua o del oxígeno de la atmósfera. Pero, además, estas nanopartículas están compuestas en muchos casos por materiales como el oro, inertes frente a la mayoría de las reacciones químicas que se pueden dar y que son en parte responsables de la eliminación de los pigmentos de la roca. En definitiva, la nanotecnología no solo añadió espectacularidad y color a las catedrales medievales, sino que además aseguró la preservación de este último por siglos, por encima de la química y del tiempo.

Hay algunos ejemplos más de nanotecnología con siglos de antigüedad, como los esmaltes cerámicos islámicos producidos entre los siglos IX y XVII, o la cerámica italiana de Deruta y sus mayólicas renacentistas. Centrarse en ellos sería un poco repetitivo, pero creo que se entiende la idea.

Evidentemente, y al igual que sucede con la copa de Licurgo, ningún alfarero, vidriero, tallador o forjador sabía las causas tras el comportamiento del material que fabricaban y ni mucho menos que lo que estaban fabricando eran nanopartículas.[29] De hecho, en caso de preguntárselo, ni tan siquiera podrían explicar por qué molturaban el metal o por qué lo sometían a ciertas temperaturas: las causas tras los efectos de su trabajo eran desconocidas. Todos ellos se limitaban a seguir en mayor o menor medida una tradición, un modo de transformar la materia. Si nos ponemos técnicos, por no saber, no sabían ni lo que estaban haciendo con la fabricación del propio vidrio de las cristaleras.[30] En cualquier caso, tan fino fue el trabajo realizado que dio lugar a obras de

---

29 La primera descripción de la preparación de nanopartículas o coloides de oro la realizó Michael Faraday en 1857; fue él el primero en describir este tipo de materiales. A pesar de ello, las bases teóricas de esta disciplina tardarían todavía un siglo en establecerse. Lo harían a través de las ideas de Richard Feynman, con su charla de 1959 *There's plenty of room at the bottom* («Hay mucho espacio en el fondo»), y de Norio Taniguchi, quien acuñó el término *nanotecnología* en 1974 y que, por tanto, dio la primera definición del concepto.

30 No me malinterpreten, no se trata de superioridad intelectual, sino que en aquel momento todavía no se habían desarrollado ni el método científico ni los conocimientos necesarios para entender estos procesos.

valor incalculable, obras de nanotecnología hechas por gente de una época en la cual la palabra *nanociencia* ni tan siquiera se había pronunciado por primera vez. Pero dejemos de lado un segundo a las nanopartículas y fijémonos en el continente, el vidrio; al final, una cosa nos llevará a la otra.

De igual forma que con las nanopartículas, a la hora de fabricar el vidrio los artesanos también continuaban una tradición. Con ciertas modificaciones, cierto, pero al fin y al cabo no hacían más que repetir un procedimiento ancestral. Sabían, por ejemplo, que, si mezclaban materiales como arena de río, cantos rodados o cenizas vegetales en un horno y lo trataban de una determinada forma, la roca opaca se convertía en un material transparente. Y de la misma forma, también sabían que, si añadían conchas marinas a la mezcla de arena y piedras, el producto resultante era más duradero. En cualquier caso, y como sucedía con las nanopartículas, desconocían a nivel conceptual qué estaba pasando, por qué la roca se volvía vidrio.

El laboratorio de Faraday (*La vida y cartas de Faraday,* 1870). A este científico británico se le debe la primera descripción de la preparación de nanopartículas.

Es comprensible, es este un conocimiento que llegaría siglos después con la ciencia moderna y que, en realidad, no era imprescindible para su labor; pero la clave está en que su trabajo era mucho más sofisticado de lo que podríamos pensar, o incluso de lo que ellos mismos podrían imaginar. Es más, la sencilla tarea que puede parecer fundir roca y hacer vidrio tiene profundas implicaciones. Porque lo que aquellos artesanos hacían no era otra cosa que cambiar la estructura íntima de la roca. Tanto los componentes que forman la arena como los del vidrio son los mismos, lo único que cambia es el modo en que estos están conectados y organizados. Al ordenarlos de tal forma, el producto resultante es duro y opaco; al distribuirlos de tal otro modo, el material obtenido es cristalino y frágil. Los vidrieros no hacían (ni hacen) nada más y nada menos que transformar la naturaleza de los materiales.

TRANSFORMAR LA NATURALEZA DE LOS MATERIALES

¿Qué causa que un material se comporte como lo hace? ¿Cómo es posible que los mismos átomos den lugar a la arena y al vidrio? La explicación la encontraremos en la forma en la que se ordenen esos elementos. Y el carbón nos puede ayudar a entender este concepto.

Cojamos un trozo de carbón (vegetal o mineral; para el caso, tanto da). Todos sabemos cómo es este material: de color negro intenso, opaco y algo quebradizo. Bien; pues, si tomamos este pedazo de carbón y lo sometemos a la suficiente presión y temperatura, lograremos transformarlo justo en su opuesto: obtendremos diamantes. Diamantes puros y más o menos perfectos; objetos incoloros, transparentes, brillantes y extremadamente duros.

Es, de hecho, de esta forma como se han generado todos los diamantes que se pueden encontrar en la Tierra, desde los de Tiffany hasta los que se usan en las sierras eléctricas para cortar mármol. Estas piedras preciosas típicamente se han producido de forma natural; para ello basta con que el carbón esté soterrado a unos 140 km bajo el suelo y sufra los miles de toneladas de peso de la columna de tierra que tiene sobre él; pero también se pueden originar sintéticamente reproduciendo las condiciones de la naturaleza en un laboratorio. De esta forma se obtienen diamantes mucho más baratos para ser usados en la industria o en la construcción, por ejemplo. Hay incluso empresas que se ofrecen a realizar este proceso con cualquier tipo de carbón, sea cual sea su procedencia... No sé si me siguen: son compañías especializadas en fabricar «diamantes humanos», gemas producidas a partir de las cenizas de un ser querido.[31]

En los dos procesos que hemos visto, en la generación de vidrio a partir de arena y de diamantes a partir de carbón, lo único que hemos hecho ha sido alterar el orden de los átomos y el modo en que estos se conectan. Con ello hemos transformado completamente las propiedades del material resultante. Si extraemos las piezas fundamentales que forman la mayoría de la arena, conocidos como silicatos, y los reordenamos, obtenemos vidrio. Y algo parecido sucede con el carbón y los diamantes; en ambos casos, el carbono es su elemento constituyente, solo que, en el primer caso, está ordenado formando láminas de un átomo de espesor (motivo por el que es tan frágil), mientras que, en el segundo, cada átomo de carbono se une fuertemente a otros cuatro, y cada uno de estos cuatro, a otros tantos, formando una estructura tridimensional que se extiende a lo largo de todo el diamante (razón por la que es un material tan duro). Esta capacidad por alterar la forma en que los átomos se unen generando así un compuesto o un material diferente tiene un nombre propio: química.

En resumen, alterando los átomos que se enlazan, y el modo en cómo lo hacen, las propiedades del material resultante cambian. Este razonamiento implica que las características del material no son una extrapolación de las características de sus átomos: si el

---

31 «Amor. Familia. Recuerdos. Convierte las cenizas o cabellos de tu ser querido en eternos y bellos diamantes», reza un anuncio. Al fin y al cabo, cuando se incinera a una persona, se pierde todo, a excepción del carbón que forma su cuerpo y las trazas de algunos los elementos y metales que albergaba. Convertir esos restos en un diamante no deja de ser una forma un tanto extravagante de recordar a nuestros seres queridos y lucir palmito al mismo tiempo. Dos por uno.

oro es maleable, no es porque sus átomos sean maleables; de igual forma que, si el bronce es duro, no es porque sus átomos lo sean, y, de hecho, la propia afirmación «Un átomo de oro es maleable» no tiene el menor sentido. Las propiedades de los materiales nacen de la propia unión de los átomos que los forman, por eso el carbono genera materiales duros o quebradizos en función de cómo se relacionen sus átomos entre sí.

Ahora bien, ¿en qué punto podemos afirmar que tenemos un material? Si un átomo de oro no es brillante, pero miles de millones de átomos sí que lo son, ¿dónde ponemos el límite para afirmar que tenemos oro metálico y lustroso? ¿Son dos átomos suficientes? ¿Y diez? ¿Mil? ¿Es suficiente con un millón de átomos? El sentido común nos dice que debe de haber un número de átomos concreto en el que las propiedades del oro se revelen y podamos afirmar que tenemos el metal reluciente que buscábamos, pero esto no tiene por qué ser necesariamente cierto. Aunque, si les digo la verdad, tanto mejor, porque la solución a este dilema es mucho más interesante de lo que podemos presuponer y que nos permitirá entender el comportamiento de la copa de Licurgo.

Hagamos un ejercicio de imaginación. Partamos de átomos sueltos. Si unimos un cierto (enorme y desmesurado) número de ellos, acabaremos consiguiendo el ansiado material final, eso está claro. Si juntamos átomos de oro, conseguiremos oro metálico, amarillo y brillante (aunque sus átomos no lo sean por sí mismos). Ahora bien, lo interesante de esta historia es que, a medida que vamos juntando esos átomos, cuando todavía estamos lejos de conseguir ese producto final pero ya tenemos conglomerados de unos cientos de miles o unos pocos millones de átomos, lo que habremos producido será un tercer tipo de material; un material con unas propiedades únicas y diferentes tanto a las del átomo inicial como a las del producto final. Un material que, pese a estar formado por un «gritón» de átomos, apenas será un poco más grande que la mil millonésima parte de un metro y cuya visualización requerirá del uso de microscopios potentísimos, apellidados «electrónicos». Es en ese punto donde entramos en un mundo desconocido hasta hace muy poco y que aún hoy nos resulta profundamente perturbador: el mundo de la nanociencia.

¿POR QUÉ ES ROJA LA PLATA?

Pocas expediciones hay más épicas que la que inició el profesor de Mineralogía Otto Lidenbrock el 25 de noviembre de 1864 con el objetivo de explorar el interior de la Tierra. En una época en que la comunidad científica bullía con el recién publicado *El origen de las especies* de Charles Darwin, el profesor Lidenbrock dirigió la vista hacia el suelo con la pretensión de revelar lo que este escondía, de la misma forma que hiciera el británico con los seres vivos para intentar explicar sus diferencias. En su camino a través de grutas claustrofóbicas, cuevas imposibles y chimeneas volcánicas, el profesor y su equipo no solo se encontraron peces ya extintos y monstruos marinos cuyo último ejemplar vivió hace millones de años, sino que pudieron contemplar con sus propios ojos a humanos de cuatro metros de altura, con cabezas del tamaño de un búfalo, pastoreando mastodontes (mamuts) gigantes. Coincidirán pues conmigo en la afirmación inicial: pocas expediciones están a la altura de la que relató Jules Verne en su *Viaje al centro de la Tierra.*

Ahora bien, si hay que escoger una que pudiera equipararse a las aventuras del profesor Lidenbrock, el viaje al espacio nanométrico constituye una magnífica candidatura (además de que este tiene la ventaja de ser tan real como fantasiosas las andanzas del profesor). Y es que esta expedición a lo nanométrico es en realidad un viaje a lo desconocido. Da igual lo que crean saber de su mundo, de nada les servirá aquí. En este espacio, los efectos cuánticos sobre la materia empiezan a hacerse patentes y a definir el comportamiento de los cuerpos; lo que verán una vez traspasada la frontera de lo «nano» tiene más que ver con el país de las maravillas de Alicia que con el mundo al que están acostumbrados.

La nanociencia comprende todo aquello con un tamaño entre 1 y 100 nanómetros, es decir, entre 1 y 100 mil millonésimas partes de un metro.[32] Esto es ridículamente pequeño. El problema es

---

32 En realidad, con que tenga alguna de sus dimensiones dentro de esta escala es suficiente para considerar el material como objeto de estudio de la nanociencia. Es decir, esta disciplina no comprende únicamente las nanopartículas, sino

Átomo	0.1 nm
Molécula de azúcar	1 nm
Hemoglobina	10 nm
Virus	100 nm
Bacterias	1 μm
Glóbulo rojo	10 μm
Pelo	0.1 mm
Línea de lápiz	1 mm
Hormiga	1 cm
Rata	10 cm
Niño	1 m

Escala comparativa de las longitudes características
entre 1 metro y 0.1 nanómetros con referencias de tamaño.

que nuestro cerebro es incapaz de hacerse una idea de estas magnitudes. Sucede lo mismo con aquellas que son particularmente grandes, como las distancias astronómicas o la «filantropía» de las fortunas Forbes: tenemos un cerebro que ha evolucionado en un entorno donde todo aquello más pequeño que un milímetro y más grande que unos kilómetros carecía de importancia, y con esas limitaciones continuamos hoy en día. Así que pongamos un poco de contexto.

El límite del ojo humano se encuentra en los pelos. Un cabello humano tiene el ancho mínimo observable por la mayoría de los seres humanos; cualquier cosa más estrecha que un pelo nos resulta imperceptible a simple vista.[33] Pues bien, ese pelo todavía es unas cien mil veces más ancho que un nanómetro. Más estrechos todavía que los pelos son los capilares sanguíneos, esos conductos extremadamente finos donde se produce el intercambio de oxígeno, nutrientes y desechos entre la sangre y los tejidos de nuestro cuerpo. Tan finos son los capilares que los glóbulos rojos que los recorren deben de hacerlo de uno en uno, pues de intentarlo dos al mismo tiempo se quedarían atascados. Y aun así, sería necesario juntar unas diez mil partículas de un nanómetro de diámetro para unir de punta a punta las paredes de un capilar. Más pequeño todavía y aun así más grande que un nanómetro: los componentes celulares como mitocondrias y cromosomas miden unos pocos miles de nanómetros de longitud, los virus como el del VIH o el de la gripe apenas llegan a los cientos, mientras que las proteínas suelen tener un ancho de unos pocos de ellos. Pues bien, es en esta escala de trabajo en la que se maneja

---

que incluye hilos que pueden tener centímetros de longitud, pero cuyo ancho es de unos pocos nanómetros, o láminas con milímetro de largo y de ancho, pero con un espesor de unos pocos átomos.

33 El límite de visión del ojo humano se encuentra alrededor de los cien micrómetros (μm), siempre y cuando este objeto no emita luz. Por especificar, un micrómetro se corresponde con la millonésima parte de un metro. Da la casualidad de que es este el ancho medio de un cabello humano, los cuales suelen encontrarse típicamente entre los 50 y los 120 μm, aunque pueden ir desde los 15 μm en cabellos muy finos hasta los 170 μm en aquellos que son particularmente gruesos.

la nanociencia, y de este tamaño, los sistemas que producen quienes trabajan en nanotecnología.

Nuestro primer impulso nos lleva a menospreciar un tanto la importancia del tamaño, ¿qué importará si son más o menos grandes las partículas? Es comprensible. Pero no debemos caer en el error, los materiales nanoscópicos no son simplemente una miniaturización de los grandes, con sus mismos atributos, sino que son materiales nuevos con nuevas características y propiedades, algunas de las cuales ni tan siquiera existen fuera de este mundo. Y es que, a estas alturas, la física clásica deja de tener la importancia que suele tener, para cederle terreno a la cuántica, la cual solo toma protagonismo cuando las dimensiones del sistema son lo suficientemente reducidas. Así, en la escala «nano» empiezan a hacerse patentes fenómenos cuánticos como el efecto túnel, que utilizamos en el funcionamiento de ciertos microscopios de elevadísima precisión, o incluso efectos relativistas, como los que sufren los electrones confinados en materiales como el grafeno, donde pueden alcanzar velocidades cercanas a la de la luz.

El motivo que explica la aparición de estos fenómenos es algo complejo y requiere de una aclaración bastante más exhaustiva de la que permite este libro, pero algunas de las causas que explican este comportamiento tienen que ver con el hecho de que, si los materiales son lo suficientemente pequeños, el espacio del que disponen los electrones para «moverse» va a ser particularmente estrecho, o con que las irregularidades y los defectos del material serán del tamaño de unos pocos átomos. Además, en esta escala los fenómenos superficiales ganan una gran importancia, al tiempo que otros como la gravedad la pierden prácticamente por completo. En cualquier caso, con lo que debemos quedarnos es con que el tamaño y la estructura de los materiales nanométricos van a determinar por completo sus propiedades hasta hacerlos irreconocibles respecto a los materiales de grandes dimensiones de los que partimos. Con un ejemplo seguro que se entiende mejor, retomemos el caso del oro.

Hemos visto anteriormente que, si hay una característica que define al oro, esa es su absoluta falta de reactividad. Bien, pues eso cambia totalmente en el momento en que vamos al mundo «nano».

Si, en vez de tener un pedazo de oro más o menos grande (lingote o pepita, tanto da), tenemos nanopartículas, estas van a ser tremendamente reactivas. Es más, las nanopartículas de oro parecen tener una particular fijación por la materia orgánica, siendo capaces de oxidarla y degradarla con una eficiencia que pocos sistemas alcanzan. Esto resulta muy útil, por ejemplo, en la depuración de contaminantes orgánicos en aguas residuales, los cuales suelen ser bastante difíciles de tratar. Uno de ellos es el formaldehído, un compuesto generado principalmente por las industrias textil, papelera y farmacéutica, y que en países como México constituye

Richard Feynman, físico teórico estadounidense y ganador del Nobel de Física en 1965, introdujo el concepto de «nanotecnología» en un discurso que dio en el Caltech el 29 de diciembre de 1959, titulado *En el fondo hay espacio de sobra*.

uno de los principales contaminantes de las aguas. En concentraciones bajas el formaldehído puede causar irritación de la piel, pero, cuando esta supera un determinado umbral, se convierte en cancerígeno. Es por ello por lo que en la actualidad se está estudiando la utilización de tubos forrados con nanopartículas de oro para hacer pasar a su través aguas residuales o negras y así poder liberarlas de estos compuestos tóxicos.

Pero hay más, las nanopartículas de oro tienen propiedades fototérmicas, es decir, son capaces de absorber luz y transformarla en calor. En otras palabras, si apuntamos a estas nanopartículas con un láser, estas van a absorber parte del haz que les llega, con lo que van a ir calentándose hasta llegar cerca de los noventa grados. Y por si esto fuese poco raro, su forma va a determinar el color de la luz que pueden absorber. Un puro sinsentido. Esta propiedad nos puede parecer algo banal, pero lo cierto es que tiene aplicaciones importantísimas, la principal de las cuales probablemente sea el tratamiento del cáncer. Imaginemos, por ejemplo, que dirigimos estas nanopartículas a través de nuestro cuerpo para que se unan solo a los tejidos tumorales y que, una vez se hayan unido, iluminamos el tumor con un láser. Las nanopartículas de oro empezarán a calentarse hasta llegar a los noventa grados de temperatura, friendo por el camino el tejido canceroso que las rodea y sin que el láser afecte o perjudique el tejido no tumoral. Esto es parte de lo que se conoce como «terapia fototérmica», la cual se está empezando a usar debido a las interesantes ventajas que proporciona respecto a tratamientos basados en quimio o radioterapia, al ser una técnica menos agresiva y llevar asociados un menor número de efectos secundarios.

Pero la nanociencia no se restringe al oro: estos mismos efectos tienen lugar también con otros materiales, como los formados por carbono. Cuando convertimos las cenizas en un nanomaterial, bien extrayendo láminas de un solo átomo de grosor —conocidas como grafeno—, bien construyendo hilos de unos pocos nanómetros de ancho —conocidos como nanotubos de carbono—, obtenemos nuevas propiedades. Por ejemplo, el grafeno es capaz de generar energía simplemente por exposición a la luz solar, con lo que una de sus aplicaciones las encuentra en la producción de placas solares; al tiempo que los nanotubos de carbono dotan de una increíble resistencia a los materiales, y tanto es así que se utilizan en la fabricación de blindajes antimpacto. Como curiosidad, las legendarias espadas de Damasco, míticas por su dureza y su filo eterno, producidas en Oriente Medio entre los años 1100 y 1750, deben sus formidables características al hecho de que el acero con el que estaban hechas contenía nanotubos de carbono en su estructura. Estos procedían del hollín que se usaba para hacer la aleación con hierro.

Como no podía ser de otra forma, también la plata participa en esta historia. Una de las propiedades más curiosas de sus nanopartículas es su capacidad de cambiar de color en función de sus dimensiones y de su forma. Por ejemplo, si las nanopartículas tienen un tamaño inferior a los 30 nanómetros, estas son de color amarillo; si tienen unos 35 nm de diámetro, son rojizas; mientras que, si las hacemos crecer hasta los 64 nm, su color pasa a azul. Pura fantasía. La explicación de esto tiene que ver con un efecto menos complejo de lo que su nombre nos hace suponer, la llamada «resonancia plasmónica de superficie». Veamos este efecto brevemente para comprobar que, pese a parecerlo, nada de esto es producto de la magia.

Lo primero que debemos saber es que la luz visible no es un ente homogéneo, sino que está formada por haces. Cada uno de estos «haces de luz» tiene una energía y un color asociados: los más energéticos son de color azul y violeta, mientras que los menos energéticos son rojizos. Si los desglosásemos por energías, tendríamos todo un espectro de colores, que no es otro que el que vemos en el arco iris. La suma de todos estos «haces de colores» da como resultado el color blanco, mientras que la ausencia de todos ellos da como producto el color negro. Es por ello por lo que la luz solar nos parece blanca, ya que está compuesta por haces de luz de prácticamente todos los colores, es decir, de casi todas las energías dentro del rango visible.

Ahora bien, ¿qué sucede si eliminamos parte del espectro? Que la luz resultante tomará el color de los haces que queden. Por ejemplo, si eliminamos todos los haces de color rojo, la luz que resulte será de un tono azul-verdoso, dado que los haces de luz que queden tendrán este color. Bien, pues esto mismo es lo que son capaces de hacer muchos compuestos orgánicos y algunos inorgánicos: se quedan con parte de la luz y dejan pasar el resto. Por ejemplo, los tomates contienen compuestos capaces de absorber la luz verde y azul. Eso significa que, si iluminamos este fruto con luz blanca, estos compuestos se quedarán con los haces verdes y azules y reflejarán el resto: principalmente, aquellos de color rojo. De esta forma, esa «luz reflejada» la percibiremos como roja, motivo por el cual vemos de ese color a los tomates (los maduros, al menos).

Este comportamiento, pese a ser normal en los compuestos orgánicos, no es nada común en los metales. De hecho, a excepción del oro y del cobre, todos los metales son grisáceos, dado que no son capaces de absorber ningún tipo de luz..., a no ser que tengan un tamaño lo suficientemente reducido. En ese caso, cuando les llega la luz, los electrones del metal empiezan a oscilar todos a la vez. Aquellos que no forman parte de la estructura íntima de los átomos, los conocidos como «electrones de valencia», empiezan a moverse al unísono. ¿Y de dónde toman la energía suficiente para oscilar? Efectivamente, de la luz que les llega. Así, en función del tamaño de las nanopartículas, los electrones necesitarán más o menos energía para oscilar, con lo que tomarán uno u otro tipo de haz de luz, dejando al resto intactos. Es justo esto lo que sucede con las nanopartículas de plata: en función de su tamaño, toman los colores rojizos de la luz, dejando los azulados y verdosos, o viceversa. Por eso, en función de su tamaño, vemos a las nanopartículas de plata rojas, naranjas o incluso azules.

Es precisamente este efecto el que tiene lugar en la copa de Licurgo, así se explican los cambios de color de la copa. Las nanopartículas de plata del interior del vidrio tienen el tamaño justo para quedarse con la luz azulada y verdosa, con lo que, cuando esta atraviesa la copa, la luz es filtrada y el vidrio se ve de color rojo. Sin saberlo, los vidrieros que la fabricaron fueron artífices de uno de los primeros casos de resonancia plasmónica de superficie. Quién se lo iba a decir.

Pese a lo trivial que pueda parecer a simple vista el cambio de colores de la copa de Licurgo, profundizar en ellos y en su razón de ser nos ha permitido, en primer lugar, adentrarnos en el mundo de la nanotecnología y empezar a conocer algunas de las particularidades ya no solo de la plata, sino de otros nanomateriales construidos a base de oro o de carbono, por ejemplo. En segundo lugar, nos ha descubierto el uso antiguo de la nanotecnología. Hemos visto así que el ser humano lleva explorando áreas como la química y, en menor medida, la nanociencia, desde muy antiguo; puede que sin tener un conocimiento profundo de qué estábamos haciendo, pero sacando buen provecho de sus productos. Y en tercer lugar, ha sido nuestra toma de contacto con uno de los materiales estrella de la nanociencia: la plata y sus nanopartículas.

Pero esta historia no acaba aquí. El cambio de color de la plata en función de su tamaño no es, ni mucho menos, la característica más interesante de este material. Ni tampoco la que más aplicaciones ha encontrado. La nanotecnología es un campo incipiente, cuyos horizontes todavía están por explorar, y, aun así, las nanopartículas de plata ya han sido empleadas en múltiples campos que cubren desde la fotónica y la purificación de aguas, hasta el almacenamiento y la conversión de energía. Pero ninguna de estas aplicaciones es la que nos interesa ahora mismo. Y es que el camino que hemos seguido a lo largo de este capítulo, por encima de cualquier otra cosa, nos ha proporcionado todas las piezas de un puzle; unas piezas que tenemos medio encajadas sobre la mesa y que tan solo tenemos que acabar de montar. Añadámosle el colofón a esta historia.

SUPERBACTERIAS

Si hay una aplicación estrella para la plata, más allá de la decorativa y de la monetaria, esa es la médica; ya lo hemos visto. Evidentemente, las nanopartículas no iban a quedarse al margen de esta historia, especialmente cuando las ventajas que proporciona la escala nanoscópica pueden unirse al carácter antimicrobiano de la plata, haciendo que este tome un cariz más interesante y potencialmente más útil.

La plata plata es; tenga el tamaño que tenga y adopte la forma que adopte. Y dado que las propiedades antimicrobianas de este metal vienen dadas por los átomos individuales que libera (los iones Ag$^+$) y no por el conjunto de todos los que forman el metal (como sí que sucedía con su brillo o su dureza, por ejemplo), estas propiedades se conservan aunque cambiemos su tamaño. No nos extrañará, por tanto, que muchas de las aplicaciones que encuentran las nanopartículas de plata son muy similares a las que ya hemos visto para el metal macroscópico.

De la misma forma que el instrumental quirúrgico se recubría con plata o se hacía directamente de ella para evitar el crecimiento bacteriano, también se puede recubrir con nanopartículas de este metal con el mismo fin, y lo mismo sucede con el resto de las superficies comentadas al principio de este capítulo. Así, por poner un ejemplo, las nanopartículas de plata también se usan en dispositivos anticonceptivos, como en algunos dius de cobre, con el fin de evitar la proliferación de hongos e infecciones causadas por la introducción de este dispositivo en la cavidad intrauterina.

Pero alguna ventaja deben tener las nanopartículas, ¿no? Evidentemente, en caso contrario, no estaríamos dándole tantas vueltas.

La primera ventaja es que su reducido tamaño nos proporciona una versatilidad mucho mayor. Por ejemplo, ahora podemos adherir este metal en prendas de vestir, tejidos y apósitos para añadir capas de protección extra en los hospitales, especialmente en aquellas salas donde toda protección es poca, como en un quirófano o en la habitación de una persona inmunodeprimida. En un sentido más gorrino, también las podemos incluir en calcetines y en ropa interior en general para «poner menos lavadoras»: el olor de estas prendas en la gran mayoría de los casos viene producido por microorganismos que crecen al cobijo de la humedad de nuestras partes pudientes, con lo que, eliminándolos, prevenimos también la aparición de esas «fragancias».

El reducido tamaño de las nanopartículas de plata hace que ahora las podamos añadir en líquidos como son los detergentes y las pinturas de pared, así como en cremas y demás productos cosméticos. ¿Los desodorantes *silver shield* o «% aluminio»? Ahí tienen de nuevo a las nanopartículas de plata, neutralizando olores a base de mazazo bactericida. Son muy útiles incluso en alimentación, usándose en la actualidad en el envase de alimentos o rociándolas sobre frutas y verduras. De este modo retrasamos la aparición de moho y demás hongos fitopatógenos sobre estos alimentos, sin por ello tener efecto alguno sobre nuestra salud.

La segunda ventaja que proporcionan estos nanomateriales es la gran superficie que ofrecen. En el caso de la plata, esto hace que desarrolle su labor de forma mucho más eficiente, con lo que los materiales construidos con ella resultan más económicos de producir. Veamos este punto brevemente.

Parece una paradoja, pero para una misma cantidad de material, cuanto más pequeñas sean sus partes, más grande será su superficie. Esto es fácil de entender si pensamos en un bloque de un material cualquiera. Uno cúbico, por ejemplo. Si lo partimos por la mitad, habremos aumentado su superficie total, ya que, además de los lados iniciales, ahora dispone de dos adicionales, aquellos generados por el corte, y que antes estaban ocultos dentro del material. Si cada uno de estos bloques los volvemos a partir por la mitad, sucederá lo mismo: cada uno de los pedazos resultantes tendrá un área total menor, pero la suma de todas ellas resultará mayor que antes de realizar el corte. Si continuamos haciendo tajos hasta que tengamos nanopartículas, habremos aumentado la superficie total del material en varios órdenes de magnitud. Para hacernos una idea, un cubo de un metro de lado tiene una superficie total de 6 m^2, el área de una habitación pequeña; bien, pues, si este cubo lo partimos en nanocubos de 1 nanómetro de lado, la suma de las áreas de todos ellos será de 6000 km^2, es decir, una superficie superior a la de las islas Baleares.

¿Y por qué es esto importante para la plata? Porque es precisamente en su superficie donde reside su actividad, ya que solo los átomos que se encuentran en la «piel» de este metal son capaces de liberarse al medio. Por tanto, cuanta más superficie, más iones Ag^+ podrán liberarse y mayor será la actividad antimicrobiana. Así, aunque se trate de un metal precioso y bastante caro, al optimizar su tamaño podemos impregnar batas desechables o ropa interior, aprovechando los beneficios de este metal, y sin por ello aumentar excesivamente el precio del producto.

Más propiedades virtuosas: se ha observado que estas nanopartículas aumentan la efectividad de los antibióticos. Al probar el efecto de tratar cultivos bacterianos de *S. aureus* y *E. coli* simultáneamente con plata y medicamentos como la penicilina G, la amoxicilina o la clindamicina, se observó que la actividad de estos aumentaba. Es decir, la actividad antibacteriana resultante de esta mezcla de nanopartículas y antibiótico no era igual a la suma de cada uno de ellos por separado, sino superior; se producía un efecto sinérgico, una espiral virtuosa. Especialmente llamativo fue el aumento de la actividad de la eritromicina al tratar la bacteria *S. aureus*, un estafilococo capaz de dar lugar a enfermedades como la osteomielitis, la meningitis o neumonías.

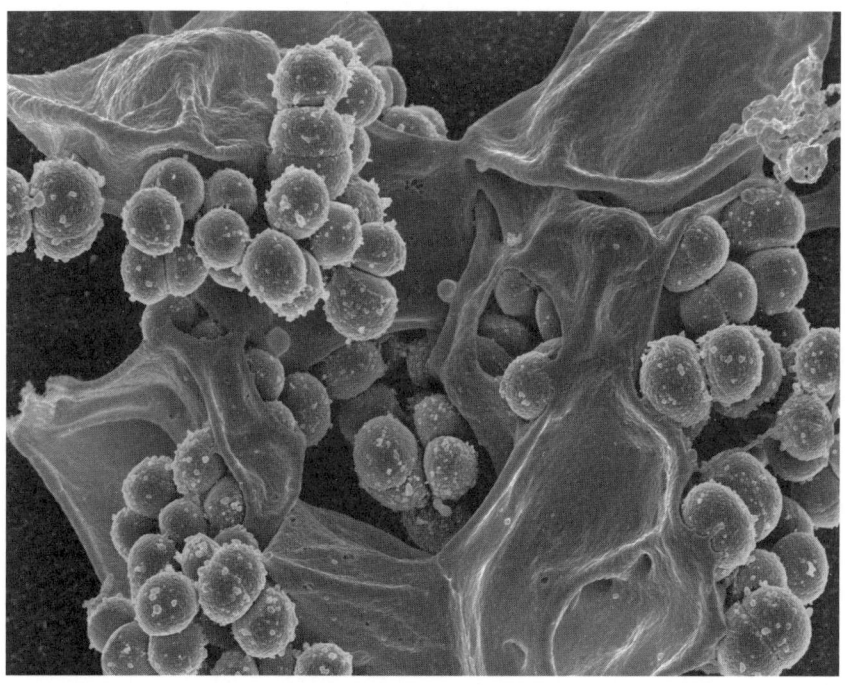

Micrografía electrónica de barrido de la bacteria *Staphylococcus aureus* resistente a la meticilina y un glóbulo humano muerto.

Tan potentes son las nanopartículas de plata que se están postulando como una de nuestras herramientas clave para combatir una de las grandes amenazas que se otean en un futuro no tan lejano: las superbacterias. Hasta el desarrollo de los antibióticos modernos, las infecciones causadas por bacterias fueron una de las principales causas de defunción en todo el planeta; con la penicilina, acabó su reinado. El problema es que, desde la segunda mitad del siglo pasado, se ha practicado un uso abusivo, incorrecto y con frecuencia innecesario de los antibióticos, tanto en la salud humana como (y sobre todo) en ganadería. Esto, combinado con la falta de nuevos tipos de antibióticos, ha hecho que ciertos tipos de bacterias hayan desarrollado resistencia a estos medicamentos.

Y cuando hablamos de «resistencia» no se trata de un eufemismo. Hay bacterias que son inmunes a la inmensa mayoría de los antibióticos de que disponemos; han aprendido a modificar la diana a la que atacan estos medicamentos, a expulsarlos de su interior o incluso a destruirlos. Se han observado incluso cepas resistentes a todos los tipos de antibióticos de que disponemos. Simplemente, no las podemos combatir.

A grandes rasgos estas son las conocidas como superbacterias, y suponen una amenaza real para la salud a nivel global. En 2021 las superbacterias fueron responsables de la muerte de unas setecientas mil personas en todo el mundo; la Organización Mundial de la Salud estima que esta cifra llegue a los diez millones para 2050. Encontrar un nuevo método de eliminación de bacterias, por tanto, es una prioridad. Y da la casualidad de que la solución a este problema se puede encontrar en aquellas vasijas en que Ciro II transportaba el agua allá por el siglo VI a. e. c.; en la plata.

En la actualidad se está trabajando intensamente en el desarrollo de nanopartículas de plata con el fin de generar una nueva barrera entre las bacterias y nosotros, un muro lo más infranqueable posible. Y los esfuerzos están dando sus frutos. Se ha observado ya no solo que las bacterias no son resistentes a la plata, sino que además para ellas es particularmente complicado desarrollar mecanismos de resistencia. Las nanopartículas argentadas no afectan a un solo lugar de la bacteria, sino que la atacan indiscriminadamente: se unen a sus proteínas y enzimas y las inactivan, interaccionan con su membrana, desmembrándola; liberan especies reactivas de oxígeno que, a su vez, oxidan y degradan la materia orgánica del microorganismo, etc. En definitiva, las nanopartículas de plata son en el mundo de los antibióticos el equivalente a los *berserkers* en el mundo de los vikingos: soldados puestísimos de setas alucinógenas que arrasan con todo a su paso. Es por todo ello por lo que generar un mecanismo de resistencia no es una tarea sencilla para estos seres unicelulares; tanto mejor.

De todas maneras, debemos tener en cuenta que la solución al problema acuciante de las bacterias resistentes a los antibióticos todavía no existe. Cualquier resultado debe ser tomado con prudencia: el desarrollo de un medicamento es un camino largo, tortuoso y con frecuencia infructuoso. Lo importante es tener siempre diferentes opciones a desarrollar y disponer de los medios para hacerlo; pero esa es otra historia.

* * *

Como hemos visto a lo largo de este capítulo, hay veces que, tras una cara hermosa, hay un interior espectacular, y ese es el caso de la plata. La importancia histórica de la plata no solo ha venido dada por su valor económico o sus características idóneas para producir elementos decorativos, sino que además se ha usado desde antiguo como un potente agente antimicrobiano; antes, en forma de metal; ahora, de nanomaterial.

Visto lo visto, no nos debería de extrañar que las nanopartículas de plata sean el tipo más común de nanomaterial que se puede encontrar en los productos de consumo en la actualidad. Un buen ejemplo de la penetración de estas nanopartículas en el mercado lo ofrece Samsung, empresa que ha introducido esta tecnología bajo el nombre Silver Nano™ en lavadoras, aires acondicionados, neveras, purificadores de aire y aspiradoras. Por acabar con algunos datos, ya en 2018 se estimaba una producción mundial de nanopartículas de plata de entre 210 y 530 toneladas por año; en la actualidad se calcula que se puede llegar a las ochocientas toneladas anuales para 2025. Asimismo, se prevé que el mercado mundial de las nanopartículas de plata llegue a los tres mil millones de dólares para 2024, mil de los cuales corresponden al sector de la medicina; unos setecientos cincuenta, al de la industria textil, y trescientos, al de la alimentación. Se espera que este mercado llegue a los 5500 millones de dólares en 2027.

En cualquier caso, resulta irónico pensar que todo ello lo teníamos ante nosotros al contemplar aquella vasija de vidrio: la belleza y la riqueza, las nanopartículas y la sanación... Lo teníamos delante mientras estábamos allí plantados, en aquella sala del British Museum, y mirábamos sin mucho interés la copa de Licurgo. No deja de ser curioso que, al igual que sucedía con el oro y la inmortalidad, también en el caso del argento lo antiguo sea un reflejo involuntario de nuestra tecnología moderna; que aquellas nanopartículas que daban un color especial al vaso de algún patricio romano acabasen prometiéndonos terminar con nuestros miedos y construir un muro entre nosotros y esa amenaza intangible que son las superbacterias.

Resulta extraño pensar que todo ello estuviese contenido en aquel vaso de vidrio; en una simple copa de plata, en una vasija sin más.

CAPÍTULO IV

SOBRE EL PLOMO, SUS SALES Y EL ARTE

O cómo grabar (y borrar) la historia de la humanidad

LA SALA 067

Un anciano despedaza a su hijo. Apenas quedan restos del muchacho, un cuerpo exánime en manos de su progenitor, que lo sostiene en el aire. Se lo está comiendo. Desgarra la carne del niño a dentelladas, aunque su mirada no está fijada en la presa, sino que se pierde en el infinito, mirando sin ver. Los ojos del anciano son la locura materializada; a su alrededor, todo es oscuridad.

El anciano y el niño no están solos en la habitación. Frente a ellos, observándolos, hay un hombre: el creador de la escena. Da dos pasos atrás, pincel en mano, para contemplar la imagen en su totalidad. La visión le hace fruncir el ceño y torcer el morro en un gesto de insatisfacción.

«Más dramatismo», suelta en voz baja, para sí mismo.

Se acerca a una pared lateral y se agacha para abrir una de las tinajas que hay arrimadas contra el muro. El esfuerzo le hace soltar un bufido: ni la edad ni el sobrepeso le ayudan ya demasiado en su tarea. Al abrir el recipiente de arcilla, los vapores del vinagre suben densos, inundando la estancia. Él apenas es capaz ya de olerlos y, pese a ello, abre el recipiente aguantando la respiración sin darse cuenta, por simple costumbre, por ese hábito que proporciona la rutina. Saca del recipiente unas láminas de plomo y lo vuelve a cerrar. El metal, medio corroído por los vapores del vinagre, está cubierto de un polvo blanco, que el hombre procede a rascar. Con él producirá una pasta blanca, el pigmento conocido como albayalde.

Mientras está agachado elaborando la pintura, el hombre levanta la vista hacia la imagen del anciano. Ambos cruzan las miradas, creación y creador. No es esta una obra corriente: está pintada directamente sobre la pared, a pinceladas gruesas, bastas, sin detalles. A su alrededor no hay lujos, ni grandes pasillos ni salas magníficas; al contrario, se encuentran en una casa humilde, situada en mitad de la nada, rodeada de campo. Están cerca de Madrid, es 1823.

En la misma habitación en la que el anciano devora a su hijo, otra imagen también estampada directamente sobre la pared muestra una muchedumbre ebria, paseando en romería hacia San Isidro. Entre los personajes, hay monjas, hombres con sobreros de copa y gentes humildes (y borrachas) cantando; todos ellos, con la cara desencajada. Es de noche, en esa romería.

Hay más pinturas, muchas más; la casa está llena de ellas. Hombres peleándose, gente conspirando, brujas de aquelarre. Son imágenes muy oscuras, casi negras la mayoría. Están pintadas en un tono que parecen sugerir los efectos funestos que tuvieron sobre su autor, y es que, si bien fue él quien las creó, también ellas dejaron su estampa y algo de su personalidad en él. Pero no nos adelantemos, volvamos a la casa.

Años después de nuestro paseo, aunque mucho antes de que ninguno de nosotros hubiese nacido (los milagros de la narrativa), aquella casa fue derribada. Arrasada hasta los cimientos, en su lugar construyeron un palacete para nuevos ricos. Pero, antes de que eso sucediese, las pinturas fueron extraídas de las paredes con «sumo cuidado», dispuestas en lienzos y, de esta forma, transportadas por medio mundo. Entre sus destinos, la Exposición Universal de París de 1878; la viva imagen de la desolación expuesta junto a algunas de las más extraordinarias maravillas del mundo.

Finalmente, en 1881, esas imágenes acabarían en el Museo del Prado. Todavía hoy, si visitamos el museo, las podremos ver expuestas en una sala dispuesta por entero para ellas, siendo mostradas como uno de los mayores tesoros de la colección nacional. Es la sala 067. Frente a las pinturas, dando la bienvenida al visitante, un cartel las presenta: «Pinturas negras (1819-1823). Francisco de Goya y Lucientes».

DIOSES DEVORADORES DE PERSONAS

Sabiendo que se trata de una de las pinturas negras de Goya, probablemente hayamos identificado ya de cuál de ellas se trata: puede que la más inquietante de todas, *Saturno devorando a su hijo*. El anciano protagonista de la imagen es la deidad romana Saturno, dios de la agricultura y las cosechas; un tipo bastante alejado *a priori* de lo que consideraríamos un anciano infanticida. Los arranques caníbales de Saturno que representó Goya le vinieron más tarde, tras la asimilación por parte de los romanos de la cultura helénica, un hecho que sucedió durante la época imperial (a partir del 26 a. e. c.). Durante este periodo, los dioses romanos se fusionaron con algunas de las deidades griegas, de forma que al pacífico Saturno se le empezaron a atribuir como propias la historia y las leyendas de un titán griego bastante más macabro: Cronos. De esta forma, Saturno y Cronos se fueron entremezclando para pasar a ser uno solo. Es precisamente una de las leyendas de Cronos que se le atribuyeron a Saturno sobre la que trata el cuadro.

Como sabemos, los niños despedazados no son otros que sus propios hijos. Según el mito, la obsesión del rey de los titanes, Cronos, era acabar con cada uno de sus hijos tan pronto como hubiesen nacido. Su objetivo en realidad era evitar ver cumplida una antigua premonición según la cual uno de ellos estaba destinado a destronarlo para ocupar su lugar. Así, Cronos devoraba a todos y cada uno de los hijos que tenía con Rea, su hermana y esposa, tan pronto nacían (no vamos a afirmar que se trate de la decisión más sensata de la historia, pero tampoco que sea la más descabellada; al fin y al cabo, también es cierto que en la vida real algunos han hecho cosas incluso peores para conseguir encajar su trasero en una poltrona).

Harta de la situación, la madre de los niños, Rea, decidió dar a luz al último de ellos a escondidas. Al volver junto a Cronos para ofrecerle el próximo «bocado», en su lugar le entregó una piedra envuelta en pañales, que fue engullida por el titán sin más miramientos (no me miren así, la mitología tiene estas cosas). El niño, por su parte, creció de espaldas a su padre hasta que llegó el momento de vengarse. Después de hacerle vomitar a sus hermanos, se enfrentó a él en una guerra de diez años con la que acabaría destronándolo y ocupando su lugar, cumpliendo de esta forma con la profecía. El nombre del joven, por cierto, es Zeus.

Esta historia, y justo esta misma escena, ha sido retratada múltiples veces en la historia del arte: desde el anciano flácido y desgreñado que mostró Rubens (1636) hasta ese hombre maduro (que más que devorar parece besar al niño) que representó la veneciana Giulia Lama en 1735.[34] Pero la creación de Goya es muy distinta a todas las demás. La suya es, sin duda, la más perturbadora de todas, la más inquietante; es difícil no sentir un escalofrío al mirar a los ojos al titán.

La de Goya es además la única que nos hace empatizar con el verdugo. El resto de las pinturas nos muestran el sufrimiento del niño, en ellas el artista conduce nuestros ojos hacia la víctima de ese ser desquiciado que es Saturno. En cambio, Goya ignora al niño y se centra en hacernos sentir la locura del anciano; apenas somos conscientes de que hay un ser humano a medio despedazar en la imagen, sentimos en nuestra propia piel el sufrimiento de un dios.

Pero, si algo destaca en el mural de Goya, son esos ojos. Los dos faros blancos, ciegos de dolor, completamente enajenados de Saturno. Unos ojos que parecen albergar toda la sinrazón del mundo y que apenas son capaces de contenerla. Da la impresión

---

34 El mito ha sido reutilizado incluso en la cultura pop, sirviendo como temática de canciones y cómics, dando nombre a grupos de música, o haciendo acto de presencia en series como *Los Simpsons* (concretamente, en el capítulo 17 de la temporada 21, estrenado en Estados Unidos el 14 de mayo de 2006, en el que el señor Burns es representado como Saturno que devora a uno de los empleados de la central nuclear de Springfield).

incluso de que esta vaya a cobrar vida, que la locura pretenda trascender la pintura, salir del mundo de lo inerte e invadir nuestra mente; parece que la locura pretenda poseernos. Aunque, en caso de tener éxito, lo cierto es que no seríamos su primera víctima, ya que el primero en subyacer a la mirada del titán fue su propio creador: Goya.

Dos de las representaciones más importantes del mito de Saturno devorando a su hijo. A la izquieda, la pintada por Peter Paul Rubens en 1636; a la derecha, la realizada por Francisco de Goya entre 1819 y 1823. La primera obra, de estilo barroco y destinada para decorar el pabellón de caza del rey Felipe IV, probablemente sirvió como base para la obra de Goya, de estilo romántico, pintada para la casa en la que vivió justo antes de su exilio a Burdeos, la Quinta del Sordo. Ambos cuadros se encuentran hoy expuestos en el Museo del Prado.

Pensará el lector que estos son términos retóricos, claro está, pero la verdad es que son bastante más literales de lo que podríamos pensar. Al mismo tiempo que el pincel depositaba las capas de pintura sobre la pared, dando cuerpo al mito, el propio Saturno iba también tomando el control de la psique del pintor. Conforme iban adquiriendo forma, aquellas imágenes invadían la mente de su creador, de vuelta a su cabeza, corrompiéndola; haciéndola enfermar.

Goya acabó sus días sordo y medio ciego, con el brazo derecho tembloroso, y preso de las alucinaciones y de su carácter profundamente agriado; todo ello, reflejo de graves problemas neurológicos. En la actualidad no hay consenso sobre qué enfermedad fue la responsable de los problemas de salud del pintor: si una posible sífilis derivada de su promiscuidad; si una rara patología conocida como «síndrome de Susac»; si una intoxicación, o si una combinación de todas (o algunas de) ellas. De lo que existen pocas dudas es de que Saturno jugó un importante papel en la degradación de su salud.

Y es que este dios corría por las venas de Goya, literalmente, y por mucho que se esforzase su organismo por expulsarlo, poco podía hacer al respecto. Sibilino, el titán que acabó con sus hijos cada vez que tuvo ocasión, se cobraba una nueva víctima. Aunque esta vez, para hacerlo, no tomó el cuerpo de un anciano de colosales proporciones (a decir verdad, eso habría sido bastante extraño). Tampoco le hacía falta: como buen dios que se precie, Saturno puede tomar muchas formas. Y una de ellas no es otra que la del plomo.

PERSONAS DEVORADAS POR LOS DIOSES

Saturno es plomo y el plomo es Saturno. Desde la Antigüedad, tres elementos comparten este nombre: el dios romano, el séptimo planeta del sistema solar, y el metal, y, de hecho, los tres son representados con el mismo símbolo alquímico: ♄. La relación entre ellos es directa: si Saturno es el anciano padre de los dioses, ese planeta que viaja lejano y despacio (tarda unos treinta años terrestres en dar una vuelta completa al Sol) no puede corresponderse con otro que con este dios. Es más, esa pesadez que demuestra el planeta al moverse tan lento lo vincula directamente con el plomo y su elevada densidad, de la que pronto hablaremos. De esta forma, igual que Saturno (Cronos) era el padre de los dioses, también el plomo tuvo durante muchos siglos el estatus de padre de los demás metales.

Es por ello por lo que a la enfermedad causada por una intoxicación de plomo se la conoce desde la Antigüedad como «saturnismo», además de como «plumbosis» o «plombemia», y a sus víctimas, como «saturninas». Por último, y por si faltasen analogías entre titán y metal, uno de los síntomas del «saturnismo» es un «oscurecimiento» del carácter, que se vuelve cínico y amargo; ambos dos, a su vez, rasgos de la personalidad del dios. No deja de ser irónico, pues, que el «utensilio» con el que siempre se ha representado a Saturno sea la guadaña (vean, si no, el cuadro de Rubens mostrado unas páginas atrás), que hoy día no podemos dejar de ver de otra forma que como una extraña y fortuita advertencia sobre las consecuencias del metal que este dios representa.

Pero dejémonos de mitología y volvamos al tema, que no es otro que el plomo y sus efectos sobre la salud.

La cuestión es que el plomo es un metal muy tóxico que, para colmo, nuestro cuerpo no es capaz de eliminar. Por mucho que lo intente y sepa (intuya) que la vida le pueda ir en ello, nuestro organismo no logra depurar la gran mayoría del plomo que absorbe. De esta forma, las pequeñas cantidades que vayamos ingiriendo de este metal a lo largo de los años van acumulándose, con lo que sus efectos nocivos se van incrementando con el tiempo. Entre ellos se encuentra la generación de cólicos, en ocasiones muy dolorosos, anemia, encefalopatía (con sus síntomas típicos: letargo, vómitos, irritabilidad, anorexia y vértigos), sordera, ceguera, hipertensión arterial y depresión del sistema inmune. Una joya de metal, vamos.

Probablemente ahora entendamos mejor el cambio de estilo en la pintura de Goya, para quien, en palabras de André Malraux, la enfermedad «significó la muerte de uno de los más encantadores pintores del siglo XVIII y el nacimiento de un artista que va a reflejar la angustia común de los hombres, la humillación, la pesadilla, la violencia y la prisión».

Bien, pero ¿cómo se llegó a intoxicar Goya con plomo? Pues, precisamente, a través de la propia pintura. A través de los ojos de Saturno devorando a su hijo, pero también a través de las faldas de la condesa de Chinchón, de las medias de Godoy y de los cojines de las majas (vestidas o desnudas, tanto da). Porque buena parte de los colores que usaban tanto Goya como el resto de los pintores de la época estaban basados en sales y pigmentos de plomo. Es más, la propia base de los cuadros era un compuesto con plomo, con carbonato e hidróxido de plomo, para ser más concretos; el conocido como «albayalde».[35] Este producto era muy preciado principalmente por dos motivos: por su color, el blanco más puro y cálido de cuantos se podían confeccionar, capaz de dar una enorme luminosidad a las pinturas, y por sus propiedades al ser usado en óleo, dado que mejoraba la adherencia y durabilidad de los colores, al tiempo que ofrecía un rápido secado. Tal era la importancia del albayalde que Goya, por ejemplo, llegó a utilizar hasta 45 kg cada año de este producto para sus obras.

Huelga repetir la enorme toxicidad de estos productos, tanto por ingesta como por inhalación, lo cual sucede muy fácilmente durante la preparación de los tintes. Pero, por si fuera poco, Goya aplicaba en ocasiones el albayalde sobre los cuadros con sus propios dedos y afilaba sus pinceles chupándolos; así que difícil era que no cogiese como mínimo una indigestión de tanto blanco.

En cualquier caso, y visto el éxito de pinturas confeccionadas a base de plomo, ya podemos suponer que el aragonés no fue el único artista que probablemente padeció plombemia; Saturno es generoso repartiendo su amor.

---

35 Cabe hacer un inciso llegados a este punto: el sentido que le damos en esta época a «compuesto» no es el que le atribuimos en la actualidad, ni mucho menos. El albayalde, al igual que la mayoría de las sustancias de las que hablaremos en este libro, no son compuestos puros y con una composición constante, única y formulable. Al contrario, se trata de sustancias que, pese a tener como componente principal un cierto compuesto (como los carbonatos de plomo en el caso del albayalde), también van a contener una cantidad significativa de otras muchas especies (potenciales impurezas), y cuya proporción variará con cada síntesis que llevemos a cabo.

Marià Fortuny i Marsal fue un pintor y grabador reusense de mediados del siglo XIX, profundamente admirador de Goya. «Cada día voy [al Prado] conociendo que hay más afinidad entre lo que él [Goya] buscaba y lo que busco yo», escribiría. Con 36 años, también él sucumbió al saturnismo, causándole una perforación intestinal que en solo dos semanas acabaría con él. En su tumba, junto con sus pinceles y paletas, sus amigos depositaron uno de sus últimos dibujos: el de la máscara mortuoria de Beethoven (irónicamente, otra más que probable víctima de Saturno). Más ejemplos: en las cartas a su hermano Theo, Vicent van Gogh le escribía sobre la admiración que sentía por algunos de los grabados de Fortuny. Lo que él no sospechaba es que la pasión por los grabados no era lo único que compartía con el artista catalán, sino que también el plomo corría (y corroía) por las venas del holandés. Y suma y sigue, ejemplos no faltan: desde el siglo XVI con Caravaggio al XX con Portinari, pasando por Miguel Ángel, Rubens o Frida Kahlo.[36]

El saturnismo, en consecuencia, era también conocido como «el cólico de los pintores». De hecho, ya en el primer tratado sobre enfermedades laborales y prevención de riesgos en el trabajo, el *De Morbis Artificum Diatriba* escrito por Bernardino Ramazzini en 1700, se advierte del «mal del pintor»:

> Yo de mí sé decir que cuantos pintores he conocido, a casi todos los he encontrado enfermizos [...]. La causa del semblante caquéctico y descolorido de los pintores, así como de los sentimientos melancólicos de los que con tanta frecuencia son víctimas, no habría que buscarla más que en la índole nociva de los colorantes.[37]

36 Cabe indicar que, aunque en algunos de los ejemplos mencionados el diagnóstico de «saturnismo» se da por cierto, en otros es más complicado de asegurar debido, principalmente, a las escasas evidencias materiales de que disponemos. Estas deducciones se basan en las dolencias que sufrieron estos artistas y las descripciones que ellos mismos (o amigos, médicos o terceros en general) hicieron de ellas en cartas y diarios, lo que deja cierto margen de seguridad al diagnóstico.

37 Las de plomo no eran las únicas sales tóxicas que se usaban como pigmentos y que por tanto son responsables de estas dolencias propias de los pintores. Otros compuestos responsables de las intoxicaciones asociadas a este gremio son las sales arseniatas, por ejemplo.

En el arte, es siempre el espectador quien le da significado a la obra. Al observar a *Saturno devorando a su hijo*, habrá quien no vea más que una representación del mito griego en la piel del dios romano, una simple reinterpretación de la escena clásica. Habrá, por contra, quien vea en la imagen de Saturno un símbolo del estado de ánimo de Goya, ya anciano y enfermo, renegando del mundo y denunciando los males del ser humano. Aunque sin duda alguna habrá como mínimo un tercer tipo de espectador. Cuando alguno de nosotros se plante en la sala 067 del Museo del Prado, frente a ese mural arrancado de la Quinta del Sordo y paseado por medio mundo, lo que verá será muy distinto: verá al propio Goya representado en mitad de la pintura, sostenido en el aire entre las manos de Saturno, siendo devorado por la enfermedad; no podrá ver otra cosa que a Goya siendo víctima de su propia creación.

CARBONATOS, BERMELLONES Y OTRAS SALES DE COLORES

Goya, Rubens, Van Gogh, Caravaggio, Buonarroti, Kahlo. Y detrás de estos nombres, cientos y miles más (la mayoría de ellos, anónimos); la historia está llena de víctimas (mortales o no) de Saturno. Ahora que somos conscientes de los estragos del plomo, es probable que nos venga a la mente una pregunta un tanto inocente: «Pero, si es tan tóxico, ¿por qué utilizar el plomo para pintar? ¿Es que no eran conscientes de las consecuencias del uso del metal?».

Ya hemos visto por el texto de Ramazzini que el problema no es que desconocieran los efectos de utilizar los productos del plomo; al contrario, siglos de «experiencias» daban buena cuenta de ellos. «Pero, en ese caso, ¿por qué demonios utilizarlos?», se preguntarán. La respuesta a esta cuestión la encontraremos rápidamente haciendo una doble lectura de toda esta historia: si tantos artistas han sido víctimas del plomo aun siendo conscientes de los males que traía, es, únicamente, por la importancia y utilidad de sus sales. Y es que este metal ha tenido una enorme repercusión en la historia del arte, no solo para crearlo, sino también para conservarlo (aunque, en ocasiones, sirviera involuntariamente para destruirlo). Pero vayamos paso a paso.

Ya conocemos el albayalde, ese pigmento blanco hecho a base de carbonatos e hidróxidos de plomo que fascinó a tantos. Hemos visto que la blancura cálida (un tanto rojiza) que esta sal proporcionaba a las pinturas era difícilmente alcanzable por cualquier otro método. Lo que no hemos dicho es que el buen estado de conservación de muchas pinturas antiguas se le puede atribuir precisamente a este compuesto (además de a la maña del artista, claro está). Esto se debe a que esta sal es capaz de reaccionar con los óleos y aceites utilizados para pintar, generando una película resistente que evita los efectos de la humedad. Pero, es más, estos mismos aceites, con el tiempo, se suelen descomponer dando lugar a ácidos que corroen y envejecen las pinturas. Los carbonatos e hidróxidos del albayalde son capaces de neutralizarlos en una reacción parecida a la que tiene lugar cuando tomamos bicarbonato u omeprazol para la acidez de estómago, evitando así sus efectos.

La maja vestida (Francisco de Goya, 1800-1805. Museo del Prado). En esta obra, el pintor empleó albayalde para los tonos blancos del vestido de la modelo.

Aunque no solo de albayalde vive el arte. El plomo no forma únicamente sales blancas; si fuese ese el caso, no le estaríamos dando tanta importancia. Al contrario: combinado con los iones adecuados, el plomo es capaz de formar sales con los más vivos colores, desde el amarillo limón al rojo bermellón.

Ahí tenemos, por ejemplo, el minio, o *minium* romano; un tinte rojizo, un tanto anaranjado, ampliamente usado desde la Antigüedad y que, por su tono y naturaleza, también se conoció como «rojo Saturno». Aunque «minio» y «rojo Saturno» no han sido siempre sinónimos: al inicio, los romanos llamaban *minium* a una mezcla mineral que extraían de la cuenca del río Miño en Hispania (de ahí le viene precisamente el nombre al compuesto), formada por cinabrio (sulfuro de mercurio, HgS) y óxido de plomo (Pb_3O_4). Con el tiempo, el término *minio* acabó usándose para designar únicamente a este último compuesto.

En cualquier caso, y pese a que los romanos obtuviesen el minio de fuentes naturales, lo cierto es que sobre este compuesto recae el honor de ser uno de los primeros pigmentos creados por el ser humano. El propio Vitruvio, un arquitecto, ingeniero y tratadista romano del siglo I a. e. c., ya alababa las virtudes del minio sintético frente a su homólogo natural, e incluso describía cómo producirlo: arrojando albayalde (recuerden, el blanco de plomo que usaba Goya) al fuego. Aunque cabe añadir que los romanos no fueron los únicos en producir rojo Saturno artificialmente. A ocho mil kilómetros, y sobre la misma época, en la China de la dinastía Han también generaban este mismo compuesto a partir del plomo metálico.

Dado el valor pictórico del minio, lo esperable sería encontrarlo en objetos artísticos de incalculable valor. Y no erraríamos en nuestra suposición. Un ejemplo de esto son los manuscritos medievales. Los monjes escribas eran unos auténticos apasionados del minio, que usaban a mano suelta para adornar las letras capitales de sus textos. Estas letras eran obras de arte a pequeña escala, para las que el rojo de plomo proporcionaba una fuente de color mucho más barata que otros pigmentos como el cinabrio. Tan frecuente era el uso del minio en esta tarea que la elaboración de las letras capitales recibió el nombre de *miniare*. Y de ahí procede, de hecho, el término *miniatura*.

Otro ejemplo más cercano: el minio también es el pigmento que utilizó Van Gogh para crear uno de sus cuadros más importantes: *El café de noche*, de 1888. En este, el artista representó un café, por la noche, e iluminado con lámparas de gas; al fondo de la imagen hay unos vagabundos durmiendo y, dispuesta en mitad, una inmensa mesa de billar. Lo más interesante es que este cuadro está pintado a base de rojo y verde, una mezcla de colores que en principio nos chocaría y que notaríamos como artificial, pero que Van Gogh consigue convertir en el color de la noche. Esta obra forma parte de las investigaciones del pintor sobre los colores complementarios, y junto con *El viñedo rojo* daría lugar a un nuevo movimiento artístico basado en un uso provocativo de los colores: el fovismo o fauvismo.

El café de noche (1888), de Vincent Van Gogh.

Pero el rojo Saturno guarda un último secreto. De igual forma que el albayalde era muy apreciado, además de por su color, por el rápido secado que ofrecía en las pinturas al óleo, también el minio tuvo otras aplicaciones que nada tenían que ver con su color rojo intenso. La pista nos la proporciona James IV, rey de Escocia entre 1488 y 1513, quien decidió pintar en 1504 sus cañones y el rastrillo de la puerta de su castillo de Stirling con rojo plomo. Es evidente que el color de sus armas le traía sin cuidado, como si las querían cubrir con los colores del arcoíris. El objeto de pintarlas con minio no era decorativo, sino práctico: de esta forma evitaba que se oxidasen. Y es que el minio, o rojo Saturno, es ideal para evitar la corrosión.

Es por ello por lo que el mayor uso que se le ha dado a este pigmento a lo largo de la historia no ha sido artístico, sino antioxidante; especialmente para proteger superficies de hierro. Durante siglos y milenios, y hasta hace muy pocos años, el minio se ha utilizado para pintar rejas, puertas, ventanas, verjas, tuberías, techos, armazones, cascos de barcos y barcazas, y, en general, cualquier estructura de hierro o acero que se quisiese proteger. ¿Quieren ver minio? Pues tranquilos, que no necesitan un manuscrito medieval o un cuadro de Van Gogh, probablemente solo tengan que asomarse al patio de luces de su edificio, cuyo suelo puede que todavía esté recubierto de este pigmento.

Puede que hoy nos parezca una barbaridad que nuestro entorno esté pintado con plomo, pero lo cierto es que hasta hace muy poco no se ha empezado a legislar seriamente en contra del uso de este metal. De hecho, aunque la prohibición de usar pinturas con plomo en interiores se aprobó en España en 1926, el uso del minio para espacios al aire libre ha sido una práctica habitual hasta la segunda década del siglo XXI. Y es que tan común ha sido el uso del minio para evitar la oxidación en nuestro entorno que las pinturas anticorrosivas se continúan vendiendo hoy en día bajo ese mismo nombre, aunque ya no contengan ni rastro de plomo. De esta forma, el término *minio* ha sufrido una segunda modificación en su definición: si al principio pasó de ser una mezcla de cinabrio y óxido de plomo a comprender únicamente este último compuesto, ahora ha pasado a describir un pigmento con las propiedades del óxido de plomo, pero sin plomo.

En cualquier caso, el minio y el albayalde no son los únicos colores hechos a base de plomo. Por no alargarnos mucho más (el tema da para escribir un libro entero), podemos mencionar brevemente el que quizás sea el tercer color en importancia y para cuya elaboración se han empleado tradicionalmente sales de plomo: el amarillo. Con una simple lista se harán una idea del papel que ha jugado este metal en la historia de este color. ¿Saben la serie de cuadros de *Los girasoles* de Van Gogh? Cromato de plomo. ¿Y *La ronda de noche* de Rembrandt, los frisos de animales que protegían las puertas de la mítica Babilonia hace 3500 años y los dibujos de la cerámica hispanomorisca del siglo x? Diantimoniato de plomo (II), también conocido como «amarillo de Nápoles». ¿Les suenan el *Apollo en la forja de Vulcano* de Velázquez, *La Madonna Sixtina* de Rafael o *La lechera* de Vermeer? En todos ellos sus respectivos autores usaron amarillo de plomo y estaño, también llamado «genuli» o «amarillo de los Antiguos Maestros».

Como ven, las distintas sales de plomo han servido en una y mil ocasiones al arte, pese a su toxicidad y a sus desventajas. Porque no lo hemos mencionado, pero, más allá de los peligros que supusieron para la salud de los artistas, los productos derivados del plomo tenían algunas desventajas adicionales. El albayalde, sin ir más lejos, se puede volver transparente con el tiempo, el minio se apaga y el amarillo de Nápoles toma un color verdoso que nos impide ver, por ejemplo, los girasoles de Van Gogh con el brillo con el que lucieron cuando fueron creados. Aun con todo, las ventajas que ofrecen convirtieron estos pigmentos en elementos indispensables para el arte durante milenios. Y así sucedió hasta finales del siglo XIX, cuando la química moderna fue capaz de producir nuevos compuestos con las mismas características que estas sales de plomo, pero sin su toxicidad.

Decíamos unos párrafos atrás que, ahora que saben lo que esconde la pintura de *Saturno devorando a su hijo*, les será complicado volver a verla de la misma forma. Probablemente este apartado solo haya ampliado el repertorio de obras afectadas. Ahora, cuando contemplen los prados en flor de Monet o crucen la mirada con una de las niñas pintadas por Renoir, verán en el rojo de los tulipanes y en los ojos de la niña un brillo distinto. Si se acercan a las pinturas, observarán más claramente cada una de las pinceladas que componen esos cuadros; esas pinceladas gruesas y bien visibles, tan características del movimiento al que pertenecieron estos artistas, el impresionismo. Y comprenderán que cada una de ellas, cada uno de esos trazos que juntos representan la inocencia y la bondad, le arrancaron un fragmento de vida a su autor.

UNA LLUVIA DE METAL BULLENTE

Fíjese, querido lector, en un detalle: este que lee es el primer capítulo del libro en el que no hemos empezado hablando de las características de un metal en cuestión, sino de las de sus sales. Se preguntará, y es normal que lo haga, si esto no será una triquiñuela, si no será que el plomo metálico tiene poco que decir, al menos en lo que al mundo del arte se refiere. Nada más lejos de la realidad.

Al igual que el oro, el cobre o la plata, también el plomo ha sido ampliamente usado en su forma metálica para crear objetos artísticos; aunque, a diferencia de lo que sucede con estos metales nobles, su uso ha tenido una finalidad más práctica que decorativa. Y es normal. Ni contiene la luz del Sol y la Luna, como el oro o la plata, ni transmite la fuerza y el color de la tierra, como el cobre. No, el plomo es grisáceo, negruzco y mate. Es pesado, denso y, digámoslo a las claras, feo como él solo. No nos extrañemos pues si las coronas de los reyes no están hechas de este metal. En definitiva, el aspecto poco agraciado que presenta el plomo evitó que lo viésemos como un elemento valioso, por lo que es el primer metal de la Antigüedad que nunca se usó para crear joyas u objetos artísticos en general, más allá de unos cuantos amuletos en Mesoamérica, Grecia y Egipto.

Entonces, ¿cómo le pudo resultar útil el plomo al arte? Sencillo, por todas esas características que nos ofrece, más allá de las estéticas; unas propiedades que lo han hecho partícipe de algunas de las más excelsas obras de arte del ser humano. Y es que, si las sales de plomo eran protagonistas en las pinturas de Monet o Renoir, el plomo metálico prefiere el papel de actor secundario; aunque uno de esos sin los cuales la película no podría ser la misma: una Chus Lampreave en *Belle Époque* o un John Cazale en *El Padrino*.

Lo mejor es que, para ver con nuestros ojos esos usos del plomo, bastará con visitar un solo edificio. Es más, no hará falta ni salir de la ciudad: será suficiente con bajar del Montmartre de Monet y dar un paseo dirección a la Île de la Cité. Hay, eso sí, una pequeña pega: la visita nos exige viajar en el tiempo hasta mediados del siglo XIX. Esta historia empieza con un treintañero de inmensos bigotes y pobladas barbas paseando frente a Notre-Dame de París, mirando de reojo a la catedral y susurrando para sus adentros: «Meh, muy poco gótica; a esto le faltan gárgolas».

Estamos en París, sobre 1830. Tras la Revolución francesa y el Imperio de Napoleón, viene la restauración de la monarquía; la conocida como Monarquía de Julio. Esta necesitaba legitimarse por encima de los movimientos que habían agitado (y transformado) Francia los últimos cincuenta años, y una forma de conseguirlo era a través de la reivindicación de la Edad Media, según su eslogan, «crisol de la cultura francesa». Todo esto derivó en que, desde principios de este año, el Estado emprendiera una concienzuda tarea de conservación y restauración de los edificios medievales franceses, desde el Louvre hasta la Sainte-Chapelle.

A partir de 1843, le tocó el turno a Notre-Dame de París. Y el encargado de su restauración fue aquel tipo de largos bigotes, Eugène Viollet-le-Duc. Tras haber realizado con éxito algunas de las reformas más importantes hasta el momento, por aquel entonces Viollet-le-Duc tenía ya licencia para hacer y deshacer a voluntad. Y ese fue precisamente el germen de la gloria, pero también de la ruina, de la catedral.

Por aquel entonces, era más que evidente que Notre-Dame necesitaba una buena puesta a punto, los últimos cien años no le habían sentado particularmente bien. Por mencionar algunos episodios que sufrió: bajo el reinado de Luis XV, los canónigos hicieron destruir las vidrieras medievales por considerarlas demasiado oscuras y las sustituyeron por vidrios blancos; durante la Revolución, los *sans-culottes* confundieron a los apóstoles de la entrada con los reyes franceses, así que decapitaron las estatuas; la aguja del tejado fue desmontada en 1786; en 1793 todos los objetos de metal precioso y bronce fueron saqueados y/o enviados a fundir..., y suma y sigue. Tal era el estado del templo que se pensó incluso en tirarlo abajo.

Pero lo que hizo Viollet-le-Duc no fue restaurarla, sino que prácticamente la rehízo: destruyó y volvió a construir partes enteras del edificio, cambió la decoración interior y parte de la exterior, sustituyó estatuas por otras más nuevas e introdujo efigies de animales inventados por él mismo. Es más, ¿saben las típicas gárgolas que protagonizan las postales de París? La mayoría son falsas, invención del bueno de Eugène. Y es que, en sus propias palabras, «restaurar un edificio no es mantenerlo, repararlo o rehacerlo, es devolverle un estado completo "que quizá nunca existió en un momento dado"». Visto esto, seguro que no nos resulta difícil imaginar al restaurador paseando frente al pórtico, señalando con su bastón las torres de la catedral y diciendo: «Gárgolas, aquí hacen falta más gárgolas».

Y para colmo, coronando el edificio decidió instalar una aguja, ese inmenso torreón que nos viene a la cabeza cuando pensamos en Notre-Dame; una aguja completamente desproporcionada que sustituía la que se había desmontado en 1786 precisamente por hacer peligrar el edificio. En su lugar, Viollet-le-Duc decidió instalar su armatoste de quinientas toneladas de peso sobre unos muros que ya soportaban seiscientos años a sus espaldas. Ya se irán imaginando cómo acaba la historia...

El interior de la torre de Eugène estaba hecho de madera: 250 toneladas de roble de champaña constituían la estructura de la aguja. Y recubriendo la madera, plomo; 250 000 kilos de planchas de plomo en lo alto de la joya del gótico francés. Precisamente en este recubrimiento es donde encontramos la primera de las características de este metal: su relativa resistencia a participar en reacciones químicas. ¿Por qué motivo querríamos cubrir la madera noble con plomo, si no es para protegerla? Y es que, aun sin llegar ni de lejos a los niveles del oro o la plata, lo cierto es que el plomo es lo suficientemente inerte como para resistir las inclemencias del tiempo. De esta forma, si recubrimos la madera con él, la estaremos protegiendo y favoreciendo su conservación.

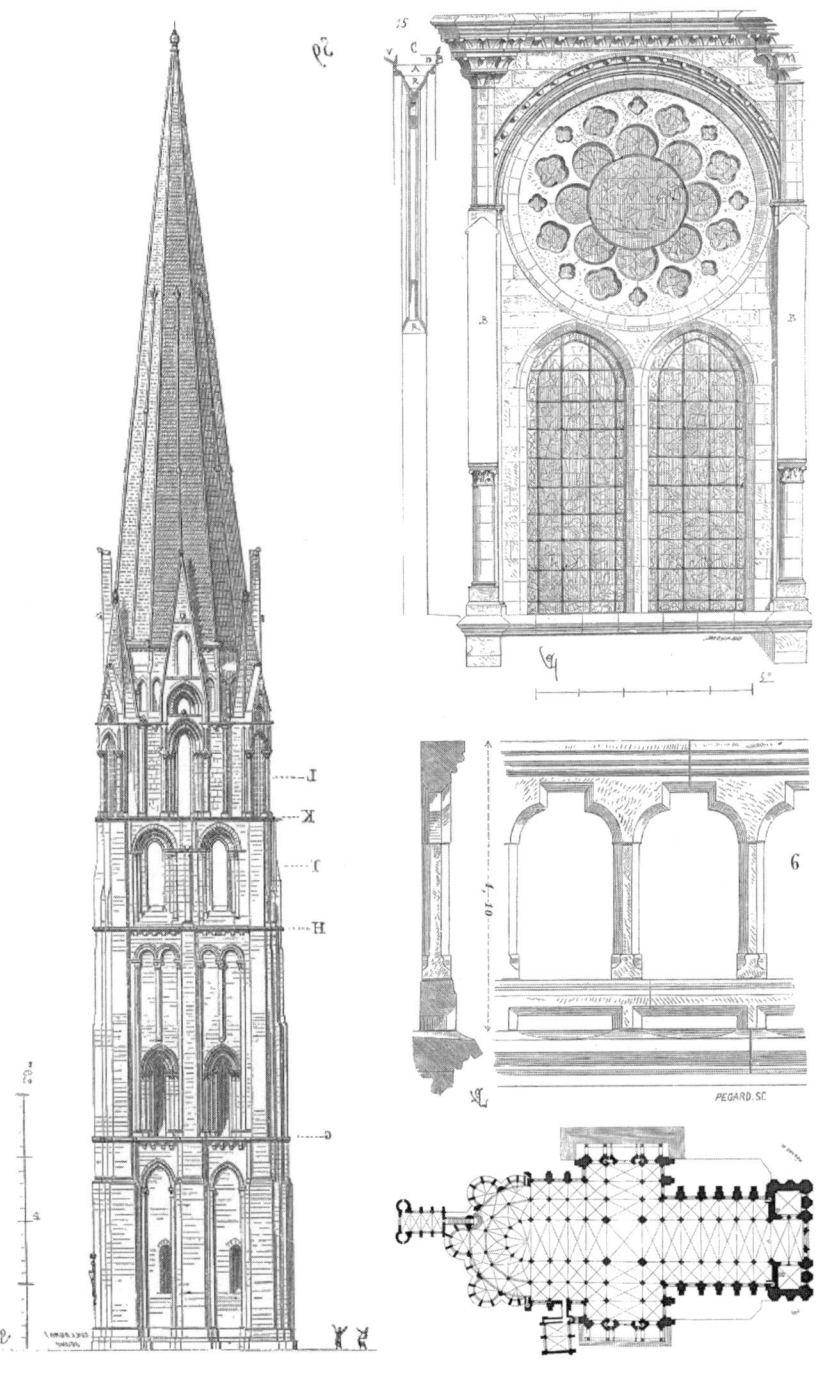

Planos de algunos de los diseños de Eugène Viollet-le-Duc para
la restauración de la catedral de Notre-Dame de París.

Ahora bien, tampoco le vayamos a dar méritos de más a Viollet-le-Duc: esta no fue idea suya, sino que en realidad era una práctica recurrente en la construcción de catedrales. Un ejemplo lo encontramos en la de Reims, lugar de coronación de los reyes de Francia y situada a 130 kilómetros de su homóloga de París. En este caso el plomo se usó para recubrir la techumbre de madera del edificio: toneladas de láminas de plomo que evitaban las goteras y la putrefacción de las vigas de madera.

Pero el plomo, como la mayoría de los metales, tiene propiedades que lo vuelven un tanto especial; particularidades que no tienen por qué ser del todo compatibles con el culto católico. En el caso del plomo, esas características son un punto de fusión particularmente bajo y una elevada densidad.

Vayamos con la primera: el plomo se vuelve líquido cuando alcanza los 327 °C. Esto puede parecernos mucho, pero no lo es en absoluto. Por ponerlo en contexto con los metales que ya hemos visto, el punto de fusión del oro es de 1064 °C, el del cobre es de 1085 °C y el de la plata es de 962 °C. El punto de fusión tan bajo del plomo se traduce en que con unas simples llamas lo podemos derretir. Llamas, por ejemplo, como las provocadas por un incendio; incendio como el causado por el ataque alemán a Reims de 1914. La ciudad francesa, de nuevo, nos sirve el ejemplo perfecto.

Con la retirada del ejército germano de Reims durante la Primera Guerra Mundial, los alemanes les quisieron dejar un último presente a los franceses bombardeando su catedral; bombardeo que derivó en incendio. Cuando las llamas y el calor llegaron al techo del edificio, el plomo empezó a derretirse, a volverse líquido y a correr por el tejado, tal y como lo haría el agua de lluvia. Y como ella, un río de plomo líquido recorrió las canalizaciones para «desaguar» por los conductos de piedra de la catedral. Así, los habitantes de Reims pudieron ver cómo aquel 19 de septiembre de 1914, y en mitad de un bombardeo, toneladas de plomo fundido salieron escupidas por las gárgolas de su catedral en una lluvia de metal líquido.

No les costará adivinar, viendo el destino de Reims, qué le sucedió a la aguja que Viollet-le-Duc puso sobre Notre-Dame con el incendio de 2019: se fundió como mantequilla al sol.

El 15 de abril de 2019, Notre-Dame ardió; cero sorpresas, probablemente todos lo recordemos. Desde los andamiajes de las obras de restauración se extendió un fuego que, poco a poco, fue alcanzando la aguja de Eugène. Y con el abrazo del fuego, el plomo que cubría la torre fue derritiéndose lentamente; fue fluyendo y dejando al descubierto su interior: madera de roble, el dulce alimento para una combustión descontrolada.

Como una cascada de metal fundente, las toneladas de plomo líquido fueron cayendo y estancándose sobre las bóvedas de la nave central de la catedral. Fue aquí cuando entró en juego la tercera de las características del plomo: su elevada densidad. Cada uno de los litros de metal fundido que se depositaban sobre el templo pesaban más de once kilos, de forma que ese lago estancado aumentó rápidamente de peso, y, con él, la presión sobre la construcción. Y llegó la puntilla: la aguja y su estructura de madera colapsaron, desplomándose de golpe sobre el techo de Notre-Dame. El peso que soportar se volvió finalmente excesivo y parte de la techumbre se hundió haciendo peligrar la integridad de la construcción en su conjunto.

De esta forma, el mismo que protegió durante siglo y medio el templo por excelencia de París casi acabó con él una tarde de abril de 2019. Y es que los metales, como todo en la vida, traen de forma inherente sus virtudes y sus defectos en un solo paquete; de modo que aceptar la parte implica aceptar el todo. Si podemos extraer una conclusión de esta historia, probablemente sea que debemos escoger con cuidado los metales que utilizamos al construir un templo… No se me ocurre otra, la verdad.

OLORES DULZONES

Añadamos más azúcar. Moderadamente inerte, de fundido fácil y muy pesado. Igual en este punto no sabemos si estamos hablando del plomo o de un senador. Incluyamos una característica más en esta lista para diferenciarlos: la maleabilidad (aunque no está muy claro que esto vaya a contribuir en algo a esta tarea de diferenciación).

Al igual que el oro se podía deformar en filamentos y láminas finas con extrema facilidad, también el plomo guarda una gran plasticidad, aunque sin llegar a la del áureo material. Esta característica, junto con su reducida reactividad, lo convierten en un sucedáneo (feo) del oro, pero con una gran ventaja: es mucho más barato.

Su capacidad por deformarse fácilmente ha impedido que el plomo se usase ampliamente en escultura, más allá de algunos ejemplos puntuales, como en las obras de Pablo Gargallo o en paneles como el de *La Anunciación* de la capilla de Manoir de Quaize en Ailly (Francia). En cualquier caso, las obras hechas con plomo son por lo general de un tamaño más bien reducido, ya que en caso contrario su peso haría que se deformasen.

Lejos de ser un problema, esta maleabilidad se puede considerar como una de las virtudes del plomo, de la que se ha hecho buen uso, de nuevo, en Notre-Dame (ya les he dicho que no haría falta salir de este edificio para analizar todas las propiedades del plomo). Bajemos de los techos, y dirijámonos hacia la luz.

Entrar en una catedral gótica, en muchas ocasiones, es un espectáculo de luz y de sombras. Haces que se cruzan en el aire, que encienden el polvo en suspensión e inundan los mármoles del suelo con miles de motas de colores. Manchas azules que se arremolinan con otras rojas, luces verdes que se mezclan con amarillas, formando todas ellas un caleidoscopio lumínico. Unas motas estáticas en apariencia, pero que se mueven con el avance del tiempo y del Sol. Son el reflejo en el suelo de las vidrieras de los ventanales catedralicios. Al alzar la vista del suelo y seguir los haces de luz que parecen materializarse en el propio aire, llegaremos a las vidrieras: historias enteras narradas a través de una sola imagen.

Una de las principales características de la arquitectura gótica es la aparición de inmensos ventanales en los muros de los templos. Sobre el siglo XII, los constructores de catedrales europeos empezaron a aprender a distribuir mejor el peso de los techos y de los propios muros. Por ejemplo, al poner contrafuertes podían evitar que parte del peso del tejado recayese sobre los muros, aligerando así su carga. De la misma forma, dando una forma ojival a las ventanas podían hacerlas cada vez más grandes, dado que esta forma apuntalada ayuda a una distribución más eficaz del peso que recae sobre ellas. El resultado de estos avances fue que se consiguieron construir templos más grandes, con muros más finos, e iluminados por enormes ventanales.

El problema era que, con tan poco espacio de muro disponible, en estos templos ya no había lugar para los murales con que se solían vestir las catedrales. La solución al problema era evidente: si el espacio que antes ocupaban los frescos había pasado a estar cubierto por vidrio, las historias antes narradas en estos murales debían alojarse ahora en las vidrieras. De esta forma, las imágenes representadas sobre la fría piedra, medio ocultas en la oscuridad, pasaron a convertirse en luz, a iluminar la propia catedral.

Más allá de las historias que transmiten, estos vitrales de colores son en sí mismos fascinantes, ya que encierran una de las primeras obras de nanotecnología de la humanidad, como ya hemos visto en el capítulo anterior. Cada uno de los vidrios que la componen son pequeñas joyas, cuya elaboración era de tal complejidad que impedía producir piezas de gran tamaño. Es por ello por lo que las vidrieras se construyeron como rompecabezas de vidrios de colores. Y ¿cómo unir estos pedazos de vidrio entre sí? Fácil, con un material resistente al paso del tiempo, pero lo suficientemente blando para que se adapte al contorno de las piezas a juntar: el plomo.

Fíjense la próxima vez que tengan oportunidad: las vidrieras están surcadas de hilos opacos que perfilan cada uno de los vidrios del puzle, un entramado que pasa desapercibido ante el esplendor de la obra en su conjunto, pero sin el cual esta no podría existir. Son filamentos de plomo, lo suficientemente maleables como para doblarlos a voluntad, haciendo que abracen cada una de las curvas de las piezas que deben unir; lo suficientemente anodinos como para pasar desapercibidos ante la vista de todos y no restarle así protagonismo a la historia que ellos mismos están dibujando.

Esta misma maleabilidad del plomo es otro de los motivos por los que se eligió para cubrir la madera de la aguja de Viollet-le-Duc o el techado de Reims: con unos simples martillazos, estas planchas de metal podían adoptar la forma de la madera a la perfección, sin que con ello se generasen grietas ni roturas. Así se conseguía aislarla casi herméticamente del exterior. Es más, igual que esta plasticidad del plomo nos permite crear hilos con los que unir vidrios de colores o láminas con las que proteger la madera, también posibilita que creemos tubos con ella. Si además estos tubos no se corroen (recordemos que el plomo resiste con facilidad los rigores ambientales), tenemos el material perfecto para hacer la red de canalización del agua de lluvia a través de la piedra del templo. Así, las cañerías de la propia Notre-Dame están también hechas de plomo.

Plomo en la aguja que corona el templo, plomo en el techado que lo protege, en las cañerías que lo desaguan, en las vidrieras que lo inundan de luz y de color. El plomo es un actor discreto, pero omnipresente. Un elemento que se esconde en cada esquina de Notre-Dame…, incluso en su subsuelo. Hemos bajado del techo a los ventanales y, de ahí, a los mármoles que cubren el pavimento; no paremos aquí, bajemos un poco más.

A la izquierda, boceto de Viollet-le-Duc para la vidriera representativa del árbol de Jesé en Notre-Dame. Cada delineación opaca que unía los pedazos de cristal fue realizada con plomo. A la derecha, el resultado en una fotografía actual.

Si levantamos las losas que cubren el suelo del templo en el que nos hallamos, justo en el lugar en el que se encuentra el transepto con la nave central (para entendernos, justo debajo de donde se alzaba la aguja de Eugène), y excavamos lo suficiente, podremos encontrar el último rastro de plomo. Uno con forma humana, precisamente por guardar un ser humano en su interior. Se trata de un féretro hecho de plomo.

Esto fue lo que se encontraron los arqueólogos mientras se reconstruía la aguja de Viollet-le-Duc tras el incendio de 2019. Uno de los pasos a seguir para montar de nuevo la torre era analizar el suelo en búsqueda de huecos o irregularidades que hicieran peligrar la estabilidad de la construcción. La sorpresa vino cuando los radares mostraron, bajo el suelo sacro, toda una red de calefacción (obra, de nuevo, de Eugène), hecha de ladrillo. Y entre las canalizaciones, una mancha antropomórfica, una figura humana opaca a los radares.

Al cavar y sacarla a la luz, descubrieron en esta mancha un féretro del siglo XIV medio deformado por las toneladas de plomo y piedra del derrumbe sobrevenido por el incendio. Un ataúd que guardaba una figura casi intacta, vestida con ricos ropajes, y con la cabeza apoyada en un cojín de hojas.

Que tras quinientos años esas hojas continuasen existiendo es una prueba del buen estado de conservación del contenido del féretro. Y el responsable de esta conservación no es otro que, nuevamente, el plomo. Tan maleable es este metal que a base de golpes podemos fundir una plancha con otra o, en este caso, las diferentes partes de una caja, y de esta forma sellarla. Al unir las planchas que forman el féretro, aislamos su contenido herméticamente del exterior: de la humedad, las bacterias, los insectos y resto de animales. Si el aislamiento es lo suficientemente bueno, podemos retrasar o incluso evitar la putrefacción de los cuerpos.

Por este motivo se usó plomo en el féretro de esta persona desconocida, y por eso se continúa usando hoy en día. Porque puede que a nosotros, simples plebeyos, se nos escape, pero las clases pudientes se han enterrado en plomo durante siglos. Ni en oro ni en plata, sino con el metal más llano de todos: el plomo. Y por extravagante que nos parezca, lo continúan haciendo.

Ahí tenemos a los Reyes Católicos, a su hija Juana y a Felipe el Hermoso; todos, en la cripta real de Granada; todos, en féretros de plomo. Y ahí tenemos a los Austrias y a los Borbones (condes, reyes, o eméritos); todos, en sus correspondientes cofres de plomo o a la espera del respectivo. Lo mismo sirve para las reinas inglesas, como Elizabeth I de Inglaterra (1603); sus corsarios, como Francis Drake (1596); los esposos consortes, como Felipe de Edimburgo (2021), o las nueras repudiadas, como Lady Di (1997). Y más de lo mismo con los papas, como Juan Pablo II (1996) o Benedicto XVI (2022), cuyo protocolo implica el uso de un triple sarcófago: uno de ciprés, colocado dentro de otro de plomo sellado herméticamente, y este, a su vez, dentro de un tercero de olmo. El uso del plomo es, como vemos, una práctica reservada a la élite, y todo para huir de la putrefacción del cuerpo (o al menos para esconder los olores de la misma).

Féretro de plomo descubierto en Líbano perteneciente a la era bizantina (395-636 e. c.). Actualmente, se conserva en el Museo Nacional de Beirut.

PLATA O PLOMO

Trascendamos las catedrales. Para los católicos, estos templos constituyen un lugar donde contactar con un ser supremo. Para nosotros, su utilidad ha sido un poco más terrenal: nos han servido para establecer una vía de comunicación entre el plomo y sus usos. Y es que Notre-Dame concentra muchas de las aplicaciones que se le han dado al plúmbeo metal, pero tampoco vayamos a pensar que son exclusivas de este tipo de edificios.

Por ejemplo, usar plomo para construir cañerías, desagües y tuberías de agua es una práctica absolutamente común desde el Imperio romano hasta hace pocas décadas. Y lo mismo sucede con los féretros que hemos comentado, ya usados por la aristocracia romana, o su utilización para la protección de la madera, práctica seguida en la construcción de barcos.[38] Es más, los primeros trabajos con plomo se remontan a una época muy anterior a la existencia del Imperio romano, dado que este fue el cuarto metal que conoció nuestra especie. Aunque, si el descubrimiento del oro, el cobre o la plata deslumbró a nuestros antiguos, el del plomo pasó sin pena ni gloria, por lo que sus aplicaciones no fueron inmediatas. Entenderemos esto fácilmente echándole una ojeada a cómo se halló este metal.

El plomo apareció en primer lugar como un producto secundario (un desecho) de la purificación de la plata. Ya hemos visto que en el mundo antiguo este metal noble se extraía de minerales como la galena o la argentita, los cuales están formados por una mezcla de sales de plata y plomo. Así, cuando los antiguos metían

---

38 Los romanos, por cierto, eran fanáticos del plomo. Lo usaban incluso para endulzar sus vinos, que hervían en vasijas hechas con este metal para obtener *sapa*, una mezcla de vino concentrado y acetato de plomo. Esta afición por usar plomo en la bebida y el consiguiente envenenamiento de las clases dirigentes (las únicas que se podían permitir este mejunje a diario) se ha intentado asociar con el declive del Imperio romano, aunque siempre dentro del terreno de la especulación. Lo que sí parece más establecida es su relación con los casos de reducción de la fertilidad, como es el caso de Julio César, o de esterilidad, como sucede con Augusto.

la galena en unos muy precarios hornos de fundición y calentaban la mezcla, esta sudaba unas pequeñas perlas de un metal blanquecino, brillante; la plata escapaba de la roca inerme, dejando atrás un desecho terroso. Más tarde se dieron cuenta de que si tomaban estos restos y los volvían a calentar, esta vez en presencia de carbón, ese polvo se convertía de nuevo en metal. Pero el nuevo metal era muy diferente del primero que se había generado: este era mucho más pesado y denso, de aspecto apagado, negruzco, sin el brillo característico del argento. Obtenían plomo.

Es por ello que los pueblos productores de plata en la Antigüedad también lo fueron, por necesidad, de plomo. Con la purificación de la plata se generaban ingentes cantidades de plomo inservible al que, poco a poco, se le fueron encontrando aplicaciones, como la confección de amuletos o monedas.

Con el tiempo, el número y utilidad de las aplicaciones aumentó, y de las monedas fenicias se pasó a las cañerías romanas, las vidrieras medievales y las pinturas de Goya; de forma que ese metal anodino se convirtió en un elemento cada vez más presente en el entorno humano. Incluso hoy en día, y pese a la toxicidad que lleva asociada, el plomo continúa empleándose en múltiples aplicaciones para las que todavía no tenemos una alternativa viable. Por ejemplo, para producir contenedores dentro de los cuales aislar material radiactivo. Dado que el plomo es impermeable a los rayos gamma (uno de los tipos de radiación generada por los productos radiactivos, particularmente perjudicial para la salud), este metal constituye un material fantástico con el que fabricar cajas para almacenar o transportar material radiactivo, para incrementar la seguridad de las centrales nucleares, o incluso para enterrarlas en caso de que sufran algún «accidente» (como fue el caso de Chernóbil y las cinco mil toneladas de plomo, boro y arena bajo las que se soterró su reactor nuclear n.º 4 después de aquel 26 de abril de 1986).

De igual forma que absorbe la radiación gamma, el plomo también es capaz de repeler los rayos X que se utilizan, por ejemplo, para realizar radiografías en los hospitales. Pequeñas dosis de esta radiación, como las recibidas al hacernos una placa, son innocuas; pero la cosa cambia para los trabajadores que se encargan de hacer estas pruebas y que, en caso de no estar protegidos, verían seriamente perjudicada su salud por un simple efecto de acumulación.

Es por ello por lo que las salas de los técnicos están separadas de las de medida por vidrios plomados, o por lo que llevan delantales confeccionados con este metal.

Por último, a nadie se nos escapará que otros usos habituales del plomo han sido como aditivo antidetonante en gasolinas (aplicación prohibida en la mayoría de países a partir de 1980 y finalmente erradicada en julio de 2021 con el cierre en Argelia de la última estación de servicio que la ofrecía), o en la fabricación de munición sintetizada en ese «plata o plomo», tanto de tipo militar como para caza, pesca o deportes de tiro. Por cierto, estas tres últimas aplicaciones civiles, todavía en uso, suponen la liberación de más de cien mil toneladas de plomo al medio ambiente cada año únicamente en territorio europeo.

En conclusión, el plomo ha sido, como el resto de los metales de este libro, una constante en la historia de la humanidad. Y lo más importante, ha estado estrechamente ligado a multitud de actividades humanas de especial relevancia, como son la extracción de metales valiosos, como la plata; al desarrollo de las ciudades, como es el caso de las cañerías romanas; al ámbito militar, con proyectiles de todo tipo, o el industrial, con la gasolina. Y esto, de forma absolutamente casual, le ha conferido una utilidad adicional, una que ha ido desarrollando poco a poco, quedamente, sin grandes aspavientos, pero tampoco sin pausa; una última aplicación que hasta hace muy poco permanecía oculta, pero que es sin duda la más interesante de cuantas haya tenido nunca el plomo.

Monedas chutus hechas de plomo, usadas durante el gobierno de Mulananda en Decán, al sur de India, hacia 125-345 e. c.

75.10° norte, 42.32° oeste. En este punto del planeta, querido lector, no hay nada. Lo más que puede encontrar es nieve, hielo y mucho viento. Estas son las coordenadas de un lugar yermo, inhóspito y absolutamente carente de interés situado en mitad de Groenlandia, territorio soberano danés.

Es este un lugar aislado del mundo. Si no quieren morir de frío, probablemente prefieran visitarlo a través de Google Maps. Al introducir las coordenadas en la página, rápidamente nos haremos una idea acerca de qué estamos hablando: la web nos devolverá una pantalla blanca sin marcas ni nombres; nos mostrará un inmenso páramo sin rastro de vida en cientos de kilómetros a la redonda. Ni una carretera solitaria, ni un pueblo perdido; nada. Lo único que hay aquí es hielo; tres kilómetros de hielo bajo la nieve superficial.

Aunque no siempre ha sido así. Si hubiésemos paseado por aquí alrededor de 2003, en mitad de la nada, habríamos encontrado un agujero. Pero no un agujero cualquiera, sino uno perfectamente cilíndrico, sobrenaturalmente geométrico; un orificio de apenas 11 centímetros de ancho, y de 3085 metros de profundidad. En mitad de este desierto ártico, habríamos tropezado con un boquete que llegaba con exactitud matemática hasta el fondo del hielo, hasta el mismísimo suelo de roca y tierra.

Este agujero tiene nombre propio: es el conocido como NGRIP2 y está hecho, evidentemente, por el ser humano. Porque este lugar está completamente deshabitado ahora, pero aquí, entre 1998 y 2003, hubo instalados una perforadora, una cabaña y un equipo de trabajadores. Y durante casi un lustro, su principal propósito no fue otro que realizar un agujero que atravesase el hielo.

«¿Y qué carajo buscaban perforando el hielo?», se preguntarán. Lo más evidente es pensar que el interés de este grupo estaba puesto en el suelo que se hallaba oculto por esa capa de hielo o en los minerales que podría almacenar; o incluso en el agujero en sí mismo. Nada más lejos de la realidad, lo que les interesaba era el propio hielo. Tanto es así que cada uno de los cilindros de hielo ártico que extrajeron fue conservado en congeladores y transportado a Copenhague; cuidando que no se viesen alterados o que pudiesen llegar a contaminarse. Una vez en Dinamarca, los fragmentaron en pedazos más pequeños, los disolvieron y los estudiaron, uno por uno.

Para entender por qué nadie tendría el más mínimo interés en adentrarse en lo más recóndito de Groenlandia y pasar cinco años extrayendo cilindros de hielo de un glaciar ártico, debemos pensar primero que ese hielo está formado por la nieve que se ha estado depositando durante decenas de miles de años sobre él. Y al depositarse, congelarse y fundirse en una sola esencia con el glaciar, la nieve y el hielo atrapaban consigo una parte de su entorno: las diminutas motas de polvo en suspensión, traídas por las corrientes atlánticas de otros continentes; los componentes del aire, como el CO_2, o los elementos liberados a miles de kilómetros en volcanes, minas y ciudades, transportados por el viento.

Si lo pensamos bien, esto es fascinante: al penetrar en este glaciar y analizar la composición de los diferentes estratos de hielo, se puede determinar, por ejemplo, cómo ha variado el clima durante los últimos cien mil años con una precisión de pocas décadas. Ni tan siquiera es necesario que los eventos que analicemos sean masivos, como la erupción de un volcán; también los más modestos están aquí grabados, como la expansión del pueblo fenicio alrededor del año 1000 a. e. c. o la peste bubónica del siglo XIV, sin ir más lejos. Y para leer estos eventos en el hielo tan solo es necesario encontrar el testigo adecuado, el elemento capaz de revelar la historia humana. Lo estarán adivinando: ese elemento no es otro que el plomo.

En 2015, el equipo del profesor Jørgen Peder Steffensen, del Instituto Bohr de Copenhague (el mismo en el que setenta y pico años atrás Bohr y Hevesy disolvieron los Premios Nobel para evitar el expolio nazi), se puso a analizar la concentración de plomo en cada una de las láminas en las que cortaron los cilindros de hielo ártico, y observaron que la correlación con los grandes acontecimientos de la historia humana (al menos de la europea) era prácticamente exacta. Las grandes expansiones de las civilizaciones, los cambios en los sistemas económicos, las crisis y las plagas que nos asolaron; pero también las épocas de prosperidad, las de paz entre guerras, las revoluciones políticas y las industriales. Todo ello había dejado una huella en el hielo, una marca con nombre propio: plomo. Y es que en todos estos cambios el plomo se había visto involucrado de un modo u otro.[39]

Primero, a través de la producción de metales preciosos. Como hemos visto, en la Antigüedad la fundición del plomo estaba inevitablemente ligada a la obtención de plata. Por lo tanto, si tomamos el hielo que se formó en este periodo antiguo y medimos cuánto plomo se depositó cada año, podremos estudiar su economía: cuando haya una concentración alta de plomo se corresponderá con una época de pujanza económica, al tiempo que bajos niveles del metal estarán relacionados con crisis o guerras.

Dicho y hecho. Ahí tenemos, por ejemplo, los picos y los valles en la concentración de plomo del hielo formado entre los años 17 a. e. c. y el 195 d. e. c., coincidiendo con las épocas de paz y de guerra del Imperio romano; los máximos del 740 al 814, época en que Pipino I, rey de los francos, y su hijo, Carlomagno, aumentaron la producción de plata para acuñar monedas, o el hundimiento de los niveles de plomo de los siglos xiv y xv, asociados a la expansión de la peste negra por Europa, al fallecimiento de un tercio de la población y a la consecuente reducción de producción y demanda de metales.

Más tarde, el plomo pasaría a ser usado en la industria, de forma que aquí la relación entre la cantidad de plomo y la economía es todavía mayor. De nuevo, si analizamos el hielo que se formó en esta época, podremos ver claramente las crisis políticas y/o las revoluciones en Francia, Alemania o Italia de 1848 y la correspondiente escasez de plomo; el inicio de la revolución industrial y el auge de la concentración plúmbea, o las depresiones en el plomo asociadas al estallido de la Primera Guerra Mundial, la pande-

---

39 Probablemente se estén preguntando cómo es posible que el plomo del río Tinto, por ejemplo, llegase a Groenlandia. Sencillo, porque con la extracción de plomo de las minas, y especialmente con su fundición en los hornos, parte del plomo pasa al ambiente. Así, cuanta mayor sea la fundición de plomo y su utilización, mayor será su concentración en el aire, más fácil su transporte a través de las corrientes atlánticas y más probable que se deposite sobre el suelo de Groenlandia.

mia de gripe de 1918, la Gran Depresión de 1929 o la Segunda Guerra Mundial. Y, por último, las dos grandes variaciones: el uso de plomo en la gasolina, que a finales de la década de 1940 genera un enorme pico, y su prohibición en 1972, cuando cae en picado.

Como ven, el libro de historia más extenso y preciso de cuantos existan no está escrito en papel, sino en hielo, y su tinta no es otra que el mismo metal con el que enterramos a los reyes y protegimos los templos: el plomo. Y es que penetrar en las profundidades del hielo groenlandés de la mano de este metal equivale a viajar en el tiempo, a tocar con las manos nuestro propio pasado; a leer un registro contable con miles de años de antigüedad.

Es apreciable la ironía de que el elemento que estuviese dejando testimonio de nuestra propia realidad, de los vaivenes de nuestra sociedad, de nuestros triunfos y fracasos, fuese el que estábamos usando al mismo tiempo para retratar nuestra psicología, el que eligiésemos para dar forma a nuestros miedos y fantasías a través de los pinceles de Goya, de Velázquez o de Monet.

En cualquier caso, no debemos olvidar que este es un testimonio frágil, un rastro que nosotros mismos nos estamos encargando de borrar. Nos encontramos inmersos en un cambio climático que tiene pocas luces de poder ser revertido. Una transformación medioambiental que cambiará el mundo tal y como lo conocemos, que amenaza el modo de vida de nuestra sociedad e incluso nuestra existencia misma. Una transformación simbolizada por la destrucción de los glaciares árticos.

Es por ello por lo que ese inmenso glaciar derritiéndose representa, por último, un símbolo. Nuestro futuro está ligado a su hielo de la misma forma que lo está el registro de nuestro pasado. Su destrucción conlleva el borrado de nuestra historia, al tiempo que reduce las posibilidades de disfrutar de un mañana.

Con cada gota que Groenlandia derrama al océano, un instante del pasado se borra, al tiempo que un minuto de nuestro futuro deja de existir.

CAPÍTULO V

SOBRE EL ESTAÑO, LOS MINERALES Y LA POLÍTICA

O cómo enriquecerse a base de piedras

FUEGO, BALAS Y POLVO EN SUSPENSIÓN

El ejército ha tomado las calles. La ciudad es hoy un desierto vigilado, un páramo atravesado fugazmente por sirenas y hombres armados. El desconcierto es su único y verdadero dueño. Hoy es 11 de septiembre.

En el corazón de la capital americana, caen las bombas sobre el palacio presidencial. El olor a pólvora y fuego se mezcla ahora con el de la sangre, la muerte y el miedo que impregna el ambiente desde primera hora de la mañana; lo trae consigo el viento del mar como un testimonio de lo que es y una promesa de lo que vendrá. Dentro del palacio, su legítimo ocupante, el presidente constitucional de la nación, resiste en el segundo piso rodeado de quienes todavía le son fieles allí dentro. Estamos en Santiago de Chile, es 1973; corre el último día de la vida de Salvador Allende.

El golpe de Estado había empezado esa misma madrugada, cuando las tropas acuarteladas en Valparaíso se desplegaron por la ciudad y tomaron sus calles. El golpe escaló rápidamente. Escasos 120 km separan a Santiago de Chile de Valparaíso, pero, aun así, ir de una ciudad a otra es tanto como atravesar medio país. A los tanques y a la infantería rebelde no les costó llegar al corazón de la capital: pronto, a las 10:15 h de la mañana abren fuego contra el palacio de La Moneda, sede presidencial de Chile; a las dos y media de la tarde entran en él para tomarlo por la fuerza. A estas alturas está claro que la nación, su gobierno y la democracia se han perdido al oeste de los Andes.

«Bajen en fila india, que yo bajaré el último». Nunca lo hará. En vez de eso, Allende entra en la sala Independencia del palacio y se sienta en el sofá. Deja a su lado el arma con la que ha combatido durante más de cuatro horas a los asaltantes, un AKMS, una variante del AK-47 un poco más corta y menos pesada.[40] El arma está caliente, pero todavía le queda una bala por disparar. Ya nada se puede hacer, el golpe ha triunfado. El pueblo se está levantando en varios puntos de Chile, rebelde ante los militares que lo reprimen y reparten la muerte por el país. Todos ellos serán silenciados, como tantos mineros, campesinas, cantautores e intelectuales. Con la muerte de Salvador Allende se iniciará la dictadura del general fascista Augusto Pinochet; una dictadura que se llevará por delante más de tres mil vidas humanas (oficiales) y diecisiete años de la vida de un país. Aunque no conoce el futuro, Allende lo intuye. No lo verá. El todavía presidente se coloca el fusil entre las piernas, apoya el cañón bajo su mentón, y entre el ruido sordo que llega de la calle, acciona el mecanismo que acaba con su vida.

Salen los fieles y entran los rebeldes. A las 14:48 h, el vicealmirante Carvajal llama a Pinochet para informarlo sobre el desenlace del asalto. Lo hace en inglés, «por si hay interferencias».

* * *

10 de noviembre de 2019. El jefe del Estado Mayor de Bolivia Williams Kaliman reúne a la prensa. Rodeado de uniformados y en directo a través de la televisión, «sugiere» al presidente

---

40   Se suele decir que el arma que usó Allende fue el AK-47 que le regaló Fidel Castro en 1971. Pese a lo oportuno de la anécdota, no parece ser ese el caso, a tenor por lo mostrado por el investigador Hermes H. Benítez en su libro *Las muertes de Salvador Allende: una investigación crítica*.

Evo Morales que dimita y abandone el poder. La intención oficial es «pacificar el país». Anteceden a este momento la acusación de amaño en las elecciones presidenciales, los disturbios en las calles y la pérdida de confianza de la nación; lo suceden la renuncia en masa del Gobierno, los disparos con munición real contra los manifestantes, y el encarcelamiento en masa de periodistas y exdirigentes políticos. Conocedor de que han puesto precio a su cabeza, Morales huye del país y se refugia en México, donde el Gobierno de López Obrador le concede asilo político.

El golpe es fructífero, esta vez sin bombardeos. Jeanine Áñez deviene la primera dictadora de la historia sudamericana, aunque su gobierno no llega a cumplir el año: en enero de 2020 convocan elecciones, en marzo las posponen y en octubre las pierden.[41] Entre medias, las masacres de Sacaba y Senkata, gestos simbólicos de perfil ultracatólico y un intento de desnacionalización.

* * *

Arlit es una población nigerina situada en mitad de la nada, allí donde muere el Sáhara y nace el Sahel. El desierto es la única constante en este lugar.

Novecientos kilómetros separan a esta localidad de Niamey, la capital de Níger, que se convierten en mil doscientos si se realiza el recorrido por carretera. En nuestro camino hacia el noroeste, conforme avanzamos desde la capital a la provincia y nos adentramos en el desierto, solo veremos la yerma cordillera de Aïr a nuestra derecha, la tierra seca a nuestro alrededor, y alguna que otra aldea en la lejanía. Un páramo ingente rodea a Arlit y Akokan, su ciudad hermana; entre las dos reúnen algo menos de ochenta mil habitantes (lo cual ya es todo un logro, visto el entorno). Y aun así este lugar dispone de un aeropuerto, un aeródromo y un destacamento permanente del ejército francés.

---

41   El motivo del retraso, en este caso, está justificado: el 22 de marzo de aquel año Bolivia se confina para evitar la propagación del virus COVID-19.

3 de febrero de 2013. Las tropas galas emplazadas en Arlit reciben refuerzos; al mismo tiempo, a unos seiscientos km al oeste de su posición, aviones con su misma bandera tricolor bombardean el desierto de Mali. Tratan de evitar el avance de Al-Qaeda atacando sus campos de entrenamiento y las ciudades de Gao y Kidal, donde se han hecho fuertes. La intervención se hace con el beneplácito de Bamako, ante su impotencia por controlar un noreste desértico e ingobernable.

Mientras las bombas caen en Mali, una nube de polvo amarillo enturbia el ambiente de Arlit; es este polvo en suspensión el verdadero motivo por el que el ejército francés defiende el lugar. Pese a estar rodeados de tierra árida, no es ella la causante de esa nube que empaña día y noche el aire de Arlit, sino las detonaciones que abren la tierra en dos. En Mali, estas explosiones vienen del cielo, aquí lo hacen del interior mismo de la tierra, de las bombas que se entierran bajo el suelo para desgarrarlo y tomar de él lo que esconde. En su camino, parte de esta tierra pasa a la atmósfera y ahí se mantiene por días y semanas, generando una nube de polvo amarillo; un polvo que no es otra cosa que óxido de uranio. Es polvo radiactivo. Todo a nuestro alrededor lo es.

* * *

Chile, Bolivia y Níger. Golpes de Estado, amenazas castrenses y militares en las calles; el ejército como un agente político más. No cuesta mucho encontrar elementos comunes a estas tres historias.

El primero y más evidente es la participación, directa o indirecta, de una potencia extranjera en un tercer país. Esto, habitualmente, se suele traducir en que un país de los llamados del primer mundo «comparte su opinión» con uno del tercero sobre los asuntos que en principio solo le deberían de atañer a este último (por lo que sea, las injerencias en sentido contrario son más difíciles de ver). En la primera historia hay una participación directa y demostrada de la Administración Nixon y la inteligencia americana, quienes financiaron, organizaron y apoyaron logísticamente el golpe; en el segundo caso, de la Organización de los Estados

Americanos, el hombre de paja de Washington en Sudamérica, quien validó el fraude electoral de Morales que dio aire a los disturbios; en el tercero, de Francia.

Un elemento menos evidente a simple vista, aunque más intuitivo, es el interés económico. En el mundo real no hay buenos y malos, la maldad no es consustancial a ningún país, de la misma forma que no lo son el altruismo o la piedad. Todos ellos actúan motivados por intereses que, en su gran mayoría, tienen más que ver con el materialismo y la economía que con las siete virtudes; ello no quita que esas motivaciones sean más o menos legítimas ni que las vías para alcanzarlas gocen de una mayor o una menor catadura moral. En otras palabras, está claro que, si se producen los conflictos descritos, es porque afectaban de alguna forma a las cuentas (reales o previstas) de una entidad o país, S. A. o S. L., tanto da, y al final es eso lo que importa.

El tercer elemento subyacente a los tres casos descritos es un poco más desconocido que los dos anteriores, aunque está estrechamente vinculado con el que acabamos de ver. El polvo amarillo nigerino nos da la pista. Tras todos estos casos hay metales de por medio.

Chile tiene algunos de los yacimientos de cobre más importantes del mundo. Hasta 1971, y desde principios del siglo XX, dos compañías poseían el usufructo casi en exclusiva de las minas: Kennecott Copper Company y Anaconda Copper; ambas, con titularidad norteamericana. Con su entrada en el Gobierno, Allende nacionalizó el cobre del país, convirtiendo al Estado en el propietario de sus propias riquezas naturales. Evidentemente, en pro de la competitividad estadounidense, esa nacionalización debía revertirse.

Bolivia, por su parte, dispone de la mayor reserva de litio del mundo, ateniendo a los informes del servicio geológico de Estados Unidos; le siguen Argentina y Chile. Un gobierno con la mano suelta con las nacionalizaciones no parece del mayor de los intereses para las empresas y los países necesitados de baterías eléctricas, ya sirvan estas para alimentar a los vehículos eléctricos o para almacenar los excedentes de las placas solares que instalamos en el techo de nuestra vivienda. Máxime cuando hay en ciernes una transición ecológica y la creación de un mundo dominado (todavía más) por las baterías.

Francia necesita uranio, a Níger «le sobra»; el hecho de que uno y otro sean antiguas metrópoli y colonia son un detalle menor que no debemos tener en cuenta. Más del 70 % de la energía que consume el primer país tiene su origen en sus centrales nucleares, el problema es que Francia no tiene combustible con el que alimentarlas: debe ser importado en su totalidad. Y uno de sus principales proveedores es, lo podemos adivinar, Níger. Este país exportó, solo en 2021, 2248 toneladas de uranio a todo el mundo, siendo uno de sus principales destinatarios el país galo, para el que estas importaciones suponen un 30 % del total.[42] Garantizar, por tanto, la seguridad de este país y de sus minas es una prioridad de primer orden para Francia: su industria y la electricidad de la nación dependen por entero de ellas (de nuevo, que los propietarios de estas minas sean empresas galas, como Orano, es una mera casualidad).

Fotografía de 1916 de un trabajador de El Teniente (Chile), la mina de cobre subterránea más grande de cuantas se conocen.

---

42 Por cierto, el segundo proveedor en 2022 en número de toneladas fue Rusia, pese a las sanciones vigentes y la guerra con Ucrania.

Los recursos naturales han sido una de las principales motivaciones para el ser humano a la hora de iniciar un conflicto, sea del tipo que fuere: bélico, diplomático o de lindes. Según el Programa de las Naciones Unidas para el Medio Ambiente, alrededor del 40 % de los conflictos entre países ocurridos en las últimas seis décadas están estrechamente relacionados con estos bienes. Es más, cuando están de por medio, el riesgo de reactivación del conflicto dentro de los siguientes cinco años se duplica.

Esta afirmación es igual de válida para los conflictos actuales como para los del pasado, podríamos retroceder hasta la prehistoria y continuaría igual de vigente. La disputa por los recursos que podemos extraer de la naturaleza, bien se trate de madera, de oro, de petróleo, de tierras fértiles o de agua; es una constante en la historia humana. Es de esperar además que estas disputas se reaviven con el avance del cambio climático, ya que la mayor incidencia de incendios y sequías o los cambios en los patrones de lluvia que está portando consigo complicará el acceso a las fuentes de alimentación y a los recursos hídricos para amplias regiones del planeta.

Evidentemente, los metales o los minerales de los cuales extraerlos siempre se han encontrado entre los recursos naturales más codiciados y disputados, no hay nada nuevo en esta afirmación. En capítulos anteriores hemos visto buena muestra de ello con el oro o la plata. Estos son, en cualquier caso, los ejemplos más evidentes; reincidir sobre ello sería ir a lo fácil. Asimismo, al inicio de este mismo capítulo hemos visto conflictos motivados en parte por el derecho de explotación de metales que suelen estar menos en el foco, como son el cobre, el litio y el uranio; pero que tampoco llegan a ser completos desconocidos. Eso sí, debemos tener en cuenta que los casos que hemos visto no se limitan a una disputa por este o aquel metal. Nada en la vida es tan sencillo. El contexto tras los acontecimientos descritos es mucho más complejo e implica luchas por limitar el área de influencia de una potencia rival, como es el caso de la URSS y Chile, por ejemplo. En cualquier caso, los acontecimientos aquí mostrados son buena muestra de hasta qué punto los metales han sido importantes para la política internacional, la economía y el desarrollo de las naciones.

Ahora bien, ni las disputas por los metales son cosa del pasado, ni implican necesariamente golpes de Estado o grandes intervenciones militares. Estos conflictos son con frecuencia mucho menos llamativos, extremadamente más sutiles, pero igual de feroces, y, quizás lo más importante, llegan a la puerta de nuestra casa y determinan nuestro día a día.

ALTA TECNOLOGÍA CON NOMBRE DE OCTOGENARIO

Puede que los términos *praseodimio, gadolinio* o *disprosio* le suenen más al nombre de un habitante de avanzada edad de la «España vaciada» que a cualquier otra cosa. Es posible, en cambio, que el sintagma «tierras raras» les resulte más familiar, al menos las palabras que lo forman no parecen que las acabemos de inventar. De no ser el caso, no se preocupen, es completamente normal que no les venga nada a la cabeza al oír esos palabros; pero la cuestión es que, aun desconociéndolos por completo e ignorando su mera existencia, pertenecen a metales que forman parte de nuestro día a día y que usamos sin parar, especialmente en el evacuatorio, en el metro o en el sofá después de cenar. Son metales sin los cuales la tecnología actual no puede funcionar, y, entre ella, nuestros queridos *smartphones*.

Se conoce por «tierras raras» al conjunto de quince metales que forman la serie de los lantánidos, un grupúsculo de elementos arrinconados al fondo de la tabla periódica, a cada cual con un nombre más extraño, como acabamos de ver. A estos elementos se les suelen unir el escandio y el itrio, que, pese a no ser estrictamente tierras raras, sí que comparten con ellas muchas de sus propiedades. Porque ese es el elemento clave de toda esta historia: las extraordinarias propiedades de estos elementos, especialmente aquellas electrónicas y magnéticas, que los hacen casi insustituibles.

No hay mejor ejemplo para ilustrar la fruición con la que explotamos a las tierras raras que un teléfono inteligente. Su pantalla, por ejemplo, contiene una finísima capa de óxido de indio que, gracias a su elevada conductividad y transparencia, la convierte en táctil. El color y la iluminación que muestra cuando la encendemos, por contra, es responsabilidad del europio, del disprosio y del lantano, entre otros. Que el teléfono vibre al recibir una notificación implica hacer trabajar al terbio, mientras que funcionen los altavoces o los micrófonos son responsabilidad del neodimio, del praseodimio y del gadolinio. No es que estos elementos sean útiles para estas funciones, es que sin ellos no se podrían llevar a cabo, o al menos no tal y como las conocemos.

Tabla periódica de los elementos. Remarcadas, las llamadas «tierras raras».

Para reducir al máximo el espesor de un dispositivo electrónico debemos miniaturizar al extremo cada uno de sus componentes. Sus altavoces son un magnífico ejemplo. Un altavoz es fundamentalmente un imán pegado a una membrana. Cuando apretamos el triángulo de reproducción en Spotify, nuestro dispositivo envía una serie de señales eléctricas al imán que lo hacen moverse y vibrar; al estar pegados, esta oscilación se traslada a la membrana, que empieza también a vibrar por pura empatía. El movimiento de la membrana produce un sonido que es, *grosso modo*, el que nosotros acabamos oyendo. Ahora bien, para que toda esa maquinaria quepa en el interior de un teléfono, el imán tiene que estar hecho con un material con unas elevadas propiedades magnéticas de tal modo que, por pequeño que sea, pueda cumplir su función. Y ese material no es otro que una aleación de neodimio.

Lo más interesante es que las aplicaciones de las tierras raras no se quedan en los dispositivos electrónicos. Por continuar con el neodimio: sus altas capacidades magnéticas hacen que podamos usarlo para producir imanes de una potencia inalcanzable por medio de ningún otro elemento, metálico o no metálico. Esto es muy útil para fabricar altavoces en miniatura u otros con una fidelidad y una precisión indistinguibles para nuestros oídos, pero también es ideal para construir sistemas necesitados de imanes cuanto más potentes mejor, como son las turbinas de los aerogeneradores, los motores de los vehículos eléctricos (coches, autobuses, trenes…) o los equipos de resonancia magnética de los hospitales. Es por todo ello por lo que las tierras raras están omnipresentes en nuestra sociedad, principalmente a través de nuestros dispositivos electrónicos, pero también en los sistemas de producción de energía verde o en los medios de transporte que usamos a diario.

Elementos «raros», pero de uso extensivo e indispensables para la mayoría de las sociedades actuales; no hace falta reflexionar mucho para darse cuenta de que este es el cóctel perfecto para que se dé un conflicto internacional. No habremos errado demasiado en nuestras conclusiones.

Aunque su nombre engaña: las tierras raras no son tan escasas como su apellido parece sugerir. De hecho, estos metales no son elementos especialmente difíciles de hallar en la naturaleza, no son unicornios de cinco patas, sino que en realidad se pueden encontrar con relativa frecuencia por todo el mundo. La consideración de «raras» viene dada por la forma en la que se suelen hallar: en bajísimas concentraciones y mezcladas con muchísimos otros elementos. La dificultad con las tierras raras radica, por tanto, en disponer de menas donde encontrarlas en abundancia y en un estado más o menos puro.

Tan solo hay unos pocos lugares en el mundo que reúnan estas condiciones, y aun en ellos, estos metales se encuentran en una baja concentración. Esto obliga a tratar decenas de toneladas de tierra para obtener unos pocos gramos de tierras raras. Pero es que en realidad este producto que obtendremos ni tan siquiera corresponderá a un solo metal puro, sino a una amalgama de multitud de ellos. Esta mezcla deberá por tanto purificarse para separar las diferentes tierras raras entre sí, con la dificultad añadida de que las propiedades químicas de estos elementos son muy similares entre ellas, de modo que separarlos es una tarea que no tiene nada de trivial (lo que se traduce en que es económicamente muy costosa). Debido a todo ello, hasta hace poco la extracción, purificación y producción de estos metales se concentraba, siendo generosos, en unos pocos países, y siendo precisos, en uno solo: la República Popular de China fue hasta 2017 la titular de entre el 80 y el 90 % de la producción mundial de tierras raras, e incluso hoy en día todavía produce alrededor del 56 % del total. Es más, por las plantas de procesamiento chinas continúan pasando el 90 % de las tierras raras a refinar, unas «tierras» de las que dependen el resto de las economías.

Parque Nacional de Minas de Metales Raras de Xinjiang (China).

No es de extrañar, por tanto, que las principales potencias del mundo busquen frenéticamente yacimientos de tierras raras en su propio territorio o en el de un aliado: a nadie le gusta que su prosperidad dependa precisamente de aquel con quien compites. Y para ello están invirtiendo auténticas fortunas. Canadá, por ejemplo, presupuestó en 2022 3800 millones de dólares canadienses para el desarrollo de su «Estrategia de minerales críticos», que consiste, fundamentalmente, en explorar su extenso territorio, analizar dónde podría haber menas, determinar su concentración y pureza y, en el caso de que sea viable, desarrollar toda la industria de extracción y purificación necesaria. Lo mismo sucede con los Estados Unidos, quienes disponen en su territorio de una sola mina en activo, la Mountain Pass, situada en California; aunque tan impuros salen los productos y tan agotadas están las menas que su futuro es cada vez más incierto. Lo irónico del asunto es que, para abaratar costes, los americanos envían las menas a China para que sea allí donde se purifiquen. Es por ello por lo que este país está intentando firmar tratados de colaboración con terceros países para invertir en sus minas y aprovechar sus recursos, de entre los cuales Australia es uno de los más destacados.

La Unión Europea, por su parte, también tiene en marcha varios proyectos para limitar su dependencia de las tierras raras chinas. El caso de Europa es especialmente grave, pues, pese a estar inmersa en una transformación hacia una economía «sostenible y digital», donde tanto una característica como la otra basan su funcionamiento en las tierras raras, ni dispone de yacimientos de donde extraerlas ni prácticamente de plantas donde procesarlas. Tanto es así que la Unión Europea importa cerca del 98 % de las «tierras» que consume, con lo que es absolutamente dependiente de terceros países.

Las autoridades europeas son bien conscientes de este problema. Así se pronunciaba la presidenta de la Comisión Europea, Ursula Von der Leyen, en su discurso sobre el Estado de la Unión a finales de 2022:

> Independientemente de si hablamos de chips a medida para la realidad virtual o de células de almacenamiento para instalaciones solares, el acceso a las materias primas es decisivo para el éxito de

nuestra transformación [...]. El litio y las tierras raras pronto serán más importantes que el petróleo y el gas. Solo nuestra demanda de tierras raras se multiplicará por cinco de aquí a 2030.

El reto por delante está claro: «Debemos evitar caer de nuevo en una situación de dependencia, como en el caso del petróleo y del gas». Es por ello por lo que están en marcha varios planes que incluyen la «ley europea de materias primas fundamentales», la explotación de los yacimientos de la Suecia septentrional, la exploración de potenciales menas, como las detectadas en las islas Canarias, o el reciclado de los dispositivos electrónicos desechados, aunque por el momento los altos costes asociados a este reaprovechamiento parecen hacerlo inviable.

La partida está en marcha. Quien controle las tierras raras dispondrá de una ventaja más que considerable durante los próximos años sobre el resto de las potencias. Pero hoy en día la partida no se está jugando ni en China, ni en Australia, ni mucho menos en los Estados Unidos; ni tan siquiera se juega en aquellos colosos que no hemos mencionado y que disponen de reservas nada desdeñables, como son Rusia, Brasil y Turquía. Hoy todas las miradas están puestas en el desierto, en un desierto helado, en realidad; hoy la partida se juega en Groenlandia.

Bajo el suelo de esta isla del ártico se encuentran los mayores yacimientos de tierras raras por explotar del planeta, territorio virgen para quien lo tome. La cuestión es que no es tan fácil de tomar, pues sobre ese suelo viven sus dueños y, a decir verdad, no parece que estén muy por la labor.

Como ya vimos en el capítulo anterior, Groenlandia abarca una superficie ingente que en su inmensa mayoría se encuentra despoblada. Es la segunda mayor isla del planeta, solo por detrás de Australia, al disponer de una superficie total de 2 522 000 km², el 80 % de los cuales están cubiertos por hielo.[43] Eso es tanto como la suma del área de los seis mayores países de la Unión Europea:

---

43 Puede que en el momento de lectura de estas líneas el tiempo más adecuado para el verbo «estar» sea el pretérito imperfecto. Disculpe el lector el desfase en la conjugación.

Francia, España, Suecia, Alemania, Finlandia y Polonia; solo que con un 0.0002 % de su población. En todo el territorio groenlandés viven menos de 60 000 personas, el 30 % de las cuales lo hace en su capital, Nuuk, una ciudad con 18 000 vecinos. Para hacernos una idea del nivel de despoblación tan solo hace falta saber que en esta inmensa isla solamente hay cuatro ciudades con más de 3000 habitantes: Nuuk, Sisimiut, Ilulissat y Qaqortoq, y la última de ellas, por los pelos. Pues bien, sobre estos pocos y dispersos ciudadanos recaen las presiones de las mayores naciones del mundo.

Todas las potencias quieren desembarcar en estas tierras. Algunas, para mantener su hegemonía, como China, y otras, para poner un pie en el mundo de las tierras raras y ganar independencia, como la Unión Europea. Contra ellas, la resistencia de un pueblo que no tiene el menor interés en destrozar su entorno. El caso paradigmático lo encarna la población de Narsaq.

Este es un pequeño pueblo de apenas 1700 habitantes situado en la costa sur de la isla. La suya es la icónica imagen de pueblo del ártico: un puñado de casas de madera, pintadas con vivos colores y techadas con cartón asfaltado; en este lugar, la pesca es la industria principal. A sus espaldas, unas cumbres sin árboles ni apenas vegetación dominan el paisaje y, desde hace unos años, las preocupaciones y las conversaciones de los habitantes de Narsaq. En su interior, estas cumbres albergan los que quizás son los yacimientos más ricos en tierras raras del mundo. Sobre ellos puso la mirada en la década de los 2000 Greenland Minerals, una empresa australiana de minería cuyo accionista mayoritario es una empresa china cercana al Gobierno de Beijing.

Al empezar a explotar el yacimiento de Narsaq, las promesas de Greenland Minerals fueron puestos de trabajo y suculentos ingresos en forma de impuestos; la contraprestación era excavar una mina a cielo abierto con explosivos, destruyendo el entorno y liberando al ambiente ingentes cantidades de un polvo amarillo..., ese mismo polvo que cubre los tejados de Arlit en Níger. Junto a las tierras raras, este yacimiento alberga ricas menas de uranio que por acción de la minería pasan al medio ambiente, intoxicándolo. Frente a Greenland Minerals y su actividad se alzó la aldea de Narsaq, liderada por Mariane Paviasen, la que hasta el momento era la gerente del helipuerto del lugar.[44] Poco después se les unió el país al completo.

Este conflicto, aparentemente aislado y menor, acabó creciendo hasta estallarle al Gobierno en la cara. La lucha de estos vecinos, el debate que despertó por toda la isla y el trasfondo que encierra acabaron haciendo caer al Gobierno groenlandés en 2021, forzar la convocatoria de elecciones y hacérselas perder al partido que había gobernado la isla de forma prácticamente ininterrumpida desde que ganase su autonomía de Dinamarca en 1979. El partido vencedor, el independentista Inuit Ataqatigiit, se convirtió en el partido mayoritario en aquellos comicios con una propuesta verde y antiminera. Ese mismo año, ya en el Gobierno, prohibieron la extracción de uranio del suelo, con lo que la mina de Narsaq tuvo que cerrar.

Instalaciones mineras abandonadas en la parte occidental de Groenlandia.

---

44 Una de las pocas formas de llegar a esta aldea es en helicóptero.

Pero, aunque esta historia acaba bien para los habitantes de Narsaq (al menos por el momento), los buitres no dejan de sobrevolar Groenlandia. La minera británica Anglo American ha comprado extensas zonas del litoral groenlandés donde según sus estimaciones puede encontrar ricos yacimientos de minerales. Por otro lado, KoBold Metals, una *start-up* californiana respaldada por millonarios como Jeff Bezos y Bill Gates, rastrea la isla haciendo uso de la inteligencia artificial para identificar depósitos de tierras raras. Los Estados Unidos, por su parte, no paran de reforzar su presencia diplomática en la isla, abriendo un consulado en su capital, reuniéndose solícitamente con su gobierno o ayudando a este territorio en áreas como el comercio y la educación. Tal es el interés de este país por la isla que en 2019 el todavía presidente en activo Donald Trump llegó incluso a proponer su compra, emulando lo que ya hicieran en 1803 con Luisiana o en 1867 con Alaska. Vemos, pues, que, tras lo que parece una idea desquiciada, hay una serie de motivos bien fundamentados.

El futuro de la isla es incierto, de las pocas cosas claras que hay es que los metales están en el centro del debate. Por una parte, con el calentamiento global amplias capas de hielo desaparecen del suelo de la isla, permitiendo su prospección, con lo que están apareciendo cada vez más depósitos ricos en petróleo, gas y minerales. Además, una parte importante de los groenlandeses ven sus yacimientos como una forma de ganar la independencia frente a Dinamarca, de quien dependen tanto orgánica como económicamente.[45] A todo ello hay que sumar que la necesidad creciente de minerales con fines tecnológicos, entre ellos las tierras raras, así como el agotamiento de los yacimientos actuales solo harán aumentar la presión sobre Groenlandia, el Gobierno y sus habitantes.

Frente a todo ello, la resistencia de un pueblo a perder su modo de vida y a ver destruido su medioambiente, uno que además sufre como pocos las consecuencias del cambio climático.

---

45 El país europeo les transfiere una subvención anual de 3900 millones de coronas danesas, unos 522 millones de euros.

NON TERRAE PLUS ULTRA

Hasta el momento hemos visto cómo los metales son protagonistas de primer orden en la geopolítica mundial, cómo metales comunes como el cobre y el litio, u otros más extraños como las tierras raras, son recursos estratégicos para las naciones y, por tanto, uno más de los motivos detrás de los conflictos y las tensiones que las enfrentan. Pero, a todo esto, ¿dónde queda el estaño? ¿No era este su capítulo?

No se ha mencionado todavía porque, antes de bajar a los abismos de la humanidad, primero debemos conocer sus pecados. Porque en presencia del estaño, los golpes de Estado, las dictaduras y los asesinatos en masa se quedan en eso, en simples travesuras. Conocer a este metal implica conocer algunos de los peores crímenes de la humanidad. Hablemos, pues, del estaño.

La historia empieza bien, tranquila: el estaño no es sinónimo de muerte y esclavitud desde siempre. Hubo una época en que este metal fue equivalente a desarrollo y progreso. De hecho, el estaño fue uno de los responsables que permitieron que la humanidad diese uno de sus grandes saltos hacia adelante, el paso de la Edad del Cobre a la del Bronce.

Ya lo hemos visto, sobre el 3300 a. e. c., los herreros prehistóricos se dieron cuenta de que, si fundían cobre a partir de «esta roca de aquí» en lugar de «aquella que hay allá», el metal resultante era más duro, reducía su temperatura de fusión y su fundición era más sencilla. Lo que sucedía era que el nuevo mineral era una mezcla de dos, uno de los cuales contenía cobre, y el otro, estaño, con lo que el metal producido no era cobre, sino bronce. Así, con el tiempo empezaron a reproducir este proceso, lo que se empezó a dar de forma fortuita, se acabó produciendo intencionadamente.

Todo esto trajo enormes consecuencias, ya no solo desde el punto de vista tecnológico, sino también desde el social y el cultural, producto de un aumento del comercio. No hay nada nuevo en estas líneas, ya lo hemos visto en el capítulo del cobre. Ahora bien, es normal que haya aquí algo que no acabe de cuadrar, ¿cómo puede un aumento del comercio entre pueblos producir cambios tan bruscos en sus sociedades? ¿Es que las culturas que coexistían en Próximo Oriente no tenían contacto entre sí?

Parece extraño pensar que los pueblos, que desde milenios atrás ocupaban territorios separados por unos pocos cientos de kilómetros, no mantuviesen un comercio o un intercambio cultural de algún tipo, por pequeño y puntual que fuese. Evidentemente, no es este el caso. Cuando se habla del estallido del comercio a partir del descubrimiento del bronce, a lo que se hace referencia es a la exploración de un mundo desconocido, a la creación de rutas con los pueblos que habitaban los confines de ese mundo, y a la puesta en marcha de una de las primeras geopolíticas a nivel global.[46]

Cuando un metal se revela como el elemento que te hace estar por encima de tus rivales, su posesión se convierte en un imperativo. Es eso lo que sucede en la actualidad con el litio, el uranio y las tierras raras, y es lo que sucedía en el 3300 a. e. c. con el estaño. Y de igual forma que pasa con los metales estratégicos en la actualidad, los yacimientos donde encontrar los metales usados en la producción del bronce no abundaban en la Antigüedad.

A nivel global, los yacimientos de cobre y de estaño son relativamente escasos y raramente se encuentran unos cerca de los otros. A lo largo de Eurasia el cobre es, de entre los dos, el más abundante, pudiéndose hallar con moderada facilidad en menas en los montes Zagros y en el Cáucaso, esas cordilleras que separan Iraq de Irán y el mar Caspio del Negro, respectivamente; en forma de depósitos en la costa mediterránea de Próximo Oriente y Egipto, y en Chipre, en forma de depósitos de origen volcánico. Pero con el estaño es otro cantar. En términos generales, el estaño es unas treinta veces menos abundante que el cobre en la corteza terrestre, aunque se trata de un promedio: en Próximo Oriente, allí donde se estaba desarrollando por primera vez la metalurgia en general (y la tecnología del bronce en particular), las menas de estaño eran prácticamente inexistentes. Este metal, por tanto, debía importarse, con lo que su adquisición se convirtió en un objetivo militar y económico de primer orden.

---

46 Entendiéndose el «globo» como el conjunto de los territorios conocidos por estos pueblos mediterráneos.

El primer estaño utilizado intensivamente para producir bronce, allá por el III milenio a. e. c., se traía desde la meseta iraní y Asia central. Así fue durante siglos, hasta que una serie de conflictos alteraron el orden político de la zona, cortando el tráfico comercial y, con ello, el flujo de estaño. Detener la producción de bronce no era una posibilidad, por lo que, si el estaño ya no venía de Oriente, se debía de conseguir por el otro lado, por Occidente. Pero el caso es que en época antigua apenas se conocían un puñado de yacimientos de estaño en Europa, y todos ellos se encontraban a miles de kilómetros de los centros urbanos de la Antigüedad: las escasas fuentes de estaño que existían estaban localizadas en Erzgebirge, una zona situada en la frontera entre la actual Alemania y la República Checa; en Galicia, en la Bretaña francesa y en Cornualles (Inglaterra).

Hasta estos remotos lugares zarparon los barcos de los pueblos de Oriente, no con afán conquistador, sino con el objetivo de comerciar y traer de vuelta estos metales preciosos que lo eran no por su belleza, sino por su utilidad. El mar y el océano se llenaron de naves y exploradores, y un reguero de barcos cargados con malaquita, calcopirita y casiterita, los minerales de los que obtener cobre y estaño, inundó el Mediterráneo.

Los señores de este comercio fueron los fenicios. Fue este pueblo, sito en la costa este del Mediterráneo, quien estableció la gran mayoría de las rutas comerciales y el que monopolizó el transporte de estaño desde los yacimientos situados en la lejana Cornualles británica hasta el lugar donde se necesitaba, Próximo Oriente. Un viaje de más de seis mil kilómetros simplemente para fabricar bronce; nos podemos dar cuenta de la importancia de este metal en la Antigüedad tan solo observando los esfuerzos por conseguirlo.

Este viaje en realidad se producía en dos partes, las cuales tenían su nexo de unión en torno al estrecho de Gibraltar. De la primera de las etapas, la que cubría desde la costa oriental del Mediterráneo hasta el punto en el que este se une con el océano Atlántico, se encargaban propiamente los fenicios. Eran ellos quienes poseían el dominio absoluto sobre este paso entre el mar y el océano. Y sabedores de su importancia para mantener el monopolio sobre el lucrativo negocio del comercio de estaño, lo guardaban con celo.

Con este objetivo, los fenicios de Tiro fundaron en la zona una serie de asentamientos en los que abastecerse y mediante los cuales proteger sus rutas. Entre ellos destaca aquel que edificaron en un pequeño archipiélago, clave en el cruce entre mares, y que llamaron «recinto murado» o «Gadir», en fenicio. Es la actual Cádiz.[47] Por si esto fuera poco, los fenicios se encargaron de llenar esta zona de leyendas con las que acobardar a los posibles competidores. Allí «se levantaron» las columnas de Heracles, que marcaban el límite del mundo conocido: *Non terrae plus ultra*, «No hay tierra más allá». Pasado aquel punto, cualquier barco se enfrentaba a un naufragio seguro, presa de la furia del océano.

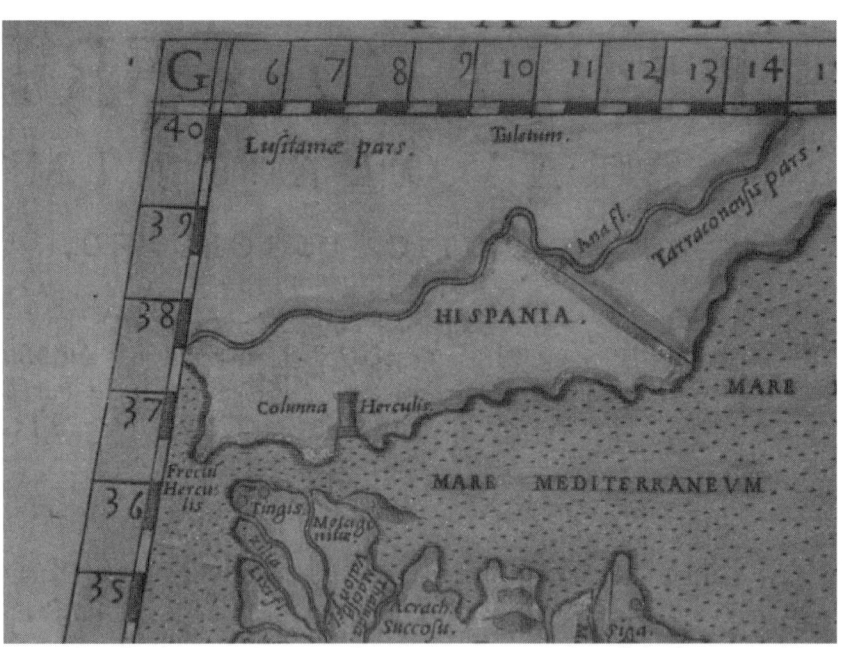

Fragmento de mapa del siglo xvi elaborado por Girolamo Ruscelli. En él se percibe la zona de Gadir marcada con el símbolo de las Columnas de Heracles.

---

47 Ello convierte a esta ciudad en uno de los asentamientos más antiguos de Occidente. De hecho, si hacemos caso a la tradición clásica, la fundación de esta ciudad tiene lugar tan solo ocho décadas después de la guerra de Troya.

Y pese a que esa furia no es ninguna invención, lo cierto es que sí había tierra más allá, e incluso naves con las que llegar a ella. En este punto empezaba la segunda parte de la ruta del estaño. Este trayecto no recaía en los fenicios, ya que ni sus barcos podían resistir el temperamento del océano ni ellos sabían dominarlo (en este extremo, las amenazas de las leyendas eran bastante ciertas). A partir de Cádiz le daban el relevo a los tartesios, un pueblo oriundo de la zona que comprende la actual Cádiz, Sevilla y Huelva, y que los griegos consideraban la primera civilización de Occidente. Solo este pueblo era capaz de surcar el océano embravecido.

Ellos eran, pues, los encargados de sortear el Promontorio Sacro, el punto más occidental del mundo conocido y que en la actualidad se corresponde con el cabo de San Vicente, en Portugal; surcar la peligrosísima costa lusa y llegar a las Casitérides. Las Casitérides, por cierto, no son tanto un lugar como un concepto, y además bastante difuso, pues es como llamaban los griegos a las tierras donde se encontraba el mineral casiterita, que es con el que se produce el estaño. Así, conforme se iban descubriendo nuevos territorios con nuevos yacimientos de casiterita, el lugar al que se correspondía este topónimo mutaba. Es previsible, por tanto, que al principio las Casitérides se refiriesen a Galicia, para después pasar a corresponderse con la Bretaña francesa y por último con Cornualles, el extremo suroeste de la isla de la Gran Bretaña, hoy parte del Reino Unido.

Con el tiempo, los fenicios dieron paso a los griegos, quienes tomaron el relevo en el control marítimo y comercial del Mediterráneo. Durante siglos, el pueblo heleno fue el encargado de la ruta no atlántica del estaño, hasta que también ellos fueron depuestos. Tras la batalla de Alalia, en el año 535 a. e. c., los cartagineses se quedaron con el monopolio del mar, prohibiendo a partir de aquel momento a los griegos navegar libremente por él. Este bloqueo era una forma de minar su poder impidiéndoles acceder a sus colonias de ultramar, además de evitar que accediesen al estaño y que, por tanto, produjesen bronce. De esta forma, no solo debilitaban la economía griega, sino que también hacían lo propio con su ejército.

Tal era la importancia del estaño que, con el fin de esquivar el bloqueo naval cartaginés, los griegos establecieron una ruta a través del continente. Si hoy ya parece una locura, en la época era prácticamente impensable, y, a pesar de ello, tal era la necesidad que acabaron creándola. Donde era posible, el trayecto se realizaba por los ríos y los lagos, surcando el Sena o el Danubio, y donde estos no eran navegables, el camino se hacía por tierra. Con el fin de dar asilo y apoyo a la ruta, a lo largo de la misma se construyeron una serie de fortificaciones y colonias que incrementaron el contacto entre griegos y los pueblos del interior de Europa. Es más, eran los propios «príncipes» de estas zonas los encargados de proteger los tramos terrestres, con lo que la simbiosis entre culturas fue todavía mayor y más estrecha.

Sea come fuere, si a través de las rutas marítimas de los fenicios y los tartesios o si mediante las rutas terrestres a través de los griegos, lo cierto es que los esfuerzos por conseguir estaño pusieron en contacto pueblos no ya separados por unos cientos de kilómetros, sino por miles de ellos, por mares, océanos y cordilleras enteras. Este contacto se produjo además entre pueblos con un desarrollo tecnológico muy desigual, lo que impulsó la diseminación de la cultura del bronce por estos territorios, facilitando y estimulando su entrada en la edad de dicho metal, con todo lo que ello implica (como ya hemos visto en el segundo capítulo del libro); es, de hecho, de esta forma como esta tecnología se diseminó a través de gran parte de Europa.

Es este, por tanto, uno de los primeros casos de conexión entre pueblos a gran escala cuyo principal interés es un metal, además de la prueba de que la necesidad por conseguir estos materiales no siempre ha implicado un conflicto entre naciones o pueblos, como hemos sido testigos en apartados anteriores, sino que también ha llevado a entablar relaciones en que todos salían beneficiados, estimulando el desarrollo de los diferentes pueblos. Ahora bien, no deben entenderse estas líneas como un canto naíf al pacifismo, una loa al sueño de que la buena voluntad de los países puede poner fin a las guerras en el mundo. Las naciones son por lo general sordas a estos cantos, la moral no es un lenguaje que entiendan. Todas las potencias, sea cual sea el tiempo en el que dominaron, ejercen (y ejercieron) la vía comercial o diplomática, siempre y cuando fuese la más ventajosa en términos económicos; pocas veces la voz de la ética se impuso al tintineo de una moneda. Y es que, cuando Maquiavelo las puso por escrito, las «normas del buen príncipe» ya llevaban milenios poniéndose en práctica. Los metales son, simplemente, uno más de los objetos de la política en el peor sentido del término.

En cualquier caso, si debemos quedarnos con una única idea de esta historia, probablemente sea la constatación de que los metales son sujeto activo en la geopolítica del ser humano desde que este entendió su utilidad. En conclusión, sobrepasar los límites del mundo conocido, «negociar» con pueblos que tienen aquello que tú deseas y, de ser necesario, pisar al competidor parece ser tan intrínseco a la naturaleza del ser humano como lo es a la de los metales.

Antiguo puerto fenicio de Byblos, al norte del Líbano, donde se comercializaron objetos de metal a través del mar Mediterráneo a finales de la Edad de Bronce y la Edad de Hierro a principios del año 1900 a. e. c. hasta el 1000 a. e. c.

NO HAY VIDA POR DEBAJO DE LOS 13

Usábamos estaño, sin saber que lo hacíamos. Emprendíamos travesías de miles de kilómetros por el metal, sin saber que lo que buscábamos era un metal.

Pese a utilizarse desde el cuarto milenio antes de la era común en la fabricación de bronce, el estaño no fue usado propiamente como metal hasta alrededor del año 1600 a. e. c. Es decir, durante decenas de centurias utilizamos aquellos minerales de casiterita sin saber que allí dentro, en la estructura íntima de la roca, se escondía un metal. Simplemente, la mezclábamos con los minerales de cobre y generábamos, como resultado, un cobre más duro. Aunque también puede ser que obtuviésemos estaño metálico en algún punto, ya que se puede extraer de los minerales mediante un proceso similar al utilizado con el cobre, pero que sus propiedades físicas no nos pareciesen útiles y lo desechásemos. Esto es, de hecho, bastante factible, porque, a decir verdad, este metal no destaca especialmente por sus características mecánicas.

Todo lo útil que es cuando se combina con cobre para generar bronce lo tiene de patoso cuando está en su forma pura. El estaño es un metal blando, blanquinoso, dúctil y muy maleable. Muchos de nosotros podemos recordar, por ejemplo, los hilos de estaño que usábamos para soldar en las clases de tecnología del instituto y cómo estos se podían doblar con una facilidad impropia de lo que entendíamos por «metal». Así pues, no tiene mucho sentido hacer herramientas con este metal. Es por ello por lo que los usos que se le dieron en la Antigüedad fueron más bien decorativos, en anillos o jarrones, por ejemplo, y muy esporádicos: tampoco es un metal que destaque por su increíble belleza.

La historia cambió con la llegada de la era moderna, y especialmente de la contemporánea, cuando se empezó a usar intensamente en soldaduras, en latas de conserva o como electrodo negativo en las pilas avanzadas de ion litio, por ejemplo. De su uso intensivo es de donde nacen los problemas políticos que lleva asociados este metal en la actualidad y que veremos más adelante. Pero, antes de ir a ellos, debemos solucionar un par de puntos, pues esta «efusividad» con la que se usa el estaño hoy en día no tiene nada de lógico a la vista de sus propiedades químicas. Cierto, el estaño es estable por lo general al agua y al aire; pero es que ahí se acaban los elogios: no resiste la acción de prácticamente ningún ácido ni de ninguna base, enferma con facilidad de peste y se vuelve inútil en invierno. Es más, no reacciona con el aire o el agua, precisamente, porque reacciona salvajemente con el aire y el agua. Expliquemos una por una tanta incongruencia, pues antes de conocer los conflictos políticos que lleva asociados debemos entender los que mantiene con su propia existencia.

Empecemos por el último: el estaño no reacciona en presencia del aire o el agua, precisamente porque reacciona mucho, y lo hace sin medida ni conocimiento. Esto, que parece una contradicción, en realidad tiene bastante sentido. El oxígeno que se halla disuelto en el aire o el agua es capaz de oxidar al estaño al mínimo contacto. Eso es un hecho. Esta reacción química de oxidación se va a producir en cuanto expongamos el metal a cualquiera de estos medios, formándose inmediatamente una finísima capa de óxido en su superficie. Ahora, tan compacta es esta capa que consigue aislar al resto del metal y evitar que el oxígeno llegue a interaccionar con el estaño que no está estrictamente en la superficie. De esta forma, esa primera oxidación del estaño funciona a modo de protección, previniendo la corrosión del metal.

Lo mejor es que esta capa de estaño oxidado es incolora y transparente, por lo que, si la depositamos sobre cualquier otro material, evitará que este se oxide al tiempo que mantendrá intacto su aspecto. Es por ello por lo que en la actualidad esta estrategia se suele usar para proteger metales como el hierro, el acero o el cobre de la corrosión. Un ejemplo: la hojalata con la que fabricamos las latas de conserva o los botes de refresco no es más que una fina lámina de acero recubierto con una sutil capa de estaño; el acero le aporta la resistencia mecánica, mientras que el estaño hace lo propio con la resistencia a la corrosión. Tan extenso y antiguo es el uso de estaño para recubrir las latas, documentado al menos desde la década de 1620 en Southampton, Inglaterra, que el término anglosajón con el que se nombra a este metal es el mismo que el usado para la lata: *tin*. E incluso la hojalata «inglesa» lleva a este metal en su nombre: *tinplate*, o «láminas de estaño» en castellano, pese a que la presencia de este metal se limita a la superficie del material. De esta forma, una aparente desventaja, como es la hiperactividad del estaño por oxidarse, se convierte en una virtud.

Bien, pero ¿qué sucede con las otras incongruencias? ¿Qué significa que sufre la peste? Y ¿cómo es posible que el estaño se vuelva inútil en invierno? ¿Es que acaso se resfría? No resultará que un metal sufre enfermedades… Pues ni sí, ni no, ni todo lo contrario. Evidentemente, los metales son ajenos a la acción de los patógenos, al menos en el sentido en el que nos pueden afectar a los humanos, y el estaño no es una excepción. Pero, aunque los metales no puedan pillar la gripe, ello no quita que puedan tener sus propias «enfermedades». En el caso del estaño, este sufre una suerte de lepra.

Si hace buen día, el estaño es un metal con cierta belleza: irradia un brillo blanquecino que recuerda a la plata, uno de esos que deslumbran y que nos podría hacer pensar que se trata de un metal valioso. Pero eso es solamente los días cálidos, esos en los que brilla el sol y sobran las chaquetas. Cuando el verano se convierte en otoño y bajan las temperaturas, el carácter del estaño se agria. De modo similar a las personas que sienten un decaimiento del ánimo con la llegada del frío, también el estaño parece somatizar el fin de la vida que trae la época estival: el blanco de su piel se apaga, tornándose gris; el brillo que lo caracteriza desaparece, y su propia consistencia se vuelve terrosa. El rey del melodrama, podríamos llamar al estaño.

Lo que le sucede a este metal no tiene que ver tanto con la melancolía del frío como con el frío en sí mismo; porque lo que le pasa al estaño es que es sensible a la temperatura, tan sensible que a partir de cierto umbral deja incluso de ser un metal. Y no pensemos que debemos aplicar condiciones extremas para ver este efecto: con el paso del verano al invierno basta, la temperatura clave son los 13.2 °C.

Por encima de esta temperatura, el estaño puro es un metal con todas las de la ley: brillante, luminoso, conductor de la electricidad… Pero, cuando bajamos de los 13.2 °C, empieza a transformarse y deshacerse en polvo. No es que interaccione con nada, ni es oxidado, ni reacciona con ningún compuesto, no le hace falta.

Son sus propios átomos los que se mueven, se separan y se ordenan de forma completamente diferente, pasando de formar estructuras tetragonales a cúbicas. Lo hacen con lentitud, con calma, pero sin pausa. Y así, pasan de un empaquetado compacto a otro más hinchado. El metal se infla hasta ocupar hasta un 26 % más de volumen, y no solo eso, sino que también se quiebra, se resquebraja, pierde su conductividad e incluso su consistencia metálica, volviéndose polvo.

Ahora pensemos en el órgano alojado en el interior de alguna catedral medieval, una de esas de Centroeuropa donde en invierno están a -3 grados día sí y día también, y donde las máximas no alcanzan los 10 °C durante meses. Pensemos en ese órgano en el que la comunidad local ha decidido derrochar para confeccionarlo con la mejor madera y el estaño más puro. E imaginemos ahora la impresión cuando, al empezar a tocar el instrumento para la misa de turno, este empezara a deshacerse y a desplomarse sobre el organista y sobre la propia congregación de fieles. Evidentemente, que un metal de tal calidad se convirtiese en polvo solo podía ser culpa del diablo, que lo había hecho enfermar; es curioso que la verdadera razón fuera el pecado de la soberbia y el metal elegido.

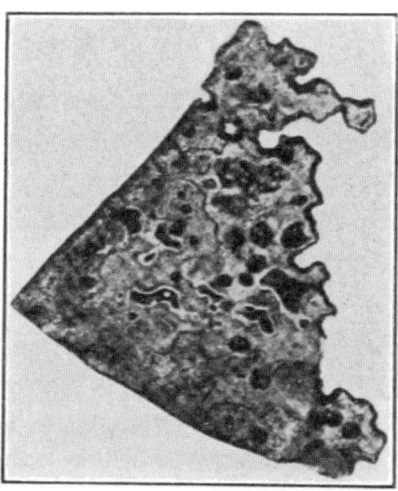

La propagación de la enfermedad del estaño en una hoja de estaño.

Cabe matizar que, para que esto sucediese, el invierno debía de ser especialmente crudo, pues solo cuando las temperaturas son realmente bajas el estaño se transforma a la velocidad suficiente como para que los efectos de dicha transformación sean visibles. Aun así, hay casos documentados de órganos destruidos por la «peste del estaño», e incluso no es raro que en ciudades con inviernos duros haya leyendas al respecto, como la de la pulverización del órgano de San Petersburgo en el invierno de 1868 a 1869.

Por continuar con las leyendas asociadas a la peste del estaño, hay una según la cual esta es en parte responsable de la derrota total de Napoleón en su campaña rusa de 1812. El desenlace de la invasión napoleónica a Rusia y la masacre de su ejército a manos del frío, la táctica de guerrillas de los cosacos rusos y la política de tierra quemada del gobernador militar Rostopchín es de sobra conocida. Conocedor de la historia rusa, Napoleón se había preparado a conciencia para resistir el frío ruso, siguiendo «los consejos» que el zar Alejandro I le había dado al embajador francés Caulaincourt a principios de 1811: «El francés es valiente, pero las prolongadas privaciones y el mal clima le desgastarán y le desanimarán. Nuestro clima y nuestro invierno lucharán de nuestro lado». Pero aquel año el invierno llegó demasiado temprano y de una forma especialmente cruenta: a principios de octubre ya se alcanzaban los -30 °C.

Pese a la preparación, la Grande Armée no lo pudo resistir. Las bocas de los soldados se quedaban pegadas y las fosas nasales se les congelaban. Los caballos morían por millares cada noche, haciendo inviable el transporte de los alimentos y la artillería, o incapacitando a las tropas para defenderse de la caballería cosaca. De los seiscientos mil soldados con que empezó la campaña, regresaron menos de diez mil.

Pues bien, según la investigadora de la Universidad de Yale Ainissa Ramirez, aparte de la meteorología, también la química se convirtió en aliada del zar en este conflicto. Según su trabajo, los botones de las casacas del ejército napoleónico estaban hechas con estaño, con lo que, con la llegada del frío moscovita, este empezó a transformarse y pasar a su forma gris, pulverizándose. Ello dificultaría el correcto abrigo de las tropas, haciéndolas todavía más vulnerables al frío.

Pese a lo seductor de esta hipótesis y lo fácil que es de hallar en cualquier libro en que se hable del estaño, la verdad es que tiene pocos visos de ser cierta. Por un lado, en ningún diario de guerra, boletín o informe de ninguno de los dos bandos contendientes se menciona la descomposición de los botones, ausencia muy rara de haberse producido tal pulverización. Por otro lado, la transformación del estaño no se produce en unas pocas semanas, ni tan siquiera a las temperaturas a las que se vieron sometidos los franceses, sino que tarda mucho más tiempo en completarse. Además, los argumentos que se dan para defender esta hipótesis son muy frágiles, como por ejemplo el escaso número de botones que se encontraron entre los restos de soldados de la Grande Armée descubiertos recientemente; para rebatir este argumento es tan fácil como pensar que fueron robados o incluso que se han podido desintegrar durante los 189 años que pasaron desde la muerte de los soldados hasta su descubrimiento. Y, por último, es muy extraño que Napoleón, un militar extremadamente minucioso en la preparación de las tropas para la batalla, pasara este hecho por alto, especialmente cuando la peste del estaño era de sobra conocida en el siglo XIX. Aunque probablemente apócrifa, esta hipótesis no deja de ser una curiosa forma de pensar sobre las implicaciones de esas propiedades tan poco habituales de algunos metales, y es que, como dijo aquel, *se non è vera, è ben trovata* («Si no es verdad, bien hallada está»).

En cualquier caso, de ser cierta esta hipótesis, lo único que debería haber hecho la intendencia napoleónica para evitar el desastre habría sido utilizar botones de estaño impuro en las casacas; en concreto, estaño «contaminado» con trazas de plomo. De la misma forma que el plomo nos hace enfermar a los humanos, en el caso del estaño obra la virtud de «sanarlo». Así, introduciendo una mínima proporción de este metal en el estaño se consigue disminuir considerablemente la temperatura a la que se produce la transformación del metal, con lo que este habría resistido el invierno ruso, e incluso el antártico, de habérselo propuesto.[48]

---

48 Esto, por cierto, le habría resultado bastante útil a Robert F. Scott, el hombre que encabezó en 1912 la iniciativa británica por descubrir el Polo Sur y que

Es esta estrategia, de hecho, la que se usaba en la construcción de los órganos catedralicios. Los tubos de estos instrumentos se fabricaban habitualmente mediante una aleación de estaño con pequeñas cantidades de plomo, de forma que el metal no veía modificada su sonoridad, pero evitaba ser corroído por la peste. Y es que el plomo, al parecer, ahuyentaba al demonio.[49]

La introducción de pequeñas cantidades de plomo en el estaño es una práctica que se ha mantenido casi hasta nuestros días con idénticas intenciones. Por ejemplo, hasta que se prohibiese en 2006 en la Unión Europea para evitar la toxicidad del plomo en los residuos electrónicos, prácticamente la totalidad de las soldaduras de estaño consistían en una aleación de ambos metales. A partir de aquel momento, por cierto, se necesitó recurrir a elementos menos tóxicos que combinar con el estaño para continuar soldando con él al tiempo que se evitaba que, una vez llegado el invierno, los dispositivos electrónicos no se desmontasen por la desintegración de sus soldaduras. Todo, menos dejar de utilizar el estaño para soldar. Pero ¿a qué viene tanta cerrazón con este metal? Y, sobre todo, ¿cuáles son las consecuencias de tanta obstinación con su uso?

---

llegó a su destino solo para ver que allí ya había una bandera noruega. La expedición rival, liderada por Roald Amundsen, los había superado tan solo por un mes. Scott r nca saldría de la Antártida: entre los muchos errores que cometieron en la preparación de la expedición, uno de los peores fue sin duda sellar las bombonas de queroseno con soldaduras de estaño puro. Cuando fueron a utilizar el combustible, vieron que el estaño se había pulverizado, derramando todo el queroseno por el camino. Así, ni pudieron derretir la nieve para beberla ni calentar la comida para no sufrir de inanición, o incluso a ellos mismos, para evitar la parálisis y la hipotermia. Junto al queroseno y al estaño, y en mitad de infernales tormentas de nieve, desaparecieron sus esperanzas de sobrevivir. Este grupo de exploradores murió, uno a uno, en mitad del desierto antártico, congelados, en marzo de 1912.

49 Mira por dónde, he aquí una nueva aplicación del plomo en el mundo del arte, aparte de las vistas en el capítulo anterior. Esta vez, en la música.

UN MUNDO HAMBRIENTO

El mundo está hambriento de estaño. Solo en 2022 se extrajeron más de 310 000 toneladas en todo el mundo, siendo los principales productores China, Indonesia, Myanmar y Perú; solo estos cuatro países sumaron un 74 % de la producción mundial del estannífero metal. Además de este, otras 10 000 toneladas fueron recicladas a partir de aparatos electrónicos desechados. Parte de todo este estaño se emplea en la fabricación de hojalata (16 %), en la industria química para producir, por ejemplo, el plástico PVC, así como en la producción de bronce y vidrio. Pero el gran uso que se le da al estaño es en las soldaduras de los dispositivos eléctricos y electrónicos: casi la mitad del estaño producido cada año se destina a estos menesteres, alrededor del 45 %. Y eso son muchas toneladas de estaño.

Todos tenemos decenas de aparatos eléctricos y electrónicos en casa, desde teléfonos móviles a ordenadores, pantallas, auriculares, hornos microondas, aspiradoras, secadores del pelo, lavadoras o rúters wifi. Pues bien, prácticamente la totalidad de las conexiones eléctricas que tienen lugar en su interior se hacen a través de soldaduras de estaño. El motivo es bien simple, el estaño es un metal conductor que presenta una temperatura de fusión particularmente baja, incluso menor que la del plomo: 250 °C frente a los plúmbeos 327 °C; lejos quedan los 962 °C de la plata, los 1064 °C del oro o los 1085 °C del cobre. Esta temperatura tan baja a la cual se derrite el estaño no solo hace que sea muy fácil fundirlo, sino que además permite soldar circuitos eléctricos sobre placas de plástico, sin por ello quemar ni dañar el material. Un ejemplo lo constituyen las placas de circuito impreso, algo así como los «órganos» de todos y cada uno de los aparatos electrónicos que tenemos a nuestro alrededor.

Pero el uso masivo del estaño en las soldaduras entraña varios problemas. El primero es que la miniaturización cada vez más extrema de los dispositivos y el empaquetado cada vez más compacto de sus componentes dificulta las soldaduras y obliga a una precisión suprema. El objetivo es mantener la integridad del sistema al tiempo que evitamos cortocircuitos, lo cual no es nada trivial en el caso de las soldaduras blandas de estaño. El segundo reto al que nos enfrentamos es el propio material con el que las hacemos: desde la prohibición del plomo se han buscado metales alternativos que, combinados con el estaño, eviten su descomposición; a nadie le apetece que con cada ola de frío se le desmonte el teléfono en el bolsillo. Esto se ha conseguido añadiendo trazas de plata y cobre a la aleación, cuyo efecto parece ser similar al del plomo (aunque resulta económicamente un poco más costoso). Sin duda, el tercer reto que entraña tanta soldadura es encontrar dónde conseguir tales cantidades de estaño.

Cada uno de nuestros teléfonos contiene unos dos gramos de este metal, lo cual puede parecer poco; pero, si hacemos unos pocos cálculos, podremos ver que construir un universo electrónico como el que tenemos requiere de cantidades ingentes de este metal. Cantidades que no han hecho más que aumentar y que es previsible que continúen con la misma tendencia durante unos cuantos años. Cantidades, además, que deben ser importadas.

Mina de estaño en Kampar, cerca de Ipoh, Malasia.

Allí donde el uso del estaño es más intensivo, en el autodenominado mundo occidental desarrollado, es donde menos se produce. Las minas en activo en Europa son prácticamente inexistentes, y en 2022 la producción en los Estados Unidos no llegó ni al 3 % de la mundial, muy por debajo de la cantidad de metal que este país engulle anualmente (aunque sí que es cierto que los EE. UU. disponen de cerca de un 12 % de las reservas mundiales de estaño).

Tal ansia por el estaño lo ha convertido en un objeto de deseo, y es allí donde el deseo se hace necesidad que brota el horror. El 23 % de la producción mundial de estaño es aportada cada año por Indonesia. 79 mil toneladas. Al sudeste de Sumatra, la mayor de las islas del país, está Bangka, un paraíso de tierra virgen y aguas turquesa; un vergel que hoy encontramos deforestado, salpicado por inmensas ciénagas donde nunca volverá a crecer un árbol. Y es que esta isla es hoy al estaño lo que California fue al oro en el siglo XIX: la tierra prometida. Entre el suelo de esta tierra se hallan algunos de los depósitos más importantes del mundo de casiterita, ese mineral que los griegos buscaban en las Casitérides, el mismo del que se obtiene el estaño para el *smartphone* que tiene ahora mismo en su bolsillo.

En búsqueda de este metal se deforestan inmensas áreas de Bangka, las cuales son inundadas y convertidas en enormes cenagales. Allí es donde se instalan las precarias máquinas con las que se mezclará la tierra con el agua, se extraerá la pasta resultante y se separará la arena de ese polvo negro y pesado que es la casiterita. Ese polvo se empaqueta en sacos, listo para ser refinado en algún otro país y acabar en el circuito integrado de algún portátil.

En el mejor de los casos, la casiterita se extraerá de alguna de las 1075 minas autorizadas en la isla, las cuales suelen respetar las (laxas) normas medioambientales y de seguridad laboral del país; en el peor de los casos, se extraerá de alguna de las miles de minas clandestinas, donde las condiciones de trabajo y el impacto ambiental son todavía mayores. Las manos que extraen este mineral son, en cualquier caso, las de mineros cuyo trabajo les aporta menos de dos euros al día con los que vivir, y las de sus hijos, chavales con frecuencia menores de trece años que trabajan nueve horas al día, seis días a la semana, en una ciénaga infecta y constantemente amenazados por inundaciones y desprendimientos. Cientos de mineros mueren cada año sepultados por el lodo mientras recogen estaño.

El desastre medioambiental y humano que se da en Indonesia por extraer el estaño que soldará nuestros dispositivos electrónicos es prácticamente inenarrable. Pero no cabe aquí culpar al usuario final de la procedencia de los materiales que componen su teléfono. Cuando el consumidor se dispone a comprar un *smartphone*, no dispone de una amplia gama de productos de entre los cuales elegir en función de la procedencia más o menos ética del estaño que contienen, por no hablar de la del resto de metales y materiales con los que está hecho. Son las grandes empresas que los producen las que tienen la posibilidad de elegir entre una y otra procedencia, y, cuando la única variable a tener en cuenta es el valor económico (y no el moral), evidentemente se escoge la que aporta el menor coste monetario, aunque conlleve un mayor coste humano y ambiental. Las grandes corporaciones tienen por lo general la dudosa virtud de poder prescindir del sentido de la vista siempre y cuando el del oído siga funcionando.

Es por tanto responsabilidad de las empresas, como sujetos adquisidores de los materiales, y de los Gobiernos, como entes reguladores, poner condiciones y límites al suministro de estaño en función de su procedencia. Esto puede parecer una utopía, pero en realidad es lo que tuvo lugar hace muy pocos años con una serie de metales con nombres de dioses griegos. Unos metales, por otra parte, que son conocidos, más que por su nombre, por despertar una atracción enfermiza en todo aquel que los sostiene, por mantener relaciones de la máxima toxicidad con cada uno de sus amantes; por hacer brotar la sangre por donde pasan. Ellos son los 3TGs.

RELACIONES TÓXICAS, AMORES QUE MATAN

Hay cierta tendencia a pensar en África y en sus problemas estructurales como un destino inapelable, algo que siempre ha sido así y que siempre lo será. Que el caos, los conflictos armados y los déficits democráticos son parte de su esencia; tan inherentes al continente como lo son el Sáhara, el Nilo o la selva tropical nigeriana. Es innegable el tinte racista que tiñe este pensamiento; pero, más allá de eso, lo que evidencia esta afirmación es el desconocimiento profundo del mundo occidental hacia este continente.

Los motivos tras la pobreza, la inseguridad y la violencia que continúan siendo hoy un problema en África son variados y, en la mayor parte de los casos, originados allende sus fronteras. Podríamos dedicar mil libros a desglosarlos, pero digamos que, a grandes rasgos, se pueden resumir en tres conceptos: colonialismo, expolio y subyugación a unos intereses espurios, principalmente extranjeros (europeos y norteamericanos, aunque ahora empiezan a tomar cuerpo también los asiáticos) y, en su mayor parte, de índole económica.

Uno de los mejores ejemplos a este respecto lo ofrece la República Democrática del Congo. Este país fue colonia belga desde 1908 hasta 1960, año en el que logró emanciparse de la metrópolis europea. Pero la independencia del país no supuso una mejora sustancial de las condiciones de vida de sus habitantes ni a corto ni a medio plazo. A la emancipación de Bélgica y la celebración de las primeras elecciones libres les siguieron el amotinamiento de tropas por todo el territorio, la secesión de las provincias de Katanga y Kasai del Sur, el fusilamiento del presidente electo a manos de los rebeldes y con colaboración del Gobierno belga y la CIA, secuestros con miles de rehenes, intervenciones militares extranjeras, paracaidistas (belgas, una vez más) tomando aeropuertos, golpes de Estado y el establecimiento de la dictadura de Mobutu Sese Seko, apoyada por la CIA, y que acabaría dilatándose por más de treinta años: desde 1965 hasta 1997.

Pero la historia no acaba aquí. Da la impresión de que al derrocamiento de un dictador siempre le sigue un periodo de prosperidad o, al menos, de paz; no es este el caso. A la caída de Mobutu le sucedieron la Primera y la Segunda Guerra del Congo: una serie de conflictos armados que se prolongaron siete años (1996-2003) y que supusieron la muerte para unos 5.4 millones de personas; la mayoría, a causa de la desnutrición y de enfermedades fácilmente prevenibles y curables. Fue este el conflicto armado más sanguinario del que se tiene constancia en territorio africano, y el mayor en términos absolutos desde la Segunda Guerra Mundial (en disputa con la guerra de Vietnam).

Los Acuerdos de Pretoria sellaron la paz entre las decenas de contendientes que acabaron implicándose en la guerra, incluyendo nueve países y unos veinticinco grupos armados. Con estos acuerdos llegó el fin oficial de la segunda guerra del Congo en junio de 2003. La realidad, en cambio, es que el conflicto continuó latente, pues firmar la paz no sirve de mucho si los motivos para la guerra y los mecanismos con que financiarla siguen intactos. Ahí está la clave del enquistamiento de este conflicto: tanto durante la guerra como en la «paz» hubo un flujo de dinero continuo, estable y milmillonario desde «el mundo civilizado» hacia los grupos terroristas de la región.

Por un lado, Occidente exportaba médicos sin ánimo de lucro, así como alimentos, ropa y medicinas, en un gesto genuino de altruismo sin fronteras. Al mismo tiempo, y en paralelo a este flujo de solidaridad, ingentes cantidades de dinero se introducían en el Congo para acabar financiando a las milicias armadas, responsables de gran parte de la violencia y dueños *de facto* de todo el este del país africano. Estos grupos armados no eran otros que los llamados «señores de la guerra», y si el mundo financiaba con generosidad su causa no era porque coincidiese moralmente con ella, sino porque ellos controlaban (y controlan) gran parte de los recursos naturales del país; particularmente, sus enormes reservas minerales. Y nosotros necesitábamos esos minerales.[50]

La República Democrática del Congo almacena bajo su suelo el mayor depósito de minerales del mundo con un valor total

---

50 Puede que «necesitarlos» sea una palabra demasiado gruesa aquí, es posible que la justificación más cercana a la verdad sea que los señores de la guerra proporcionaban unos minerales a un precio «muy competitivo».

estimado de unos veintidós millones de millones de euros. Por ponerlo en número, que siempre impresiona más: eso son 22 000 000 000 000 de euros. Eso equivale a acumular durante 370 años el producto interior bruto actual de China, Estados Unidos y Europa, o a multiplicar por 228 el PIB del planeta entero. Ya podemos intuir aquí el porqué de tanta «inestabilidad» en la región (ese eufemismo con el que tantas veces se describe la situación y que rezuma hipocresía). Fue en torno a estos recursos minerales que se generó una economía de guerra transnacional y cuyo control se encontraba, prácticamente desde la caída del dictador Mobutu, en manos de señores feudales con ejército y territorio propios; los «señores de la guerra». Ellos eran los herederos de las milicias de las guerras del Congo y de los grupos rebeldes del genocidio ruandés; grupos, en definitiva, paramilitares, que ejercían su dominio a través de la violencia más extrema y mediante una red de mercenarios y soldados fuertemente armados (con mejor armamento incluso que el propio ejército regular).

Nave industrial en la mina de cobre de Kolwezi (R. D. Congo).

Eran los herederos de aquellos grupos, y lo continúan siendo; ejercían su dominio a través de la violencia, y lo continúan ejerciendo hoy en día. Hablamos en pasado, pero esta situación se prolonga hasta la actualidad, hasta el momento en el que se escriben estas líneas, hasta el momento en el que el lector las está leyendo. Todavía hoy, vastos territorios del país siguen siendo inaccesibles para las autoridades gubernamentales congoleñas.

Asomarse a la pseudosociedad que crean y perpetúan estos grupos es tanto como echar un vistazo a la faceta más nauseabunda y abominable del ser humano: explotación y violencia sexual, esclavitud bajo las peores condiciones imaginables y trabajo infantil; aspectos todos ellos que no son mutuamente excluyentes. Las mujeres y las niñas son secuestradas y usadas como objetos sexuales por los soldados; su labor en la mina es abrirse de piernas siempre que alguien, quien sea, lo desee, y dejarse violar. Más de cien mil mujeres y niñas sufren violencia sexual cada año en la «finalizada» guerra del Congo. A los profundos trastornos psicológicos causados por estas violaciones hay que añadir los problemas fisiológicos que conllevan, entre los que se encuentran el contagio de enfermedades sexuales como el sida.[51] Por si esto fuera poco, las mujeres que se quedan embarazadas como producto de estas violaciones son rechazadas por su comunidad, por lo que no tienen un lugar al que volver dada una eventual liberación. Por otra parte están los hombres, un concepto amplio que abarca desde jóvenes de veinte años a niños de apenas ocho o nueve, y cuyo destino está en servir en el interior de la mina o como soldados. Si su labor se desarrolla en el primer supuesto, esta tendrá lugar en condiciones infrahumanas, en jornadas eternas que se repiten todos los días de la semana, todas las semanas del año; sin la menor medida de protección o de seguridad. Estos niños y jóvenes cavarán túneles a doscientos o trescientos metros bajo tierra, asfixiados por el calor sofocante, el polvo rojo en sus-

---

51 Hay una creencia, evidentemente falsa, pero generalizada, de que mantener relaciones sexuales con niños cura el sida, lo que supone un estímulo todavía mayor para el secuestro, la explotación y violación de niñas que apenas superan los doce o trece años.

pensión y una ventilación casi inexistente; constantemente amenazados por derrumbes u otros accidentes mortales; en mitad de una oscuridad apenas rota por las lámparas que llevan consigo. Su otra posibilidad es formar parte de la milicia propiamente dicha. Más de treinta mil niños, reclutados a edades tan tempranas como los once años, forman parte en este mismo momento de las fuerzas armadas de estos grupos, trabajando como espías, porteadores, esclavos sexuales y, tan pronto como puedan portar un arma, también como soldados. Su esperanza de vida no es mucho mayor que la de los que trabajan a doscientos metros bajo sus botas.

Pero los grupos armados tan solo son uno de los tres pilares en los que se basa esta economía de guerra transnacional. Las otras dos patas imprescindibles para que funcione este mecanismo lo constituyen, por un lado, amplios estratos del funcionariado, del ejército y de los cuerpos policiales del Estado. Está claro que este entramado de contrabando y explotación no podría funcionar sin su connivencia, pero es que además estos sujetos toman parte con frecuencia de propio negocio: primero, al participar como intermediarios en la compraventa de los minerales; segundo, ayudando a dificultar el rastreo de su procedencia, y tercero, al tomar una parte del «pastel» de los abusos sexuales. El tercer pilar está formado por las propias empresas internacionales que adquieren los recursos naturales a precio de saldo; todas ellas, ciegas e indiferentes a ese «milagroso modo» de abaratamiento de los costes. En este triángulo vicioso ninguna de las partes es menos culpable que el resto, y a ninguna le conviene el fin de la «inestabilidad», ni a propios ni a extraños; a excepción, claro está, del pueblo, esclavizado, mutilado, violado y asesinado por este conflicto alimentado *ad eternum*.

Llegado este punto, es lógico que nos preguntemos cuáles son esos recursos por los que el Congo lleva desangrándose desde hace siglos. Lo cierto es que no hay una respuesta única, pues el objeto de interés ha ido cambiando con el tiempo. Cuando el rey belga Leopoldo II convirtió este territorio en su colonia personal y perpetró el primer gran genocidio, a finales del siglo XIX y principios del XX, lo hizo ávido de caucho y marfil. Hoy, los recursos que interesan a las grandes multinacionales y cuya compra sostiene la guerra son bien diferentes. Si tratamos de adivinarlos, es probable que los primeros que nos vengan a la cabeza sean la madera y los diamantes, fruto de la influencia del cine a través de películas como *Diamantes de sangre*, de 2006, con Leonardo DiCaprio en el papel de contrabandista y Djimon Hounsou en el de víctima de los grupos armados. Es posible que, si continuamos reflexionando sobre los recursos de la zona, pensemos en el cobalto, el metal de los duendes y las baterías, y con el tiempo quizás caigamos en el coltán. En ningún caso nos habremos equivocado, pero con el último habremos dado en el clavo.

BUENAS INTENCIONES

En la mitología griega, el Tártaro era la zona más profunda del inframundo, un abismo usado como mazmorra de sufrimiento, el lugar destinado a castigar a los malvados. Poner el nombre de uno de sus habitantes, Tántalo, a uno de los objetivos del genocidio congoleño moderno parece una broma de mal gusto; pero el caso es que el tántalo es uno de los cuatro metales que se extraen del suelo africano y que en conjunto forman el grupo de los «metales conflictivos». Son estos los recursos más ansiados, aquellos cuyos depósitos más jugosos se encuentran bajo la culata de un kaláshnikov: el estaño, el tántalo, el wolframio y el oro; *tin*, *tantalum*, *tungsten* y *gold* en inglés: los 3TG. Aunque para ser precisos deberíamos decir casiterita, coltán, wolframita y la propia mena de oro nativo: los minerales que son realmente extraídos y sacados de contrabando del país, y de los que después se obtendrán los metales propiamente dichos.

Si analizamos los usos que se le dan a estos metales seguro que vemos un elemento común que nos ayudará a identificar las compañías que hay tras su compra. Ya conocemos al estaño, usado en el enlatado de comida, el revestimiento de acero y plásticos, así como en las soldaduras blandas de los circuitos eléctricos. El tántalo, por su parte, se usa en los capacitadores que permiten almacenar energía eléctrica en los productos electrónicos, con un uso especial en la tecnología 5G, aparte de como aditivo en las aleaciones con las que se fabrican las turbinas de los motores a reacción. El wolframio se utiliza en la fabricación de automóviles, brocas y otras herramientas de fabricación industrial, y es el componente principal de los filamentos de las (cada vez más raras de ver) bombillas incandescentes. Por último, el oro es usado en joyería y en las reservas monetarias, como hemos visto, pero también en los circuitos eléctricos de *smartphones* y ordenadores portátiles gracias a su elevada conductividad eléctrica. El factor común parece estar claro: la industria de la electrónica.

El mercado legal (minoritario) y el enorme contrabando de metales conflictivos alimenta la industria mundial de la electrónica. El teléfono por el que envía mensajes a su pareja y el teléfono en el que ella los recibe, la pantalla con la que ven esa serie cada noche, el dispositivo *contactless* a través del que pagan la compra y el ordenador en el que trabajan cada mañana; todos ellos, contienen «metales de sangre». Pero no solo la electrónica se basa en ellos: la turbina del avión con el que viajaron durante sus últimas vacaciones probablemente contuviese tántalo proveniente de coltán extraído ilegalmente por manos esclavas. Lo mismo con el oro: el anillo que tiene en su mano o ese colgante que guarda en un cajón no solo se generaron en la colisión entre estrellas de neutrones y llegaron a la Tierra a través de un meteorito, sino que en su camino hasta su mano también pasó por uno de los comercios más sucios que ha generado el ser humano. Los metales conflictivos nos rodean, es imposible escapar a ellos; pecaremos de ingenuos si pensamos que podemos evitar participar en esta rueda de muerte y explotación.

Con la mirada puesta en ellas, no es de extrañar que las empresas de la industria de la electrónica corran por quitarse el muerto de encima (nunca mejor dicho). Apple o Microsoft, sin ir más lejos, aseveran periódicamente que todo su metal es obtenido de zonas libres de conflicto, que ellos ya (ya) no financian ni a los señores de la guerra ni sus armas. Con ese fin elaboran cada año largos informes desglosando su lista de suministradores, todos ellos perfectamente limpios; ¡qué nos íbamos a pensar! Otras, como Sony o Alphabet (Google), aseveran tener una política firme hacia la reducción de metales procedentes de zonas de conflicto.

Dejando de lado el detalle de que estas empresas hayan dejado de usar metales provenientes de las minas clandestinas del Congo solo cuando se les ha echado en cara, lo cierto es que las cifras globales desmienten la tendencia que parecen querer sugerir sus informes. Una de las medidas comprendidas dentro de la reforma de Wall Street de 2010 tras la crisis iniciada en 2007/2008, la llamada ley de Dodd-Frank promovida por el Congreso de los Estados Unidos, establece que todas las empresas que cotizan en bolsa deben declarar si usan alguno de los cuatro metales conflictivos, si estos son necesarios para la fabricación o el funcionamiento de sus productos, y cuál es su procedencia. Esta medida pretendía atacar la línea de financiación del conflicto congoleño. Cuál es la sorpresa al ver que la mayoría de las empresas aseguran, muy a su pesar, ser incapaces de identificar el origen de los metales conflictivos que adquieren.

Casiterita   Coltán

Oro   Wolframita

Muestras de minerales en zonas de conflicto.

Según un informe de 2020 del propio Congreso estadounidense, 1083 de las grandes compañías de este país emplean alguno de los 3TG. De ellas, un 72 % usan estaño; un 63 %, tántalo; otro 63 %, wolframio, y un 68 %, oro. Ahora, cuando se les pregunta por su origen, el 85 % de ellas declaran que son incapaces de identificar el origen de los metales que emplean o, en una menor proporción, que efectivamente estos provienen de zonas de conflicto, pero que no pueden asegurar si proceden de una mina legal o una ilegal. Los números son muy parecidos desde que se lleva realizando el informe, con una ligera tendencia a la reducción en el uso de los metales conflictivos, lo cual demuestra que estas «contundentes medidas» contra la explotación sexual y el trabajo infantil en el Congo no son la solución definitiva.

A la vista de estos datos, parece claro que el fin del uso de los metales conflictivos, o al menos el de su vinculación con la financiación de genocidios, es un objetivo lejano en el horizonte, apenas divisable, aparentemente inalcanzable. Pero, aunque sea poco a poco, lo cierto es que en la actualidad se están dando pasos en la buena dirección, tanto desde las administraciones como desde las propias empresas.

El Parlamento Europeo aprobó en 2017 un nuevo reglamento por el cual se exige a los importadores de estaño, tántalo, wolframio, oro, y de cualquiera de los minerales de los tres primeros, la certificación de que estos productos son totalmente fiables en cuanto a su origen y de que no han contribuido económicamente a perpetuar conflictos armados. A partir de que la norma entrase en vigor el 1 de enero de 2021, las compañías que no son capaces de demostrar el origen responsable de sus importaciones se enfrentan a sanciones, lo cual ya es una diferencia notable con respecto a la norma estadounidense. Es manifiesto que este reglamento tiene claras deficiencias, como denunció Amnistía Internacional en su momento: por un lado, deja fuera del control a las empresas pequeñas, a quienes no se les aplica la norma; por otro lado, la regulación se limita a la importación de materias primas, y no a la de los productos ya elaborados. En cualquier caso, es innegable que es un paso en la buena dirección.

En ese mismo sentido se están moviendo muchas empresas en la actualidad, aunque solo sea por limpiar su imagen o por evitar su asociación a conceptos tan poco «amigables» como el de un niño sosteniendo un AK-42. Apple, por ejemplo, se encuentra entre las primeras empresas que exigieron a sus proveedores que los metales empleados proviniesen de fundiciones certificadas en 2012. En la misma línea se encuentran colosos de la electrónica como HP o Intel, mientras que otras optan por la sustitución de estos metales en sus productos. Es el caso de IBM, por ejemplo, que en 2019 anunció la creación de baterías libres por completo de metales conflictivos. Eso no quita que aún hoy haya grandes empresas, como es el caso de alguna con nombre de científico serbio, que continúan afirmando que todavía no han sido capaces de identificar los países de los que proceden los metales que usan.

De esta forma, bien sea por acción de los entes reguladores, por concienciación de los consumidores y la consiguiente modificación de sus patrones de consumo, por una angelical revelación de los CEO de la industria de la electrónica, o por una combinación de todas ellas; el caso es que el mundo parece moverse en la buena dirección. Así lo certifican los últimos análisis, según los cuales a partir de la implementación de Dodd-Frank y del nuevo reglamento europeo se está produciendo una disminución clara del territorio controlado por los señores de la guerra, mientras que las exportaciones legales no paran de aumentar. Atacar a las líneas de financiación de estos grupos armados parece surtir efecto si nuestra intención es acabar con el desangramiento aparentemente perpetuo que vive el país centroafricano desde hace siglos.

* * *

Sea como fuere, lo que está claro es que la vinculación entre los metales, por un lado, y la economía, la política internacional y los conflictos entre naciones, por el otro, es un hecho incontrovertible. Desde hace milenios, los pueblos llevan buscando los metales que pueden asegurar su bienestar, su desarrollo y su preponderancia sobre el resto, y para ello exploraron los límites del mundo y establecieron relaciones con pueblos a miles de kilómetros de distancia. Lo hicieron ayer, y lo continúan haciendo hoy. Y lo más importante es que, lejos de lo que se podría pensar en un primer impulso, en la mayoría de los casos el objeto de ese deseo no fueron los metales más bellos, sino los más prácticos. El caso paradigmático lo constituye el estaño.

Sin ser el metal más vistoso ni el más útil por sí mismo (ahí están «los botones de Napoleón»), su impacto en la tecnología ha sido tal a lo largo de la historia que en su búsqueda se han emprendido marchas mil-kilométricas. El bronce y la transformación de las sociedades, las soldaduras y el ensamblado de la electrónica; todo ello descansa sobre este metal con tendencia a la pulverización. Ya los pueblos antiguos establecieron rutas para traerlo de los confines del mundo, de esas misteriosas tierras conocidas como las Casitérides. Hoy su procedencia es diversa, como diversas son las consecuencias para los encargados de arrancar este metal de la tierra.

Hay algo de primitivo en esa dependencia hacia los metales, pero lo cierto es que, conforme más se sofistica nuestra tecnología, nuestra supeditación a dichos elementos no hace más que acrecentarse. El estaño es de nuevo ejemplo, pero hay muchos más: el cobre de Chile y el litio de Bolivia, las tierras raras chinas y groenlandesas, el tántalo congoleño. Y dicha dependencia no parece tener visos de debilitarse.

En el momento en el que se escriben estas líneas se está produciendo una transformación a nivel mundial aparentemente imparable hacia una economía basada en las llamadas «energías limpias». Todas ellas, sin excepción, dependen de los metales para su funcionamiento, desde las placas solares hasta las turbinas eólicas. Indio, cobre, estaño, neodimio, aluminio, cobalto, níquel, litio…; todos estos elementos son imprescindibles en mayor o menor medida para el futuro que estamos construyendo, pero pocos de estos se encuentran allí donde se está edificando dicho mundo. Ello obliga al comercio, a la intensificación de las relaciones entre potencias, pero también facilita la explotación y el abuso de aquellos que tienen la mala fortuna de haber nacido sobre un yacimiento de minerales.

Que el futuro vaya en un sentido u otro, hacia el fin de la explotación o hacia su perpetuación, no puede depender de la buena fe de las empresas; especialmente cuando estas se rigen por un interés espurio y material: una flecha apuntando hacia arriba y un número en verde en una pantalla negra. La moral es solo una de las variables a considerar en la optimización de los resultados. Frente a ellas debe haber una regulación fuerte que asegure el cumplimiento de unos requisitos éticos mínimos, así como una ciudadanía formada que sea consciente de que, tras su bienestar, hay dos conceptos clave e inseparables: los metales y la política.

CAPÍTULO VI

SOBRE EL HIERRO, LA CIENCIA Y LAS PSEUDOCIENCIAS

O cómo evitar ser poseído por un árbol

CARA DE SAPO Y PAPADA PROMINENTE

¿Son reales los chakras? ¿Podemos sanar a un enfermo canalizando la energía del universo a través de nuestras manos? Y las pulseras que «reequilibran nuestra energía», ¿son capaces de ayudarnos a desarrollar nuestra fortaleza y aumentar nuestra flexibilidad? ¿Tienen esas propiedades las pulseras con dos bolas a los extremos que solían llevar nuestros mayores? ¿Las tienen las «modernas» Power Balance? ¿Qué hay de las corrientes energéticas subterráneas? ¿Pueden provocar dolores de cabeza o alterar la producción de miel de las abejas? ¿Y qué sucede al abrazar un árbol? ¿Podría ser que el contacto de piel con corteza funcionara de catalizador de nuestra fusión con la naturaleza? ¿Que a través de ese contacto el árbol nos transmitiese una energía capaz de curarnos de decenas de enfermedades, o que incluso nos ayudase a prevenirlas? Y, por último, ¿ejercen los planetas alguna influencia sobre nuestra salud? ¿Determinan nuestra calidad de vida?

Habrá alguna de estas afirmaciones cuyo mismo planteamiento nos parezca absurdo. Otras, quizás, nos resulten más cercanas; de hecho, es muy probable que nosotros mismos o alguien muy cercano se haya planteado en algún momento de su vida alguna de estas cuestiones. Y habrá hecho bien en planteársela, pues todas ellas tienen «un firme fundamento científico». Entiendo su ceja levantada, pero hará mal el lector en tomarse con tal grado de escepticismo estas cuestiones. Al fin y al cabo, todas ellas están empíricamente demostradas, o al menos eso afirma uno de los más ilustres médicos de la academia de medicina bávara.

El médico en cuestión tiene por nombre Franz Anton; además de cara de sapo y papada prominente. Si hubiésemos ido a visitarlo cuando todavía estaba en vida, probablemente pudiésemos haberlo visto tirado en una butaca de 1700, escuchando en vivo una de las últimas obras compuestas por Mozart siendo interpretada en concierto privado por el mismo Wolfgang Amadeus Mozart.

Franz Anton Mesmer (*ca.* 1800).

UNA ÓPERA BUFA

Un buen puñado de las supersticiones, manías y «precauciones» que nos son familiares, creamos o no en ellas, proceden de la tradición católica. Es el caso, por ejemplo, del número 13, indisociable de la mala suerte por ser Judas el treceavo invitado a la última cena. De igual forma, al «viernes 13» le debemos sumar la componente «Judas» a que según la tradición Jesús fue crucificado en ese día de la semana. A esto le debemos añadir que ciertos eventos particularmente memorables de la historia tuvieron lugar en viernes y 13, como el apresamiento por parte del rey francés Felipe IV en 1307 de un grupo de caballeros templarios; entre ellos, el gran maestre Jacques de Molay, lo que inició la posterior persecución y desaparición de la orden. Por completar el trino, cruzar los dedos tiene un origen similar: los primeros cristianos lo usaban a modo de invocación del poder de la crucifixión de Cristo. No obstante, no deja de ser curiosa la profusión de supersticiones relacionadas con esta religión, pues la Iglesia católica condena estas prácticas por ser «ajenas a la fe», aunque ese es otro tema.

Hay otro conjunto de creencias que, pese a llegarnos más recientemente del lejano Oriente, y en particular de China, cuentan con milenios a sus espaldas, así como con un nutrido grupo de seguidores. Buena muestra de ello son la acupuntura y la numerología. Según la primera, a través de unas agujas particularmente finas y clavadas en unos lugares específicos del cuerpo del paciente, se estimulan ciertas zonas y se equilibra el flujo de *qi*. Huelga mencionar su ineficacia más allá del efecto placebo, así como la ausencia de una base anatómica, fisiológica o histológica que justifique esta creencia. Por su parte, la numerología asegura que cada número tiene un significado propio y relacionado con personas, eventos o situaciones. Poco hay que añadir a esta afirmación.

De entre el resto de las supersticiones ampliamente asentadas en la sociedad, hay una tercera batería cuyo origen no se remonta a las religiones milenarias, sino que nacieron con la revolución científica y en cuyo centro encontramos un metal. Son gran parte de las relacionadas con los «flujos energéticos», las capacidades mentales extraordinarias y la sugestión hipnótica. Franz Anton

Mesmer fue el mayor experto en todas ellas; aunque no es para menos, pues fue él quien se las inventó aprovechando algunas de las propiedades de ese metal y sus minerales. El metal en cuestión es el hierro, y el mineral que tanto fascinó es en realidad un óxido cuya principal propiedad viene indicada en su propio nombre: la magnetita. Hay quien sostiene que para desmontar una superchería no hay nada mejor que ir al momento de su nacimiento, que hay pocas formas más eficaces de evidenciar su absurdo. Hagamos caso pues de esta idea y conozcamos al tal Franz Anton y sus malabarismos con imanes de hierro.

Franz Anton Mesmer nació en 1734 en una aldea del sur de la actual Alemania de nombre Iznang. Tercero de nueve hermanos y heredero de guardabosques, pronto destacó por su inteligencia, por lo que no tardó en ser reclutado para formarse en la labor que habitualmente se le asignaba a este tipo de chavales: el sacerdocio. Así fue como acabó estudiando Filosofía, Leyes y Teología en la Universidad Jesuita de Ingolstad. El problema es que formarse para el sacerdocio suele tener la pega de que acabas siendo sacerdote, con lo que vivir entre la clase alta de las grandes metrópolis europeas a cuerpo de rey se complica un poco (aunque no es incompatible, no faltan los ejemplos). Así pues, Mesmer dejó la teología y se fue a Viena a estudiar Medicina, materia en la que se acabó doctorando en 1766. El título de su tesis ya nos deja entrever sus inquietudes, así como la idea a la que dedicaría el resto de su vida: *Dissertatio physico-medica de planetarum influxu*. No pasa nada si no sabemos latín, enseguida veremos a qué se refería con aquello de *planetarum influxu*.

1767 pasó sin pena ni gloria, pero 1768 empezó de una manera bastante prometedora. En enero de aquel año, por una parte, estableció su consulta en Viena y, por otra parte, consiguió una línea de financiación estable con la que sufragar su investigación de por vida (además de algún que otro concierto privado de Mozart): se casó con Anna Maria von Posch, una mujer viuda a la que digamos que no le faltaba el sueldo. Gracias a ello Mesmer pudo desarrollar las ideas que había postulado en su tesis doctoral, a saber: los planetas y la Luna ejercen una influencia constante sobre el ser humano hasta tal punto que nuestro propio bienestar y nuestra salud dependen del lugar en el cielo en el que estos se encuentren y la posición relativa que ocupen entre sí.

Pese a lo esotérico de la propuesta, no se trata de astrología aplicada a la medicina, como podría parecer; Mesmer bebía de la fuente de Newton y su teoría de la gravedad. Siguiendo la corriente de pensamiento del británico, quien había explicado las mareas como un efecto de la gravedad de los astros sobre la Tierra, Mesmer afirmaba que esas mismas mareas tienen lugar en el interior de nuestro propio organismo y por idénticos motivos. Según este, existe un fluido que lo conecta todo y que explica esa atracción tan aparentemente absurda entre los cuerpos que, en algunos casos, llamamos «gravedad» y, en otros, «magnetismo»; para él todo era más o menos lo mismo. También los seres vivos estamos atravesados por este fluido, pero en nuestro caso sus efectos reciben el nombre de «magnetismo animal».

Siguiendo este razonamiento, Mesmer afirmaba que todas las enfermedades se pueden explicar como un desequilibrio de este fluido. Por lo tanto, para tratarlas tan solo es necesario «reequilibrar» las mareas del paciente. ¿Y qué mejor modo de reajustar el magnetismo animal que mediante un imán?

Tenía la teoría, faltaba llevarla a la práctica. En julio de 1773 se presentó la ocasión cuando un caso desesperado llamó a su puerta. La paciente en cuestión era Franziska von Oesterlin, una mujer de veintisiete años afectada de «histeria», un término cajón de sastre aplicado casi en exclusiva a las mujeres y en el que se englobaban multitud de síntomas y enfermedades, como fiebre, vómitos persistentes, retención de orina, dolor de muelas, dolor de oído o incluso parálisis; además de otros conceptos algo más discutibles, como irritabilidad, pérdida de apetito o «tendencia a causar problemas». Este término se usó hasta bien entrado el siglo XIX.

Le demos el nombre que le demos a la enfermedad de Franzisca, la cuestión es que su salud empeoraba rápidamente, llevándola al borde de la muerte en agosto de ese mismo año. Tras intentar varios tratamientos que no surtieron efecto, Mesmer se decidió a probar la hipótesis con la que trabajaba sobre el magnetismo animal y su influencia sobre la salud. Así, hizo que *fraülein* Oesterlin se bebiera un preparado que contenía una buena cantidad de hierro pulverizado, y a continuación le empezó a pasar por su estómago y sus piernas unos imanes hechos de magnetita, el mineral de hierro que hemos mencionado antes. La cura fue instantánea. Tras pocos minutos, Franziska experimentó un alivio prácticamente total de los síntomas que perduró años. El hierro y su magnetismo le habían salvado la vida.

Después de unos pocos casos en esta línea, el nombre de Mesmer empezó a conocerse por todo el sur de Alemania y Austria. Poco después de curar a Franziska, emprendió una gira por Baviera para demostrar sus habilidades, sanando a diestro y siniestro. Fue fascinante. Llegó incluso a presentar sus métodos ante la sociedad científica de Múnich y a formar parte de la Academia de Ciencias de Baviera.

Mesmerismo. El hipnotizador induciendo un trance hipnótico a una mujer, grabado de 1794 por Dodd para el libro *A Key to Physic* de Ebenezer Sibly.

Con el éxito de su gira, y pese a la oposición de parte de la comunidad médica del momento, su nombre alcanzó fama de dios. Los clientes se le empezaron a amontonar en la puerta de su consulta, la nobleza al completo buscaba sus servicios, sus tarifas aumentaron y, con ello, su exclusividad. Ni tan siquiera pudo con él su caída en desgracia tras fracasar en la cura de una protegida de la emperatriz María Teresa que sufría de invidencia. Expulsado de la corte austriaca, se mudó a la francesa, ante la cual el propio Mozart, amigo de Mesmer y fiel seguidor de su terapia, había mediado para conseguir el favor de la reina María Antonieta. La fama en París pronto superó a la que llegó a tener en Viena.

Hasta este punto, los logros de Franz Anton Mesmer son impresionantes. Su doctorado, lo revolucionario de sus ideas, sus demostraciones, su integración en la Academia de Ciencias de Baviera... La historia cambia cuando sabes que su tesis doctoral fue un plagio de los trabajos del médico inglés Richard Mead; que la idea de usar imanes con fines terapéuticos se la copió a unos médicos británicos, y, sobre todo, cuando conoces sus andanzas por París.

En pleno éxtasis ilustrado, en mitad del Siglo de las Luces, la ciudad iluminada por excelencia bullía de excitación por la ciencia. Las sociedades científicas florecían, los descubrimientos se amontonaban en las revistas de reciente creación a la espera de ser publicados y por doquier se organizaban reuniones recreativas donde observar experimentos científicos. En este caldo de cultivo se reprodujeron los charlatanes que aseguraban, entre otras cosas, poder caminar sobre las aguas del Sena con «pies elásticos» o respirar y viajar bajo tierra. Pero ninguno de ellos gozó de una fama mínimamente comparable a la que cosechó Mesmer. Él solo ocupó más espacio en periódicos como el *Journal de Paris* o el *Mémoires secrets* que cualquier otra noticia en aquella época.

Buena parte de la fama de Mesmer venía dada por las habilidades únicas que con el tiempo había descubierto que poseía. En algún punto había observado que los tratamientos que aplicaba surtían efecto incluso sin que hubiese ningún imán presente, por lo que la única conclusión posible era que el poder de manipular las mareas magnéticas de los enfermos estaba en sus propias manos. Cuando las imponía sobre el paciente, este entraba en trance, caía en un estado de letargo, catatónico, o incluso empezaba a sufrir convulsiones. En la época estas manifestaciones se consideraban terapéuticas, por lo que resulta evidente que eran producto de la sugestión del paciente, convencido de que sus flujos internos estaban siendo alterados por el «médico». Más adelante, Mesmer se dio cuenta de que podía provocar ese mismo trance en las personas solamente con la mirada; más tarde, solo le bastó el pensamiento.

Las colas ante su consulta eran inmensas, el dinero entraba a espuertas. Al poco de llegar a París pudo mudar su consulta de Creteil, un pueblo a las afueras de la ciudad, al Hôtel Bullion en la propia Place Vendôme, tan exclusiva hoy como hace dos siglos y medio. Allí llevaba a cabo su terapia en un ambiente de misticismo que no podía sino intensificar la sugestión de los pacientes. Mesmer los reunía en salas con las paredes forradas de espejos. Él aparecía vestido de seda lila, como un mago, en mitad de la penumbra. Se sentaba frente al enfermo haciendo que las rodillas de uno y otro entraran en contacto, tomaba sus manos, presionándole la punta de los pulgares, y, mirándole fijamente a los ojos a escasos centímetros de su cara, pasaba su mano sobre la parte afectada del paciente (habitualmente, la paciente). Los efectos «sanadores» alcanzaban en este punto su culmen. A este teatrillo pronto se le empezó a conocer por el nombre de «mesmerismo» y, con el tiempo, «hipnotismo».

Aunque, si hay que reconocer algo, es que Mesmer era un *entrepreneur*. No tardó en ver que nuevas puertas de negocio se habrían. ¿Por qué tratar a los pacientes de uno en uno, cuando se les puede tratar de veinte en veinte? Así, empezó a organizar sesiones grupales donde decenas de personas se sentaban en círculo alrededor de una jarra donde decía concentrar el fluido magnético. De la jarra salían hilos de hierro hacia cada uno de los asistentes al «espectáculo», quienes se los debían de sujetar a la parte del cuerpo enferma. Otra cuerda los unía a todos entre sí. La sugestión era completa; la cura, puro placebo.

En ese camino por rentabilizar su «invención», Mesmer llegó al extremo de «magnetizar» árboles para los clientes que podían pagar tal lujo, de forma que pudiesen reequilibrar sus fluidos magnéticos siempre que quisiesen: tan solo debían salir al jardín y abrazar el tronco milagroso. Incluso en un acto de pura filantropía «magnetizó» un árbol en la calle Bondy, a las afueras de París, para que los pobres también tuviesen acceso a un sistema público de salud.

Pero el chollo francés también llegó a su fin, y esta vez fue definitivo. En esta ocasión, el responsable no fue la decepción de una emperatriz, sino el escrutinio de un comité científico que incluía entre sus miembros a la eminencia mundial Benjamin Franklin (por aquel momento, embajador de los Estados Unidos en Francia), Antoine-Laurent Lavoisier (uno de los principales responsables del nacimiento de la química moderna), el médico Joseph-Ignace Guillotin (inventor del homónimo y productivo ingenio) y a Jean-Sylvian Bailly (astrónomo y futuro primer alcalde de París).

A instancias del rey Luis XVI, la comisión científica examinó la técnica y los pacientes, reprodujo el procedimiento y realizó estudios ciegos, en los que el enfermo desconoce si se le está aplicando la cura o no. La conclusión fue que no había evidencia de la existencia de ningún fluido magnético, magnetismo animal, cura mesmérica o una simple sanación. Entre los experimentos que realizaron, vendaron los ojos a un niño expresamente seleccionado por un discípulo de Mesmer por ser especialmente sensible al magnetismo, y lo llevaron a un jardín con árboles, uno de los cuales había sido «magnetizado». A continuación, le pidieron que abrazase durante dos minutos algunos de los árboles del jardín y refiriese sus sensaciones; al llegar al cuarto, cayó desmayado. Ninguno de los árboles achuchados había sido «magnetizado», y, de hecho, en su proceder el niño se había ido alejando del que sí había sido cargado de fluido magnético. Eso no fue óbice para que los seguidores de Mesmer viesen aquí una evidencia de que el niño había caído en trance y, por tanto, del poder del mesmerismo; aunque la causa de este desmayo probablemente fuese la presión a la que se sometió al niño, así como a su propia sugestión.

En otro experimento se sentó frente a una puerta a una paciente que sufría de «mal nervioso» y se le dijo que al otro lado uno de los discípulos de Mesmer la estaba magnetizando. Tal extremo no era cierto, al otro lado de la puerta no había nadie; pero ello no impidió disfrutar de los efectos de la magnetización. Tal y como podemos leer en el *Rapport des commissaires chargés par le Roi, de l'examen du magnétisme animal*:

> Apenas llevaba un minuto sentada frente a la puerta cuando empezó a sentir escalofríos. Un minuto después empezó a castañear los dientes y a sentir calor por todo el cuerpo; después de un tercer minuto, sufrió el ataque. La respiración se aceleró, estiró ambos brazos por detrás de su espalda, los torció violentamente, con fuerza, e inclinó su cuerpo hacia delante. El cuerpo entero temblaba. El rechinar de los dientes se hizo tan ruidoso que se oía desde fuera; se mordió la mano con tal fuerza que los dientes quedaron marcados en ella.

La conclusión del informe de la comisión fue devastadora. Ninguno de los científicos dudó de que las crisis fuesen ciertas, pero las atribuyeron al producto de la imaginación de los sujetos estudiados, con lo que concluyeron que no tenían ningún efecto terapéutico. No encontraron rastro alguno de magnetismo animal.

La derrota de Mesmer fue total. Al informe hubo que sumar que, poco después de su publicación, uno de los pacientes que más había defendido el método de Mesmer, M. Court de Gibelin, murió en plena terapia; al tiempo que Maria Theresia von Paradis, la protegida de la emperatriz austriaca que no pudo curar y por la cual abandonó Viena, llegó a París a realizar una serie de conciertos, convirtiéndose en un recordatorio constante de los fracasos del médico.

El mundo le dio la espalda a Mesmer. Los críticos lo acusaban de plagiar a Paracelso y a Robert Fludd, al tiempo que señalaban que su técnica terapéutica no era otra cosa que una suerte de exorcismo religioso moderno. Sus seguidores negaban haber asistido nunca a sesión alguna; sus fanáticos fingían no recordar su nombre; incluso el propio Mozart, que había mediado ante Maria Antonieta por Mesmer, se burló de él en su ópera *Così fan tutte*, donde dos de los protagonistas de la obra se curan de los efectos de un falso veneno cuando la criada Despina, fingiendo ser un médico, les pasa por la frente un gran imán.

Pese a ello, la influencia del mesmerismo continuó por siglos. Los artistas del Romanticismo y Posromanticismo llenaron sus obras con referencias a la hipnosis, el magnetismo animal y los trances mesméricos. Muestra de ello son *La verdad sobre el caso del señor Valdemar* (1845) de Edgar Allan Poe y *El gran experimento de Keinplatz* (1885) de Arthur Conan Doyle. Pero el legado de Mesmer no solo perduró en la literatura. Sin ir más lejos, la hipnosis, heredera directa de las ideas de este estafador, continúa siendo el argumento alrededor del cual giran programas de televisión hoy en día, en los cuales se hipnotiza a famosos por el simple morbo de ver a un personaje conocido estar a merced de los caprichos de un tercero.

El *baquet* de Mesmer (*Pittoresque*, 1842). Este método era empleado por Franz Anton Mesmer en las sesiones de grupo, y consistía en que cada asistente cogiera una de las barras de hierro para después introducirlas en el interior de la cubeta (*baquet*), donde había oculta agua magnetizada, lo cual hacía circular por sus cuerpos una suave corriente eléctrica que transmitía sensaciones.

Es más, en estas líneas habremos reconocido muchas de las supersticiones, pseudociencias y «terapias alternativas» con las que actualmente se continúa sacando el dinero a multitudes; las mismas con las que empezábamos este capítulo. Tras todas ellas subyace la misma idea del magnetismo como agente terapéutico, la misma falta de fundamento científico y el mismo interés pecuniario; la diferencia reside en el modo concreto en el que se lleva a cabo la práctica.

Queda la duda de si Mesmer creía genuinamente en lo que vendía, o si solamente lo usaba para enriquecerse. Suelen suscitar las mismas dudas las pitonisas, los mesías y las «terapeutas cuánticas»; ¿creen las excentricidades que cuentan, o son simples estafadores con un pico de oro? Puede que la verdad esté en un punto intermedio; la diferencia, al fin y al cabo, es mínima. En cualquier caso, devoto del magnetismo animal o no, Mesmer acabó huyendo de París en parte por su desprestigio y en parte por miedo a una Revolución francesa que en 1793 estaba en pleno apogeo. El éxito francés nunca se repitió, aunque no por falta de intentarlo: también intentó engañar al príncipe Henry de Prusia, pero la suerte nunca estuvo de su parte de nuevo.

Franz Anton Mesmer vivió sus últimos días el mes de marzo de 1815 en la aldea alemana de Meersburg, olvidado por una Europa que había tenido a sus pies.

LO QUE NO ENSEÑAN EN LAS FACULTADES DE MEDICINA

La vida y obra de Franz Anton Mesmer, más allá de lo curiosa que pueda resultar, es muy reveladora en cuanto a una cuestión: la facilidad con la que se puede manipular un descubrimiento científico hasta generar un producto con el que engañar a la gente y obtener un rendimiento económico. Mesmer fue el primero en sacar provecho del magnetismo animal, pero no el último.

El *reiki* es una pseudoterapia según la cual a través de la imposición de manos se canaliza una energía universal que reequilibra las energías del enfermo y contribuye a su recuperación. Empresas relacionadas con la venta de «productos naturales» promueven la «arboterapia», asegurando que abrazar un árbol ayuda a mejorar la concentración, a combatir el asma bronquial y la hipertensión arterial o a tratar la depresión.[52] Amazon está lleno de pulseras magnéticas que garantizan la mejora de nuestro drenaje linfático, que promueven la circulación sanguínea, que ayudan a relajarse o que incluso previenen la artritis. Evidentemente, estas tres prácticas tienen a su lado un cartel hecho con letras fluorescentes con la palabra *estafa*. De la misma forma, todas ellas beben en mayor o menor medida del mesmerismo y el magnetismo animal, adaptándolo a los nuevos tiempos e integrando conceptos de religiones como el budismo.

En cierta medida, el uso del magnetismo para intentar paliar enfermedades es comprensible. Las supersticiones y las terapias alternativas se alimentan en gran parte de la impotencia que sentimos por controlar situaciones incontrolables, por la incertidumbre del desenlace de un evento sobre el que no podemos influir, tanto más cuanto más importante sea para nosotros. Una enfermedad es uno de esos casos. Hoy en día, salvo excepciones, ponemos nuestra salud en manos del médico que nos trata. Por lo general, desconocemos en qué se basa la posible enfermedad que nos afecta, por lo que nos dejamos hacer por quien tiene el conocimiento que nos falta, confiando en la ciencia que lo respalda. Pero hay situaciones en las que la medicina no alcanza a dar una respuesta satisfactoria al no llegar a tiempo de tratar un cáncer o no ser capaz de revertir la esclerosis, por ejemplo; en ese caso, la persona estará sometida a una situación de estrés que la puede abocar a tomar el camino de lo irracional. El magnetismo, el hierro y sus minerales son una de las formas que tienen algunos de sacar provecho de la desesperación de estas personas.

---

52 No se habla aquí del beneficio más que evidente para la salud de incrementar la vegetación en nuestras ciudades, favorecer su renaturalización o dar paseos al aire libre o por entornos naturales; se habla de abrazar árboles para que estos reajusten nuestra energía interior.

Mesmer dio forma a las terapias modernas basadas en el magnetismo, pero no las inventó; más que un creador de contenido, el alemán era un generador de espectáculo. Las terapias magnéticas vienen de mucho más antiguo y han implicado a algunos de los grandes médicos de la historia: los nombres que vimos con la plata vuelven a repetirse con los imanes, solo que todo lo que acertaron en un caso, lo erraron en el otro. Estos intentos terapéuticos nacen en buena medida por la atracción natural hacia el magnetismo y los minerales imantados que siente el ser humano desde el momento en el que se descubrieron los primeros imanes. Este acontecimiento tuvo lugar por primera vez en Asia Menor, varios milenios antes de la era común, en un territorio llamado Magnesia. En esta tierra abundaba un tipo de mineral muy especial con una habilidad que no poseía ningún otro material conocido: era capaz de atraer otros objetos hacia él. Por esa propiedad inexplicable empezaron a conocer al mineral por el nombre de piedra imán y a atribuirle propiedades sobrenaturales y, especialmente, curativas.

Ahora sabemos que el mineral es en realidad un óxido de hierro (Fe_3O_4) al que hoy denominamos «ferrita» o «magnetita»; nombre este último, por cierto, que le pusieron los griegos en referencia a la zona donde era encontrado (Magnesia). Que el magnetismo se descubriese a partir de un mineral de hierro no es una casualidad. Como veremos, durante la mayor parte de la historia hablar de uno fue sinónimo de hablar del otro.

La propensión a atribuirle propiedades curativas a la magnetita, a la ferrita o a la piedra imán, como queramos llamarle, es transversal a la gran mayoría de las culturas que han tenido la fortuna de cruzarse con este mineral.[53] Uno de los primeros testimonios en este sentido lo hallamos en el papiro de Ebers. Este texto, datado sobre el año 3600 a. e. c., nos cuenta cómo los egip-

---

53 Debemos diferenciar aquí el estudio de las propiedades curativas de la magnetita con el magnetismo animal. El primero es tan antiguo como el propio uso de los imanes, pero no dispone de un marco teórico complejo tras él; el segundo es mucho más moderno y parte de las teorías de los campos de la ciencia moderna.

cios la usaban para la preparación de ungüentos con el fin de tratar heridas abiertas, además de como amuleto. Existe a su vez la leyenda de que Cleopatra dormía con un pequeño imán sobre la frente para retrasar el efecto del envejecimiento, aunque en este caso puede que no sea más que eso, una simple leyenda. En el texto hindú *Sushruta Samhita*, datado del siglo VI a. e. c., se describe la utilidad de la magnetita para extraer la punta de una flecha incrustada en un cuerpo humano. El *Huangdi Neijing*, por su parte, es el manual escrito por el emperador chino Huangdi alrededor del 2600 a. e. c. en el que se establecen los fundamentos de la conocida como «medicina tradicional china».[54] Es aquí donde se describen los «beneficios» terapéuticos de la acupuntura y donde se propone el uso de imanes para regular los flujos energéticos *qi*; algo curiosamente en la línea de lo que proponía Mesmer. Vemos, pues, cómo en los textos antiguos se mezclan los usos más prácticos, como los empleados en la India, con aquellos más esotéricos, como los egipcios y los chinos.

En las antiguas Grecia y Roma, por su parte, también intentaron usar los imanes con un fin curativo. Hipócrates (*ca.* 460-360 a. e. c.), por ejemplo, usaba minerales y óxidos de hierro para intentar frenar las hemorragias.[55] Plinio el Viejo, por su parte, recetaba allá por el primer siglo de la era común la aplicación de magnetita pulverizada sobre las quemaduras para su tratamiento; mientras que para Galeno (129-199 e. c.) sus beneficios eran principalmente de índole laxante.

Ya en la Edad Media, la magnetita se usó durante siglos pulverizada y mezclada con otros ingredientes en lo que llamaban *Emplastrum Magneticum*. Esta pasta se aplicaba directamente sobre la zona del cuerpo afectada y se pensaba que era eficaz en el tratamiento de enfermedades como la artritis y la gota, así como

---

54 Aunque esta es la versión más extendida, los datos apuntan a que en realidad el *Huangdi Neijing* fue compuesto sobre el 300 a. e. c. como un compendio de textos de muchos y diversos autores, a lo cual hay que añadir que este Huangdi fue una figura semimitológica, por lo que mucho no pudo escribir.

55 Aplicar hierro oxidado directamente sobre una herida sangrante, ¿qué puede salir mal?

en la reversión de condiciones como los envenenamientos o la calvicie. Ibn Sina (o Avicena, 980-1037 e. c.) recomendaba tomar pequeñas dosis de magnetita mezcladas con leche como antídoto contra la ingesta de «hierro venenoso» (oxidado), pues pensaba que atraería al hierro y haría que lo excretásemos «por vía intestinal». Este remedio era efectivo, aunque su beneficio real provenía más bien por el hecho de que inducía al vómito. Por último, Alberto Magno (1200-1280 e. c.) recomendaba en su libro *Mineralia* la misma mezcla de leche y magnetita que Ibn Sina, aunque, en este caso, para el tratamiento de edemas.

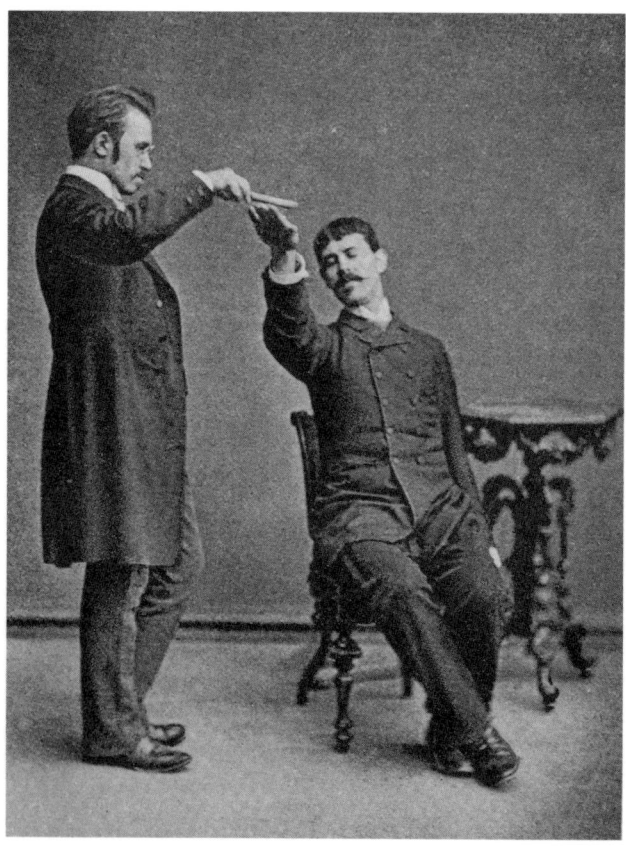

Fotografía en la que se escenifica el llamado «magnetismo animal». Hipnosis por transferencia magnética utilizando un imán, que sostiene el hipnotizador, lo cual genera cierta sensibilidad y movimientos corporales en el hipnotizado.

Los poderes curativos del magnetismo, tal y como los entendían los antiguos (y no tan antiguos), son en realidad nulos. En lo que respecta a los imanes y la salud, debemos reconocer que andaban completamente despistados. No está de más considerar que, junto a estos remedios, también indicaban que un imán pierde fuerza si se le restriega un ajo, así se asegura de hacérnoslo saber Plutarco en sus escritos. De la siguiente opinión era William Gilbert, médico de la reina inglesa Elizabeth I a finales del siglo XVII:

> Una pasta de magnetita no es capaz de extraer grandes objetos de hierro de las heridas, esa misma pasta aplicada en la cabeza no cura las jaquecas; si se usa en combinación con hechizos, no sana la locura; si se aplica sobre la cabeza de las mujeres poco castas, no hace que estas salgan de la cama, y los imanes no son capaces de eliminar ni el mal de gota ni de extraer el veneno de ninguna parte de nuestro organismo.

Tras una investigación larga y exhaustiva, Gilbert tan solo encontró que las pastas de magnetita únicamente eran eficaces para tratar roturas de tejidos, probablemente porque contribuían a secarlos, así como para tratar enfermedades como la anemia cuando se incluía vinagre fuerte en la mezcla, seguramente debido al hierro de la magnetita que el ácido ayuda a liberar.

Así, desde el descubrimiento de las piedras imán hasta bien entrado el siglo XVIII, el magnetismo y ese óxido de hierro llamado «magnetita» se han vinculado a nuestra salud y a la cura de enfermedades.[56] El razonamiento lo expuso a la perfección Paracelso: dado que los imanes tienen el misterioso poder de atraer el hierro, deben ser también capaces de atraer las enfermedades del cuerpo,

---

56 Evidentemente, no ha sido esta la única aplicación que se le ha dado al magnetismo. Más allá de estos usos menos terapéuticos que esotéricos, lo cierto es que, a lo largo de la historia, las aplicaciones que se le han dado a la ferrita en particular y a los objetos metálicos en general han sido principalmente de índole práctica, como es el caso de la brújula y la electrónica; pero esto por una parte es de sobra conocido, y por otra parte no tiene demasiada relación con el uso medicinal del magnetismo.

haciéndolo sanar. Esta secuencia lógica, a poco que pensemos sobre ella, veremos que hace aguas por todas partes. Y pese a ello, fue parte de la ortodoxia médica durante siglos. Hoy en día, ningún médico recomienda pasarse un imán por la cabeza para tratar la epilepsia, frotarse con él el estómago para frenar una diarrea o unírselo a la muñeca a modo de pulsera para combatir la ansiedad. Y no lo recomienda por una más que demostrada ausencia de efecto sobre nuestra salud.

Ahora bien, una vez dicho todo esto, y teniendo los pies en la tierra, no está de más fantasear con un par de preguntas: ¿hasta qué punto se equivocaba Mesmer? ¿Tienen los organismos vivos algo remotamente parecido al magnetismo animal? ¿Podría el mesmerismo tener un mínimo fundamento teórico, por remoto que fuese? ¿Son los seres vivos, en definitiva, sensibles a los campos magnéticos?

No solo lo son, sino que hay disciplinas científicas dedicadas por entero al estudio de esta capacidad. El magnetismo está mucho más estrechamente ligado a la vida de lo que podríamos pensar en un primer momento. Evidentemente, la relación no la vamos a encontrar en el magnetismo animal, en ese flujo universal que nos recorre y vincula con todo lo que nos rodea, vivo o inerte, terrenal o celeste. Lo encontraremos más bien en mecanismos internos de los seres vivos como proteínas que dejan de funcionar dependiendo de la presencia o no de un campo magnético u órganos que funcionan a modo de brújula. Mesmer, de una forma más honesta o más falaz, proponía una revolución, una nueva forma de entender la naturaleza, nuestra relación con el medio y los mecanismos mediante los cuales se articulan las enfermedades. Erró, pero de la misma manera que un reloj parado marca correctamente la hora dos veces al día, también hubo algo en lo que acertó.

Su primer acierto fue seleccionar el hierro como el elemento con el que comenzar esa transformación de la medicina; precisamente, al metal de las revoluciones. Pocos metales han contribuido de una forma más proactiva que este elemento a los momentos de disrupción de la especie humana.

Cuando el suministro de estaño se ralentizó, allá por el 1200 a. e. c., dificultando la producción de bronce en las culturas antiguas, el hierro fue su substituto. Este era más difícil de producir, ya que sus óxidos son todavía más estables que los del cobre, por lo que los hornos empleados para su producción debían alcanzar temperaturas aún mayores. Pero, una vez desarrollada, la metalurgia del hierro dio lugar a nuevos materiales de una forma similar a como lo había hecho el bronce milenios atrás, iniciando la Edad del Hierro.

Con hierro se forjó la revolución de la agricultura: la producción de azadas, arados y hoces más duras y afiladas hizo posible cosechar más con un menor esfuerzo y cultivar suelos de otra forma inaprovechables. Y con hierro se forjó también la Revolución Industrial milenios más tarde: la invención de los altos hornos, capaces de alcanzar temperaturas más elevadas y separar el arrabio de la escoria, permitió obtener hierro de alta calidad en cantidades masivas. Con él se construyeron trenes y vías por las que hacerlos circular, barcos de vapor, maquinaria industrial (como la textil) y puentes colgantes con los que acortar rápidamente y a bajo coste distancias antes insalvables. Con hierro y acero se alzaron construcciones imposibles, como la torre Eiffel, gracias a la robustez y ligereza que aportaba este metal a las estructuras; siguiendo estos principios se alcanzó la revolución en la arquitectura, permitiendo construcciones como el Palacio de Cristal de Londres, las Torres Petronas de Kuala Lumpur y el edificio en el que probablemente vive usted mismo.

En hierro se forjaron las guerras y las conquistas. El hierro segó las cabezas de Luis XVI, de Danton y de Robespierre; era el hierro el que brillaba cuando blandía su espada Bolívar; era polvo de hierro el que teñía de negro las ropas de los trabajadores de las siderurgias mientras asaltaban el Palacio de Invierno de Petrogrado.

Lo dicho, el hierro es el metal de las revoluciones, aunque incidir en este punto puede que esté de más, todos somos conocedores de los usos del más común de los metales. Hay, eso sí, una última aplicación que, pese a ser más que conscientes de ella, lo más probable es que la minusvaloremos un tanto. Es precisamente este el segundo aspecto en el que acertó de forma fortuita Mesmer al crear su universo de hipnosis: el uso de imanes hechos de un óxido de hierro, la magnetita.

La capacidad de percibir el magnetismo que postulaba Mesmer, y tantos otros antes que él, no es completamente falsa. Al fin y al cabo, las grandes mentiras deben buena parte de su éxito a que integran en su seno parte de verdad. Atrevámonos, pues, a hacernos la siguiente pregunta: ¿qué relación hay entre el magnetismo y los organismos vivos? Puede que el nulo impacto que tienen las «terapias magnéticas» sobre los seres vivos, nosotros entre ellos, tan solo se deba a que no estamos usando imanes lo suficientemente grandes. Si nos ponemos una pulsera hecha con imanes poco más potentes que el que compramos durante las últimas vacaciones en Roma para pegar un Coliseo mal pintado en la nevera, es comprensible que no veamos efecto alguno sobre la salud. Pero ¿sucedería lo mismo si nos acercásemos a un imán potente de verdad? ¿Y habría alguna diferencia entre si, en vez de acercarnos nosotros, lo hiciese un perro? ¿Y si le aproximásemos un helecho? ¿Y un cultivo de bacterias? ¿Alteraría el imán el metabolismo de alguno de esos seres vivos?

La duda es razonable, se enmarca en la mera curiosidad, pero la respuesta es fascinante. El magnetismo no solo puede influir en el comportamiento de múltiples organismos, sino que puede incluso llegar a trastornar su percepción del mundo hasta el punto de inducirles al suicidio. Pero, para que ello tenga lugar, necesitamos pensar a lo grande; ningún imán que pudiésemos sostener en las manos sería lo suficientemente potente, ninguna piedra de magnetita que podamos ni siquiera mover del suelo podría tener efecto alguno sobre la mayoría de los organismos vivos: debemos ir a una escala mucho mayor.

SEXTOS SENTIDOS COLUMBINOS

La totalidad de los seres vivos que existen en este planeta han evolucionado bajo el efecto del campo magnético de la Tierra, por lo que no es de extrañar si algunos de ellos han desarrollado métodos para detectarlo y aprovecharlo. Y, como sucede con el resto de los sentidos, hay algunos seres vivos que lo utilizan como una herramienta más, mientras que hay otros para los que constituye una fuente de atracción de la que no pueden escapar.

Uno de los ejemplos más conocidos respecto al primero de los casos son las palomas mensajeras, unas aves con una extraordinaria capacidad de la orientación usadas desde la Antigüedad para transportar mensajes entre puntos alejados de una forma rápida y eficaz. Aunque el sentido de la orientación de estas aves, pese a ser innato, es fruto también de la acción humana. Buena parte de las características de los animales domésticos tal y como los conocemos en la actualidad vienen dadas por la selección que las personas hemos hecho a lo largo de milenios de cría selectiva. En nuestra búsqueda de vacas más fértiles y con una mayor capacidad de producir leche, de gallinas más carnosas y con puestas más frecuentes, o de cerdos con un crecimiento más acelerado; hemos modelado especies enteras, favoreciendo las características que nos eran más útiles y minimizando aquellas que minaban la productividad. Lo mismo sucede con las palomas mensajeras.

Antes de que la mano del ser humano entrase en acción, estas aves contaban con una orientación prodigiosa que les permitía localizar a ciegas un punto a centenares de kilómetros de distancia sin haber recorrido nunca ese trayecto. Pero la selección humana, la cría selectiva y el cruce entre variedades ha dado lugar a una especie de paloma atlética, resistente a la fatiga, y con un sentido de la orientación fuera de lo común.

Estas aves son capaces de recorrer en un solo día hasta mil kilómetros y, lo más importante, volver siempre a su nido independientemente del lugar en el que se liberen. Pronto descubrimos que, si le atábamos un mensaje a una de sus patas, convertíamos un animal extraordinario en el mejor sistema de comunicación conocido hasta el momento. De este modo es como se vienen usando las palomas mensajeras al menos desde hace unos tres mil años, en ocasiones con un fin pacífico (era de esta forma como proclamaban desde Olimpia al resto de ciudades en la antigua Grecia el nombre de los ganadores de los Juegos Olímpicos), pero especialmente con un propósito bélico y/o defensivo.

No faltan los ejemplos. Este era el método que utilizó Julio César para comunicarse con Roma durante su conquista de la Galia, y el que usó Bruto para enterarse de los planes de Marco Antonio y romper el asedio bajo el que este mantenía a la ciudad de Mutina (actual Módena). Genghis Kahn estableció una red de puestos de correo columbino por gran parte de Asia y Europa del Este mediante el que controlaba su extenso imperio. En 1167 el sultán Nur ad-Din dispuso un sistema de mensajería regular a base de palomas entre Bagdad, Damasco, Alepo, Jerusalén y El Cairo, entre otras urbes, del que se sirvió durante la segunda cruzada por la conquista de Tierra Santa; mismo sistema que usaban los cruzados cristianos para comunicarse con sus respectivos reinos. La República de Génova equipó todas y cada una de las torres de su red de vigilancia en el Mediterráneo con sus respectivos palomares. Durante la Segunda Guerra Mundial, Reino Unido distribuyó dieciséis mil palomas por una Francia ocupada por los nazis para recibir información de más allá de las líneas enemigas y mantener la comunicación con el frente. Fue una paloma, de hecho, quien transportó uno de los primeros partes de un lado al otro del Canal de la Mancha el día D informando de que los batallones aliados habían desembarcado con éxito en tierra normanda.

Los usos no directamente relacionados con la guerra van mucho más allá de la difusión de los nombres de los ganadores en los Juegos Olímpicos de la Antigüedad. Entre ellos se puede destacar el que le dio en 1850 Paul Reuter: establecer un servicio de mensajería rápida entre Bruselas y Aachen con el que conocer antes que nadie las últimas noticias de la capital belga, así como para seguir de cerca el valor de las acciones bursátiles. Este fue el germen de Reuters; hoy en día, una de las agencias de noticias más grandes del mundo. Además, las palomas se usaron en uno de los primeros servicios de correo aéreo regular, el establecido entre las islas de Nueva Zelanda a finales del siglo XIX.

Con la llegada de la telegrafía, el uso de palomas mensajeras entró rápidamente en desuso, en parte por lo costoso del mantenimiento de esta red; pensemos que las palomas solo vuelan en un sentido, por lo que tras cada vuelo el animal debía ser devuelto a su punto de partida. Hoy en día las palomas mensajeras se usan tan solo por parte de algunos ejércitos para evitar la interrupción de las comunicaciones en un eventual apagón general (aunque países como España han desmantelado recientemente sus «divisiones»), así como en competición, como *els colombaires* valencianos, que de esta forma mantienen viva una tradición con siglos de historia.

Sargento de tripulación del escuadrón número 209 de la Real Fuerza Aérea (RAF) de Reino Unido, al momento de lanzar una paloma mensajera desde la escotilla lateral de un hidroavión en la Segunda Guerra Mundial (1939-1945).

Si las palomas han sido usadas para comunicaciones tan cruciales a lo largo de la historia es debido a su enorme fiabilidad. Si no son interceptadas por un halcón, las palomas son capaces de volver al que consideran su nido; sin importar la distancia hasta este, lo desconocido del punto de partida de su viaje o que nunca hayan hecho un recorrido similar. Ello es posible gracias a su extraordinario sentido de la orientación, el cual se basa, a su vez, en dos elementos: su sutil percepción de las variaciones en el campo magnético terrestre y su orientación visual.

El campo magnético de la Tierra se origina principalmente en su núcleo externo y toma la forma propia de un imán; por lo tanto, ni es homogéneo en todo el planeta, ni su dirección es constante y paralela a la superficie terrestre. Son estas variaciones en la dirección e intensidad del campo magnético, además de la referencia visual del sol, lo que usan las palomas para orientarse a grandes distancias. Por contra, cuando se encuentran cerca de su destino, las diferencias en el campo magnético terrestre son tan pequeñas que son indistinguibles incluso para estos radares con plumas. Es en este punto cuando hacen uso de las referencias visuales tales como montañas, árboles o edificios para llegar a su destino.

Hay múltiples pruebas de que las palomas utilizan el campo magnético terrestre para orientarse. Por ejemplo, si se les ata una pequeña barra imantada tras la cabeza son incapaces de encontrar su destino, mientras que, si la barra no está imantada, llegan sin problema. Curiosamente, este experimento funciona únicamente los días nublados, pues, si hace sol, las palomas no tienen problemas en volver al nido. Otro hecho que demuestra el uso del campo magnético por parte de estos animales para orientarse tiene que ver con las conocidas como «bovinas de Helmholtz», capaces de inducir un campo magnético sobre el ave que se puede cambiar simplemente invirtiendo la conexión de la batería que proporciona la energía. Así, en función de la dirección de este campo magnético, las palomas encuentran el nido sin problemas, o vagan desorientadas sin ser capaces de hallar su hogar, siempre que no esté el sol visible. Ambos experimentos sugieren que, además del campo magnético de la Tierra, estos animales también usan la posición del sol para orientarse.

Ahora bien, para llegar a usar el magnetismo generado por el núcleo de hierro de la Tierra, evidentemente, las palomas deben de ser capaces de detectarlo. Y no solo detectarlo, sino deben también poder medir su dirección e intensidad con la suficiente precisión como para encontrar los mínimos cambios que les permitirán hallar su hogar. Sin embargo, el mecanismo exacto por el que esto tiene lugar continúa siendo un misterio por resolver.

De los estudios mencionados más arriba se deduce que el «sensor» debe estar localizado en la cabeza del animal, pues atarle un pequeño imán a una pata, por ejemplo, tiene el mismo efecto que atarle un pedazo de plástico: ninguno en absoluto. De la misma forma, lo más probable es que este órgano contenga pequeños depósitos de magnetita, la misma roca que usaba Mesmer, que se orientarían en función del campo magnético externo; de alguna manera, esta información se debería transmitir al animal. Ahora, el órgano en concreto encargado de ello, así como el mecanismo a través del que tiene lugar no se conocen con seguridad.

Por lo que parece, las palomas tienen una serie de células con depósitos de magnetita en su pico. Según algunos estudios, estas células podrían ser en realidad neuronas a las que sus pequeños minerales de hierro hacen sensibles al magnetismo. Según otros, no se trata de neuronas, sino de macrófagos, pertenecientes al sistema inmunológico del animal, y que se encargarían de la regulación del hierro en el mismo. A su vez, otros estudios indican que el sentido magnético no se halla en el pico, sino en el oído interno. En 2012, Le-Qing Wu y J. David Dickman observaron que las palomas tienen vinculadas a este órgano una serie de neuronas que codifican la información sobre campos magnéticos externos, lo que podría significar que son usadas para detectarlos y orientarse. Es posible que ambas hipótesis sean ciertas y que las palomas tengan varios órganos que usan para navegar a través de los campos magnéticos, o que no lo sea ninguna de las dos. En cualquier caso, lo que parece estar más que probado es el hecho de que estos animales son capaces de detectar dichos campos y orientarse en función de ellos.

EL CRIPTOCROMO 4 Y EL NUEVO ADVENIMIENTO DE CRISTO

Ni las palomas mensajeras son el único animal capaz de detectar y usar el campo magnético de la Tierra, ni los humanos hemos participado necesariamente en el perfeccionamiento de esta característica. Hasta el momento se han identificado decenas de especies que presentan lo que se conoce como «magnetorrecepción»: desde bacterias y procariotas a abejas, cucarachas, tritones (unos anfibios parecidos a las salamandras), tortugas, roedores, bogavantes, peces, murciélagos y aves, tanto migratorias como residentes. En la inmensa mayoría de los casos, estos seres deben su capacidad de percibir el magnetismo a la presencia de pequeños cristales de ese óxido de hierro que llamamos «magnetita» en diferentes partes de su cuerpo.

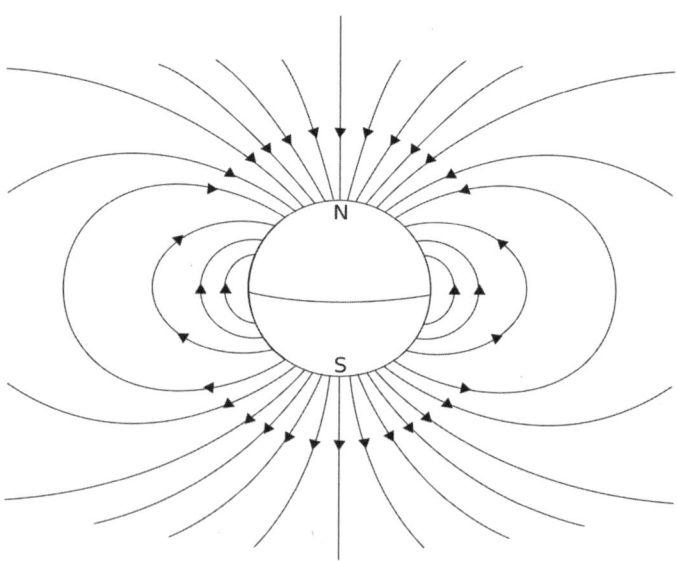

Campo magnético terrestre.

Entre los más destacados están las aves migratorias. Este término comprende a todo un conjunto de especies aviares que cada año emprenden viajes estacionales de miles de kilómetros en búsqueda de días más largos, temperaturas más templadas y una mayor cantidad de alimento. Así, la mayoría de estos animales viajan durante el verano desde latitudes más sureñas hacia el norte, donde se reproducen; en invierno vuelan en sentido contrario: abandonan el norte para volver a las áreas cálidas del sur. En este camino de ida y vuelta, muchas de estas aves pueden realizar recorridos de miles de kilómetros y, en ocasiones, sin descanso alguno.

Es el caso del carricero común (*Acrocephalus scirpaceus*), un pequeño pájaro de apenas doce gramos de peso que cada año viaja más de siete mil kilómetros entre Europa y África. En su camino atraviesa el desierto del Sáhara, alcanza altitudes que pueden llegar hasta los seis mil metros y realiza vuelos de hasta treinta horas de duración. Es el caso también de las agujas colipintas (*Limosa lapponica*), unas aves de unos 72 cm de envergadura que en verano anidan en Alaska y que con la bajada de las temperaturas se mudan a Nueva Zelanda. Las agujas recorren los 11 500 kilómetros que separan un punto del otro sin realizar un solo descanso, volando en continuo durante ocho o nueve días. No todas las aves migratorias se pegan estos palizones, hay otras que solo migran a unos pocos cientos de kilómetros, pero son precisamente las primeras las que más nos interesan por ser las que dependen en un mayor grado de su sentido magnético.

Para encontrar el lugar al que volver, las aves migratorias toman antes de partir una fotografía mental del mapa magnético del punto en el que se hallan. Es este, junto con otras referencias visuales, lo que utilizan para encontrar el lugar donde anidaron seis meses atrás, de un modo similar a como lo hacen las palomas. Ahora bien, en este caso el órgano que permite la magnetorrecepción no lo hallamos ni en su pico ni en su oído interno, sino en sus ojos. Es más, no es que «sientan» los campos magnéticos, término que empleamos cuando no somos capaces de entender o explicar cómo estas aves son capaces de percibir un estímulo invisible para nosotros; es que pueden verlos.

Al mirar al cielo, estos animales ven luminoso aquello que se halla en el norte, y sombrío y apagado todo aquello que no esté en esa dirección. Es decir, en su panorámica tienen zonas de visión más brillantes o más oscuras coincidiendo con las líneas del campo magnético terrestre, como un foco a modo de estrella polar que brilla esté nublado o despejado y que tan solo es producto de la interacción entre los ojos de estas aves y los campos magnéticos. Esta es al menos la conclusión a la que llegaron la profesora Christiane R. Timmel, de la Universidad de Oxford, y el profesor Henrik Mouritsen, de la Universidad de Oldenburg (Inglaterra y Alemania, respectivamente), cuando se plantearon estudiar cuál es el mecanismo exacto por el que estas aves detectan los campos magnéticos.

Estos científicos centraron sus estudios en el petirrojo europeo (*Erithacus rubecula*), un pequeño pájaro cantor que migra de noche. Al estudiarlo, se fijaron en primer lugar en que su magnetorrecepción era bastante peor en ausencia de luz. Era como si por la noche percibiera peor el campo magnético terrestre. Esto por sí mismo es raro, ¿qué tendrá que ver el sentido de la vista con la sensibilidad al magnetismo? Pero el caso es que se sumaba a la observación que habían realizado unos años atrás: cuando los pájaros usan su «brújula interna», se activan las mismas partes del cerebro que procesan el sentido de la visión. Ambas pistas parecían apuntar en una misma dirección.

Las sospechas recayeron en una molécula muy particular, en una de las proteínas que captan la luz que llega a nuestros ojos y la transforman en una señal eléctrica. Esta señal se comunica a través de las neuronas del nervio óptico hasta el lóbulo occipital del cerebro, el principal encargado de formar las imágenes en nuestra mente y completar el proceso de la visión. La proteína en la que estos investigadores se fijaron forma parte del grupo de los criptocromos, un conjunto de fotorreceptores que en plantas y animales están implicados en la regulación de procesos tan importantes como los ciclos circadianos. En concreto, el protagonista de esta investigación fue el criptocromo 4.

Por lo general, los criptocromos funcionan del siguiente modo: cuando la luz incide sobre ellos, esta es absorbida por un electrón, que se excita y empieza a moverse por la proteína para acabar siendo atrapada por uno de sus componentes, la flavina (dinucleótido de flavina y adenina, si queremos nombres y apellidos). Esta transferencia del electrón a la flavina provoca a su vez una cascada de reacciones que acaban, en último lugar, como ya hemos visto, generando una señal eléctrica que le llega al cerebro, y este interpreta.

Este es el proceso general por el que funcionan los criptocromos, pero lo que Christiane y Henrik vieron es que el criptocromo 4 es ligeramente distinto. Su estructura contiene una serie de sutiles diferencias con respecto a los otros de su especie que provocan que esa transferencia del electrón a la flavina solo se produzca en presencia de un campo magnético intenso. En otras palabras, si el campo magnético es débil o no tiene la dirección adecuada, no hay transferencia del electrón y, por tanto, no hay visión. Así, cuando las aves migratorias ven una panorámica, en aquellas zonas en que coincida que también hay un campo magnético fuerte, como en la dirección del polo norte, el proceso de visión se produce sin problemas; en cambio, si dirigen la mirada a cualquier otra dirección, la falta de un campo magnético intenso imposibilita que el criptocromo 4 inicie la cascada de reacciones que dan lugar a la visión, con lo que las aves sufren una ceguera parcial en esas zonas. Así es como ven el norte iluminado y oscurecidas las demás direcciones. Es de suponer, por tanto, que, si les acercáramos un imán con la suficiente potencia, estas aves lo verían como el nuevo advenimiento de Cristo.

En ciencia siempre es conveniente tener una referencia con la que comparar. Una vez observado este comportamiento en el criptocromo 4 de las aves migratorias, Christiane y Henrik fueron a estudiar el de otros pájaros que viven todo el año en una misma localización y que, aunque puedan presentar magnetorrecepción, esta no es tan crucial para su vida como lo es para las primeras. Es el caso de los pollos. Estas aves también tienen criptocromo 4 en las células responsables de la visión, pero en ellas la proteína no es ni de lejos tan sensible a los campos magnéticos como la del petirrojo europeo, por ejemplo; lo que sugiere que la versión de la molécula en los pájaros migratorios ha sido optimizada con el tiempo, amplificando su sensibilidad. En cualquier caso, y por relevantes que parezcan, estos estudios no son definitivos; por recientes (fueron publicados en *Nature* en 2021) y pioneros, siempre hay que tomarlos con cautela hasta que otros grupos de investigación puedan profundizar en ellos y verificar sus conclusiones. Lo que sí dan es buena muestra de la complejidad de los procesos biológicos que hacen posible la magnetorrecepción.

LAS ABEJAS Y EL 5G

Más allá de las aves y otros grandes animales, la magnetorrecepción es una habilidad que se ha encontrado también en numerosas especies de insectos, de muy distinta clase y categoría, aunque es especialmente llamativa entre aquellos denominados «sociales» como las hormigas, las termitas o las abejas. En este último grupo de insectos, por ejemplo, la percepción de los campos magnéticos se realiza a través de su abdomen mediante unas glándulas que contienen, nuevamente, ese óxido de hierro llamado «magnetita». Este hecho se conoce desde los años 90 del siglo pasado, pero cuando quedó meridianamente claro que los minerales de hierro del abdomen de las abejas son sensibles a los campos magnéticos fue bien entrado el siglo XXI, con los experimentos encabezados por la bióloga Veronika Lambinet, de la Universidad Simon Fraser de Vancouver.

En estos estudios vieron que, si partían el cuerpo de una abeja en sus tres partes (cabeza, tórax y abdomen) y analizaban cada una de ellas por separado, tan solo el abdomen daba señal magnética. Por lo tanto, es ese el único lugar donde puede residir la magnetorrecepción. Una vez demostrado esto, era hora de pasar a las abejas vivas.

Para estudiar si las abejas son capaces de percibir los campos magnéticos y usarlos para orientarse, decidieron entrenar a un grupo de ellas a localizar un tesoro de azúcar situado al final de un laberinto. Salpicados aquí y allá, los investigadores dispusieron por el laberinto una serie de imanes relativamente potentes con los que crearon un mapa magnético. De ser cierta la hipótesis, las abejas utilizarían el mapa para memorizar el camino hasta el premio. Había llegado el momento de ponerlas a prueba.

Dividieron el conjunto de abejas entrenadas en dos grupos. Al primero lo desorientaron sometiéndolo, durante cinco segundos, a un campo magnético muy potente, miles de veces más intenso que el de la Tierra. De esta forma se debería haber cambiado el modo en el que los gránulos de magnetita del abdomen de las abejas estaban ordenados, inutilizándolos. Al segundo grupo de abejas se le dejó en paz, ellas eran el grupo control. Por último, llegó el momento decisivo: se liberó a las abejas de nuevo en el laberinto para que volasen hasta el manjar que, sabían, las esperaba. Tan solo aquellas que no habían sido sometidas al imán consiguieron llegar a su destino; ninguna a las que se les había «desintonizado» la magnetita abdominal consiguió el premio: habían perdido la capacidad de leer el mapa magnético. Así, aunque este estudio no proporciona información directa sobre el mecanismo biológico implicado en este proceso, sí que resulta una prueba más de la veracidad de la magnetorrecepción.

Esto ha sido aprovechado, una vez más, por la pseudociencia. Una de las afirmaciones más populares con respecto a este tema es que las radiaciones electromagnéticas de baja frecuencia, como las de la telefonía móvil, se encuentran tras la alarmante caída de la población mundial de abejas, uno de los actores clave en el mantenimiento de la mayoría de los ecosistemas terrestres. Según estas hipótesis, la contaminación electromagnética generada por las antenas 4G y 5G y las líneas de alta tensión, entre otras, estaría desorientando a las abejas y evitando que estas encuentren su enjambre.

Pese a que la disminución de la población de polinizadores es una (preocupante) realidad, la relación entre esta y los campos magnéticos de origen humano está en discusión. Es cierto que hay estudios que parecen apuntar en esta dirección, pero al mismo tiempo la mayoría de ellos son de muy baja calidad, emplean metodologías cuestionables, obvian detalles técnicos que impiden su reproducibilidad y usan fuentes de exposición poco realistas. Así, en la actualidad no se dispone de una conclusión firme al respecto, ni a favor ni en contra, aunque parece ganar cada vez más peso esta última postura. Ello no quita que, más allá de la responsabilidad de los campos magnéticos humanos sobre las abejas, las causas tras la desaparición de estos insectos polinizadores sean diversas y en su mayoría antropogénicas; entre ellas: la degradación de los hábitats naturales, la extensión de la urbanización y de la agricultura intensiva, el uso masivo de pesticidas e insecticidas y el aumento de las temperaturas. A esto se pueden sumar causas de origen no humano como es la proliferación de plagas y patógenos especialmente agresivos con estos insectos. Probablemente la causa real tras la desaparición de los polinizadores la podamos encontrar en una combinación de la mayoría de estos factores.

Pero esta no es ni de lejos la pseudociencia más «original» que se ha vinculado a las abejas. Ciertas corrientes pseudocientíficas han creado toda una ortodoxia sobre el comportamiento y la cría de estos insectos al calor del hecho de que sean sensibles a los campos magnéticos. Unas corrientes que han incorporado además elementos de la radiestesia y las corrientes de Hartmann, términos intencionadamente muy técnicos para darle veracidad al asunto, pero que no son otra cosa que la búsqueda de fuentes de agua mediante un palo zahorí de toda la vida. Más adelante veremos este punto con un poco más de detalle, pues resulta fascinante por morboso y extravagante a partes iguales, pero por darle una pincelada: estas «teorías» (en el peor sentido del término) postulan la existencia de unas redes energéticas subterráneas que afecta a la salud de los seres vivos. Dado que las abejas son sensibles a los campos magnéticos, su salud, bienestar y comportamiento se ven influidos por estas corrientes de naturaleza electromagnética. Estas pseudociencias recomiendan por tanto disponer las colmenas sobre corrientes de agua, cuyo fluir y rozar con el sustrato subterráneo «genera campos magnéticos» (*sic*), o colocar la entrada a la colmena mirando al sur (siempre que estemos en el hemisferio norte). De esta forma, y siempre según estas creencias, se estimula la recogida de néctar y la producción de miel en un 50 %, además de reforzar el sistema inmunitario tanto de la abeja reina como de las obreras, haciéndolas más resistentes a enfermedades como la varroosis. Y no solo eso, sino que, con la ayuda de las «corrientes telúricas», aumentamos la «vibración biológica de la colmena» (sea lo que sea eso), facilitamos la comunicación entre ellas e incrementamos tanto su capacidad de orientación geomagnética como su radio de recolección. Puede añadir a continuación, querido lector, cualquier afirmación que se le ocurra, que tendrá la misma validez que estas que se acaban de versar. No es menester indicar la nula validez de todos y cada uno de los postulados desgranados en este párrafo.

En cualquier caso, hay seres vivos para los que detectar o no un campo magnético tiene implicaciones mucho más graves que perder la capacidad de migrar o no encontrar la fuente de azúcar. Hay organismos para los que esta capacidad delimita la línea que separa la vida de la muerte. Hay seres que ya no es que detecten los campos; es que, una vez identificados, no pueden escapar a su atracción, induciéndolos, incluso, al suicidio involuntario.

El desarrollo de la tecnología 5G ha suscitado numerosas protestas alrededor del mundo, y muchas personas organizan hoy manifestaciones en contra de su implantación a causa de los numerosos perjuicios para la salud que acarrea.

EL MAGNETISMO Y LOS SUICIDIOS INVOLUNTARIOS

Hay preguntas que por su simplicidad no nos llegamos a hacer nunca, pero cuya respuesta son el punto de partida para conocer disciplinas científicas enteras. «¿Cómo sabe una semilla cómo germinar?» es una de ellas. Parece una cuestión bastante tonta hasta que reflexionamos un poco sobre ella. Soterrada y alejada de la luz del sol, ¿cómo sabe una semilla hacia dónde dirigir los nuevos tallos y hacia dónde las raíces? En otras palabras, ¿cómo sabe qué es arriba y qué abajo?

Una planta sabe en qué dirección crecer incluso bajo una oscuridad absoluta porque en sus células contiene unos orgánulos especializados en la detección de la gravedad, los conocidos como «amiloplastos». Los plastos son un tipo de cápsulas presentes en las células de plantas y algas y que funcionan a modo de almacén; los amiloplastos, en particular, acumulan gránulos de almidón. Estos gránulos son muy densos, con lo que por efecto de la gravedad se acumulan en la parte inferior de las células vegetales. Dicha acumulación provoca una cascada de reacciones metabólicas diferentes en tallos y raíces que implican hormonas vegetales como la auxina e iones como el Ca^{2+}. Las células que se transformarán en tallos tienden a crecer allí donde estos gránulos no se han acumulado, es decir, hacia arriba; mientras que con las que se convertirán en raíces sucede justo lo contrario, crecen en la dirección en la que las células tienen los gránulos acumulados, esto es, hacia abajo. Así es como la gravedad estimula el crecimiento de la planta en la dirección adecuada.

Otra de esas preguntas puede ser «¿Cómo se orientan las polillas en mitad de la oscuridad?». Aunque en castellano el término «polilla» comprende también algunos insectos que estropean los alimentos o la madera, por lo general hace referencia a diversos tipos de mariposas pequeñas y nocturnas cuyas larvas pueden agujerear la ropa. Estos insectos son nocturnos, pero no cuentan con un sistema de visión especialmente desarrollado; así pues, ¿cómo se guían por la noche?

Lo hacen, de un modo muy poético, gracias a la Luna y a las estrellas. Aunque no tengan la visión de un búho, al menos son capaces de identificar ese foco de luz que es, por regla general, nuestro satélite. Así, estos insectos «aprendieron» a disponer su cuerpo en una posición y ángulos determinados con respecto a la referencia lumínica lunar y a moverse con relación a ella. Este tipo de movimiento recibe el nombre de «orientación transversal», y es el motivo por el cual estos insectos se ven atraídos hacia las lámparas y se acumulan desorientados alrededor de las mismas, convirtiéndose en presa fácil para los depredadores o incluso para los chispazos eléctricos mortales. Las polillas tienen marcado en negro el 27 de enero de 1880, día en el que Thomas Edison patentó el primer modelo de bombilla comercial.

La inmensa mayoría de los seres vivos, por no decir la totalidad, son sensibles al entorno en el que viven y los estímulos que este genera, y actúan en consecuencia. Si hace frío, nos movemos hacia el calor de una hoguera; si hace viento, nos refugiamos de él. Esto es válido para los animales, pero también para los seres vivos del resto de reinos con independencia de si son hongos, plantas, protoctistas o moneras; aunque es comprensible, pues en ello les va la vida. Hay algunos de estos seres vivos, en cambio, que son esclavos de estos estímulos: se mueven en respuesta a ellos sin que detrás haya la menor consciencia, sin que puedan actuar de otra forma. Los dos casos que acabamos de ver son paradigmáticos de este tipo de movimiento.

No hay consciencia tras la semilla que germina en la dirección correcta ni tras el crecimiento de las raíces hacia donde se incrementa el gradiente de humedad bajo tierra. No hay una voluntad de buscar agua en este último caso, simplemente sucede que el metabolismo de ciertas plantas estimula el crecimiento de las raíces hacia donde «siente» el agua y lo evita hacia donde no la «halla». Igual ocurre con las polillas y multitud de animales, bacterias y protozoos: se acercan hacia la luz por el mismo motivo por el que los pececillos de plata, esos insectos grisáceos que crecen en los rincones húmedos de las casas, huyen despavoridos de la misma; está en su naturaleza hacerlo. En estos últimos, por ejemplo, la huida no está motivada por el miedo a ser detectados, no hay pececillos valientes a los que no les importe ser vistos. Huyen porque la luz los impele a hacerlo, huyen porque solo en la oscuridad encuentran la paz; huyen, en definitiva, porque, más allá de toda razón o consciencia, no pueden evitar huir.

El crecimiento y el movimiento instintivo provocados por estos estímulos externos reciben el nombre de «tropismo» o «taxia», en función del tipo de organismo y las características del efecto provocado, aunque el primero suele estar relacionado con plantas y el segundo se asocia con animales y organismos unicelulares. Hay, además, decenas de estímulos posibles: desde algunos que resultan más previsibles, como la luz, la temperatura o el sentido de la corriente en los ríos, hasta los que son menos evidentes, como el color de la luz y su polarización o la presión atmosférica. Uno de estos estímulos son los campos magnéticos y, en concreto, el campo magnético terrestre; uno de los seres para los que la percepción de este campo supone una atracción irrefrenable son las bacterias. Aunque en este mundo los efectos de reconocer o no estos campos son extremos: ya no hablamos de no encontrar el lugar adecuado para anidar, sino de jugarnos el cuello (un cuello metafórico, por supuesto; las bacterias no disponen de estos caprichos de organismo multicelular).

La inmensa mayoría de los seres vivos necesitamos oxígeno para vivir, pues con él oxidamos la materia orgánica en nuestras células, obteniendo así energía. Pero esta no es una característica universal de los seres vivos, pues hay muchos de ellos que no solo no necesitan oxígeno para vivir (como la *Salmonella* o la *Listeria*), sino que incluso este los puede envenenar (como les sucede a las bacterias pertenecientes al género *Clostridium*, causantes de enfermedades como el botulismo o el tétanos). Para evitar intoxicarse, muchas bacterias han desarrollado sistemas mediante los cuales esquivar el oxígeno o, al menos, huir de allí donde es más probable que se encuentre. En una charca, por ejemplo, la concentración de oxígeno es mayor en la superficie del agua que en el fondo; es por tanto esta última zona la más segura para estas bacterias. El problema es que en esta escala de tamaños el efecto de la gravedad es apenas perceptible, por lo que los conceptos «arriba» y «abajo» se vuelven difusos y, sobre todo, casi imposibles de reconocer. Las bacterias magnetotácticas los identifican gracias a su capacidad de detectar los campos magnéticos.[57]

El campo magnético de la Tierra tan solo es paralelo a su superficie en el ecuador; en el resto de las latitudes toma una cierta inclinación que es mayor cuanto más cerca nos encontremos de uno de los polos magnéticos. En el hemisferio norte, la dirección de esos campos apunta hacia el interior de la Tierra; con lo que, si las bacterias consiguen alinearse con él y seguir el camino que marca, serán capaces de avanzar hacia lo más hondo del agua y huir así del «tóxico» oxígeno. En el hemisferio sur, por cierto, esto funciona al revés, por lo que inducir a estas bacterias al suicidio es tan fácil como llevarlas de un hemisferio al otro: allí se alinearán sin saberlo con un campo magnético que va en sentido contrario al deseado, con lo que se dirigirán directamente hacia el oxígeno y, en consecuencia, a una intoxicación mortal.

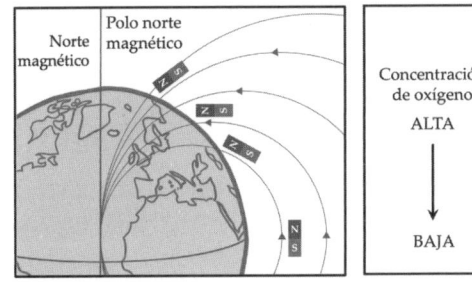 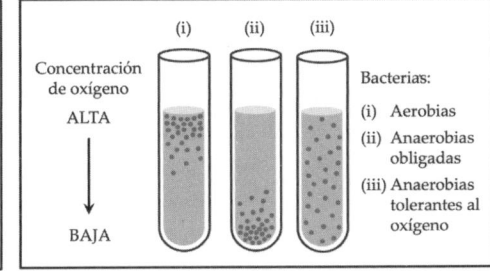

Gráfico 1. Elaboración propia.

Observemos estas dos imágenes. A la izquierda, encontramos la representación de las líneas del campo magnético terrestre. Estas son paralelas a la superficie terrestre en el ecuador magnético y, a medida que nos acercamos a uno de los polos, empiezan a cortarla en un ángulo cada vez más perpendicular a ella. A la

---

57 La magnetotaxis es el equivalente dentro del mundo bacteriano del término *magnetorrecepción*, usado prácticamente en exclusiva para el reino animal.

derecha, vemos la distribución de bacterias en función de su afinidad por el oxígeno. Las que necesitan de él para vivir se distribuyen cerca de la superficie del líquido (aerobias obligadas), donde la concentración del gas es mayor, mientras que aquellas a las que les resulta tóxico tienden a situarse en el fondo (anaerobias obligadas). También existen las anaerobias tolerantes, para las que el oxígeno no es un problema pero tampoco les es útil; las anaerobias facultativas, que pueden tanto usarlo como vivir sin él, y las microaerófilas, quienes necesitan el oxígeno, pero en concentraciones inferiores a las habituales.

Fijémonos ahora en esta otra secuencia que se muestra a continuación, en la siguiente página. Se trata de imágenes de microscopía de bacterias magnetotácticas. En ellas se ven claramente los depósitos de magnetita (más oscuros) y cómo estos se orientan siguiendo el campo magnético externo, forzando a la bacteria a alargar su cuerpo en esa dirección.

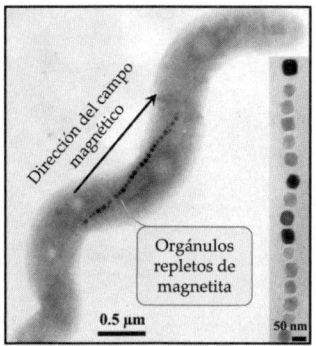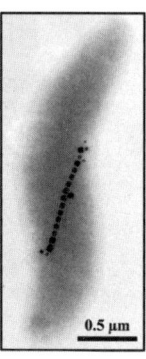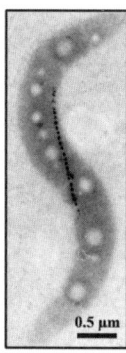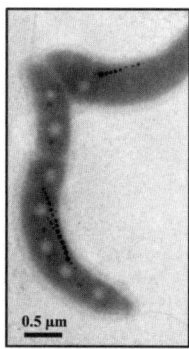

Gráfico 2. Imágenes microscópicas tomadas de Lefèvre, C. T.; Schmidt, M. L., *et al.* (2012). «Insight into the evolution of magnetotaxis in *Magnetospirillum* spp., based on *mam* gene phylogeny. *Applied and Environmental Microbiology*», en la revista *American Society for Microbiology*, número 78, pp. 7238-7248.

Más allá de todos los casos que hemos descrito, existen otros muchos ejemplos de magnetorrecepción en animales. Peces como los tiburones y otros peces cartilaginosos poseen en su cabeza unos órganos sensoriales capaces de detectar los campos electromagnéticos extremadamente débiles del océano, así como los gradientes de temperatura. Estos órganos reciben el nombre de «ampollas de Lorenzini» y permiten a los escualos detectar a sus presas, seguir la corriente del agua, establecer relaciones sociales y orientarse en las migraciones a través de océano abierto. Los salmones, por ejemplo, poseen células con depósitos de magnetita que es probable que usen para volver a desovar al río en el que nacieron. Por último, las tortugas negras poseen en los ojos un grupo de neuronas que contienen óxido de hierro (magnetita). Con ellas perciben las variaciones del campo magnético terrestre y las transforman en señales eléctricas que el cerebro puede percibir e interpretar, generando una especie de mapa geomagnético. Al recordar este mapa es como localizan con precisión la ubicación de la playa en la que nacieron incluso décadas después de haberla abandonado.

Queda clara, por tanto, la capacidad de algunos seres vivos de sentir la presencia de un campo magnético a su alrededor. La magnetorrecepción es un hecho. Ahora bien, volviendo al mesmerismo, los postulados que este defiende son muy concretos; Mesmer no pensaba en palomas cuando hablaba de sensibilidad a los influjos magnéticos, sino en humanos. Así pues, ¿qué hay de lo nuestro? ¿Somos nosotros capaces de interactuar con los campos magnéticos?

CORRIENTES SUBTERRÁNEAS Y CEREBROS MAGNÉTICOS

Nos sorprenda o no, la magnetita también forma parte del organismo de los seres humanos. Y no solo eso, sino que además se encuentra en el más delicado de nuestros órganos, aquel que domina a todos los demás: nuestro cerebro. Esta idea, por sí sola, es tremendamente estimulante; recordemos que en todos los casos que hemos visto, a excepción de las aves migratorias, la magnetorrecepción reside en órganos que contienen este mineral y que funciona a modo de brújula interna. ¿Podría sucedernos lo mismo? Vayamos por partes.

Esta historia empieza en los años 90 del siglo xx. A principios de aquella década, el equipo de la profesora Barbara J. Woodford, del Instituto de Tecnología de California, estudiaba una serie de cerebros donados por el Centro de Investigación sobre el Alzheimer del Sur de California. Eran siete muestras de pacientes con edades comprendidas entre los 48 y los 88 años, de las cuales se sospechaba que cuatro correspondían a enfermos de Alzheimer. La sorpresa vino cuando, al ir a estudiarlos, en lugar de una nueva pista sobre la generación de esta enfermedad neurodegenerativa, lo que encontraron fue magnetita. Y no poca, precisamente.

Al analizar los tejidos, el equipo de la profesora Woodford descubrió millones de cristales de magnetita en aquellas muestras; a razón de entre cinco y cien millones de cristales por gramo. Unos cristales que eran, por otra parte, diminutos, prácticamente nada, poco más grandes que el ancho de una hebra de ADN; pero que recordaban a las pequeñas piedras de este mismo mineral presente en algunas bacterias. El desconcierto cundió y la imaginación empezó a correr. ¿Es posible que hubiesen descubierto un ulterior sentido humano?

Los estudios realizados sobre aquellos cerebros fueron reproducidos con nuevas muestras, pues las mediciones podrían haber sido producto de una contaminación o de una mala praxis, por ejemplo. Las medidas de precaución para asegurar la validez de los resultados se extremaron: los investigadores cortaron las muestras de tejidos con cuchillos cerámicos, realizaron las mediciones en habitaciones blindadas de todo magnetismo externo en instalaciones construidas en mitad del bosque, lejos de la contaminación urbana; descartaron las partes de las muestras con mayores niveles de magnetismo por si pudieran haberse contaminado por la sierra que cortó el cráneo del desprendido difunto. E incluso con todas estas precauciones, los resultados se reprodujeron una y otra vez. Y no solo eso, sino que llevamos obteniendo idénticas mediciones durante más de treinta años. En un primer momento se explicó la presencia de los cristales de magnetita por una posible participación en la transmisión de señales en el cerebro, pero no se trataba más que de especulaciones. ¿Cómo es posible que tuviésemos cristales de magnetita en el cerebro? Y, sobre todo, ¿cómo habían llegado ahí?

La forma de los cristales puede darnos una pista sobre su procedencia. Al estudiarlos en detalle, se pudo ver que la magnetita era esférica…, demasiado esférica para ser humana. Ningún organismo vivo fabrica este mineral con una forma tan redondeada. La morfología de las partículas es característica del modo en el que se han producido: no es lo mismo que las genere un mecanismo celular a que sean producto de la erosión, por poner dos ejemplos. En este caso, las partículas de magnetita eran exactamente iguales que las que se generan en los motores que funcionan con diésel.

Parte de la polución de las ciudades es causada por los vehículos a combustión que circulan por ellas y, particularmente, por el humo producto de dicha combustión. Algunos de los componentes en este humo son gases innocuos, como el oxígeno, el nitrógeno y el vapor de agua; algunos, de efecto invernadero, como el dióxido de carbono, y otros, directamente perjudiciales para la salud humana, como los óxidos de nitrógeno, el tolueno, el benzopireno y otros hidrocarburos aromáticos policíclicos. Pero, además de estos gases, el humo de los motores también contiene partículas extremadamente pequeñas que, por inhalación y según su tamaño, pueden acabar en nuestro organismo. Uno de los tipos de partículas presentes en el humo diésel están hechos de magnetita. Con cada inhalación, millones de partículas de óxido de hierro entran en nuestro sistema respiratorio.

Una vez inhaladas, las partículas más gruesas (aquellas con un diámetro superior a los 2500 nm) se depositan en la superficie de las vías respiratorias que conducen a los pulmones, mientras que las pequeñas (las que tienen un diámetro inferior a los 2500 nm) pueden llegar a las partes más profundas de nuestros pulmones, allí donde se produce el intercambio de gases con la sangre. Por último, las partículas ultrafinas, aquellas inferiores a los 100 nm, son capaces de superar esta barrera y atravesar el tejido celular, sumergirse en la circulación sanguínea y llegar así al resto de órganos extrapulmonares. Es más, estas nanopartículas pueden penetrar en el nervio olfativo durante la inhalación, infiltrándose en el sistema nervioso central.

Esta facilidad para introducirse en los tejidos humanos es uno de los peligros para la salud de las nanopartículas, sea cual sea su origen. Por lo tanto, es también uno de los riesgos que comporta el desarrollo de la nanotecnología que vimos en el capítulo de la plata. En el caso concreto de las nanopartículas de magnetita, su distribución por los pulmones puede causar bronquitis crónica, un empeoramiento del asma, fibrosis y cáncer de pulmón.

A la vista de estos estudios, las partículas de magnetita encontradas en los cerebros humanos tienen un origen externo; no deberían por tanto cumplir ningún papel en nuestro organismo. Pero lo curioso es que al lado de aquellas nanopartículas esféricas se encontró un segundo tipo de cristales, del mismo mineral, pero con una forma diversa: estos estaban bien definidos, eran angulosos y de contornos afilados; todas sus caras eran lisas. Eran cristales euhédricos, el tipo de partículas que son producidas por un organismo vivo.

No cabía prácticamente duda alguna, este segundo tipo de partículas de magnetita parecían haber sido generadas dentro de nuestro propio organismo. Y más interesante todavía: al tratar de localizar dónde se alojan estos minerales, vimos que en su mayoría lo hacen en las regiones más ancestrales del encéfalo. Mientras que las partes superiores de este órgano, que incluyen el cerebro, son responsables del habla o el juicio, por ejemplo; aquellas inferiores que comprenden el cerebelo y el tronco encefálico se encargan del movimiento muscular y de funciones automáticas, como la velocidad de latido del corazón o la respiración. Es precisamente en estas regiones donde se encontró una mayor concentración de cristales de magnetita, que llega a duplicar la presente en el resto del encéfalo.

Este patrón de distribución de la magnetita se ha encontrado en encéfalos con independencia de la edad o el sexo del donante. Para algunos investigadores, este hallazgo es una confirmación más del origen biológico de este mineral en nuestro organismo. De tomar esta hipótesis por cierta, su existencia debe de responder a una razón de ser; razón que en la actualidad desconocemos, por lo que solo podemos lanzar hipótesis al aire. Podría tratarse de un vestigio del pasado, signo de que hace millones de años las usamos a pesar de que ya no le demos utilidad; aunque bien podría tratarse de un signo de patología o incluso de contaminación que no hemos detectado. Podría darse incluso que cumpliesen alguna función fisiológica no relacionada con el magnetismo y que todavía está por identificar; al fin y al cabo, el hierro es un metal esencial para nuestro metabolismo. Lo que parece estar bastante claro es que estos cristales no otorgan el sentido de la magnetorrecepción a los seres humanos.

Hay un amplio consenso en que ni el campo magnético de la Tierra puede ser sentido por las personas ni tiene el mínimo efecto sobre ellas. La inmensa mayoría de los estudios apuntan en esta dirección, aunque hay alguna discrepancia. La más relevante proviene del profesor Joseph Kirschvink y su equipo del Instituto Tecnológico de California. En 2019, observaron que las ondas alfa del cerebro sufrían un descenso de la actividad en algunos pacientes cuando estos eran sometidos a campos magnéticos elevados en la absoluta oscuridad. Las ondas cerebrales alfa son producto de un tipo de impulso eléctrico entre neuronas y se producen en un estado de baja actividad cerebral; por lo que tienden a desaparecer cuando el sujeto estudiado percibe algún estímulo. Los investigadores dedujeron que la caída en la amplitud de las ondas alfa era una indicación de que el cerebro podía estar procesando algún tipo de información de los campos magnéticos. Otros investigadores discrepan de estas conclusiones; en palabras del biofísico de la Universidad de California Thorsten Ritz: «Si metiese la cabeza en un horno microondas y lo encendiese, también se podría ver un efecto en mis ondas cerebrales, y eso no significaría que tuviese sensibilidad a las microondas».

En cualquier caso, y antes de sacar conclusiones, estos estudios deben reproducirse en laboratorios independientes (cosa que hasta la fecha todavía no se ha conseguido). Pero incluso en ese caso, incluso de comprobarse la validez de esas observaciones, ello no significaría que tenemos magnetorrecepción: los humanos no somos capaces de detectar el campo magnético de forma consciente, con lo que ese sentido nos serviría de bien poco.

En conclusión, a la vista de los estudios y la información de los que disponemos hasta el momento, parece que las personas tenemos magnetita en nuestro cerebro, pero ello no significa que tengamos magnetorrecepción. El consenso en este sentido es amplio. Que se detecte magnetita en un organismo no significa que esta le aporte un sentido extra. Primero, porque su función puede que sea otra; segundo, porque la concentración puede ser insuficiente para dar una respuesta sensible por el organismo, y en tercer lugar, porque no hay evidencia de la existencia de un sistema neuronal capaz de percibir los cambios en la posición de los cristales de magnetita inducidos por el campo externo, y transformarlos en una señal interpretable por el cerebro.

Y si no podemos sentir el campo magnético de la Tierra, mucho menos los efectos de esa pequeña piedra que alguien nos coloca sobre los chakras para «alinear nuestros flujos energéticos». Como ya hemos visto, son múltiples las pseudociencias que usan el magnetismo como base de su supuesto funcionamiento; la mayoría de ellas, herederas del montaje mesmeriano.

De las terapias magnéticas más conocidas a nivel mundial, destacan aquellas que se realizan en centros de masaje con piedras exóticas que son reconocidas por sus habilidades magnéticas, cuyas propiedades, según los practicantes, nos aportan energía, oxigenan la piel, revitalizan y relajan nuestros músculos.

Las hay de todo tipo y procedencia. Desde el mencionado hipnotismo al *feng-shui* chino, el *reiki*, la imposición de manos y cualquier tipo de terapia magnética; pasando por las corrientes telúricas y las líneas de Hartmann. Estas últimas, que ya vimos brevemente en el apartado de las abejas, defienden que existe una red de líneas rectas de veintiún centímetros de espesor y separadas por dos metros entre sí que recorren todo el planeta de norte a sur y de este a oeste, y que tienen un origen electromagnético. En el espacio entre estas, y siempre según este razonamiento, hay una baja intensidad magnética, mientras que en los cruces aumenta considerablemente. A esta red planetaria hay que añadir las corrientes de agua subterránea que, por algún motivo que se nos escapa, también «generan campos magnéticos».

Si estas líneas magnéticas no son detectables por un aparato capaz de medir campos magnéticos, mucho menos lo va a ser por un organismo vivo que ni tan siquiera tiene tal capacidad. Siguiendo con el argumento, si ni tan solo la aplicación de campos intensos provoca el mínimo efecto sobre un ser humano, mucho menos lo va a hacer uno que ni es detectable ni, a todas luces, existe. Ello no es óbice para que los seguidores de estas ideas defiendan que, allí donde se cruzan las líneas de Hartmann o por donde atraviesa una «vena magnética», se generarán lo que denominan «puntos geopatógenos». Cualquier persona que viva sobre los mismos se verá sometida a la «radiación telúrica», que puede minar su salud, además de causarle dolencias tanto físicas como psicológicas. De hecho, según Hartmann, el 60 % de las enfermedades que sufrimos vienen provocadas por el efecto de unas corrientes de cuya existencia no existe prueba alguna. La solución al efecto de las corrientes telúricas suele ser darle quinientos euros a un autodenominado «geobiólogo» que te receta cambiar la cama de posición.

Lo que es válido para las ideas de Hartmann lo es también para el resto de las pseudociencias relacionadas con el magnetismo. Porque, pese a que la magnetorrecepción es un hecho en diversos seres vivos, esa no es una propiedad humana. Ninguna pseudociencia tiene el menor efecto sobre un ser humano (al menos, de índole benigna).

A PROPÓSITO DEL MAGNETISMO

Nos gusta pensar que regimos nuestra vida en base a decisiones racionales. Por lo general, todos consideramos que nuestro pensamiento, nuestro sistema de valores y el modo en como vemos el mundo vienen determinados por una lógica, en muchos casos, aplastante. Pero la realidad es que las creencias, el pensamiento irracional y los axiomas en general forman parte de lo que somos; nuestra propia identidad está construida muchas veces en torno a ellos.

Habrá quien siga doctrinas religiosas teístas, no teístas o panteístas; habrá quien niegue la existencia de cualquier Dios pero afirme la trascendencia del alma, y habrá quien crea en males de ojo, en conjuros y en *doppelgängers* («el que camina al lado», algo así como el doble fantasmagórico de una persona viva). Evidentemente, el pensamiento de esas personas estará salpicado de creencias y preceptos axiomáticos, pues es este uno de los fundamentos básicos de la religión: la fe en la veracidad de lo relatado. Habrá quien no crea en nada de lo descrito en estas líneas, una persona atea de corazón; un referente para cualquier opositor a las supersticiones; el paradigma de la negación de lo inexplicable. Incluso en este caso, la identidad de esta persona estará edificada sobre creencias que desafían la razón.

La fe de esta persona no irá en la línea de lo divino o lo sobrenatural; la afirmación «Todos creemos en algo», que viene a decir que en mayor o menor medida todos confiamos en la existencia de un ser divino, sobrenatural o fantástico, difiriendo tan solo en la forma que pensamos que toma, es una patraña de dimensiones considerables. Por contra, sus creencias serán del estilo de «El crecimiento económico es la única forma de asegurar la prosperidad de una sociedad y el estado del bienestar»; «Una persona solo está completa cuando comparte su vida con otra», o «El trabajo, el esfuerzo y el tesón garantizan prosperar en la vida». Pueden ser más o menos debatibles, podemos estar más o menos de acuerdo con ellas, pero todas estas afirmaciones tienen una base axiomática. Son, al fin y al cabo, creencias. En definitiva, por muy racionales que nos consideremos, todos creemos en una serie de preceptos sobre los que hemos creado buena parte de nuestra ideología y del sistema de valores según el cual nos regimos.

No existe el ser racional absoluto, aquel cuyo pensamiento está cimentado sobre la razón pura, sin creencias de ningún tipo; no puede existir. Y no puede darse porque ello implicaría aceptar que hay una verdad absoluta en cualquier materia, incluso en las morales, y no solo eso, sino que además se trataría de una verdad alcanzable mediante la razón. Varios siglos de filosofía y diversos nombres con numerosas kas y otras tantas haches han dejado bien claro que este es un debate que da para mucha discusión y para poca conclusión cerrada.

Hay, eso sí, un conjunto de afirmaciones sobre las que se fundamentan diversas creencias que pueden ser falsadas, es decir, que se pueden desmentir mediante pruebas o experimentos. Son afirmaciones que atañen a nuestra realidad material y que, como tales, pueden ser comprobadas. Es precisamente esta una de las virtudes de la ciencia: la posibilidad de analizar y verificar ciertas aseveraciones. Una parte de estas creencias son las relacionadas con el magnetismo.

El magnetismo como tal es uno de los fenómenos físicos que más importancia han tenido en el desarrollo de la tecnología actual. En este capítulo no hemos profundizado en sus bases físicas dado que no era ese el objetivo del mismo, sino la exploración de las conexiones entre ciencia y pseudociencia. En cualquier caso, a nadie se le escapa su importancia para la sociedad moderna: desde que los estudios de Ampère, Gauss y Faraday, entre otros, profundizaran en su naturaleza, y especialmente a partir de la unificación de las leyes del electromagnetismo de Maxwell, los usos del magnetismo no han parado de aumentar. En la actualidad abrazan desde la computación hasta la telefonía, pasando por la medicina y la industria. Pero en paralelo al número de aplicaciones también lo hicieron el de pseudociencias que aprovechaban este fenómeno como cebo para captar adeptos. El mesmerismo y su heredero, el hipnotismo, así como las terapias magnéticas y los palos zahoríes son solo algunos ejemplos, pero los hay a decenas. Llegan incluso hasta nuestros días, tan solo hace falta entrar en cualquier tienda *on-line*, teclear «terapia magnética» en el buscador y echar un vistazo a los cientos de ofertas que aparecen.

Como hemos visto en este capítulo, una de las áreas donde más rédito sacan estas pseudociencias es en las relacionadas con el bienestar y las terapias. Esto las convierte en muchos casos en un problema de salud pública. Es habitual atribuirles a las llamadas «terapias alternativas» un efecto neutro sobre el bienestar de las personas; al fin y al cabo, si los campos magnéticos no son beneficiosos por no tener el menor efecto sobre un organismo humano, tampoco podrán causarle ningún mal, ¿no? La respuesta es que no de forma directa (en la mayoría de los casos), pero pueden hacer que la persona desconfíe de la opinión de los especialistas, demore pedir una cita en el centro de salud («A ver si con esta terapia con imanes mejoro y no hace falta ir al médico») o sea más reacia a someterse a un tratamiento médico, por ejemplo. En todos estos casos, aunque las «piedras imán» no afectan directamente a la salud del paciente, sí que lo hacen de forma indirecta, pues esa reticencia a acudir al médico hace que, de poder aplicarse, el tratamiento sea más largo y agresivo, así como que las probabilidades de éxito se vean reducidas. Y quien habla de piedras imán habla de zumos de limón anticancerígenos y de positivismo antipsicólogos con nombre de «señor maravilloso». El problema de las pseudociencias no se limita a aquellas relacionadas con el magnetismo, sino que cubre campos amplísimos que abarcan desde la astrología hasta la ufología, la parapsicología o la frenología.

Junto con la proliferación de las pseudoterapias lo han hecho también los términos que las definen, tomados directamente del léxico científico con la pretensión evidente de ganar legitimidad; de que la superchería chamánica no suene a tal. Así, es fácil encontrar conceptos como «biomagnetismo», «terapia magnética», «geobiólogo», «líneas de campo de Hartmann» o «salud geoambiental» para definir disciplinas diametralmente opuestas en su práctica y sus fundamentos a la biología, la geología, el magnetismo o la propia medicina. Todos estos términos inducen a la confusión, y es normal, está hecho a propósito. Por ejemplo, una persona que no esté formada en la materia no puede distinguir de qué disciplina fiarse atendiendo a su nombre, si del biomagnetismo o de la magnetobiología.

Es más, algunos de estos nombres empezaron usándose en ciencia y, con su adopción por parte de la pseudociencia, entraron en desuso para evitar confusiones. Es el caso del término *biomagnetismo*. Este fue un concepto científico, perfectamente válido y usado en la academia, que con el tiempo se manipuló y empezó a utilizar en pseudociencia, precisamente para darle esa pátina de cientifismo a conceptos vinculados por entero al esoterismo. Google nos ofrece una buena muestra de los variados e imaginativos significados que esta gente le da a dicho significante. Es por ello por lo que, en la actualidad, las sociedades científicas recomiendan usar el término *magnetorrecepción* (o *magnetobiología*) a *biomagnetismo*. Es curioso, en cualquier caso, que, pese a despreciar el método científico y las conclusiones que se obtienen de él con respecto a las ideas defendidas por la pseudociencia, ello no evita que los seguidores de esta última lo usen para legitimarse y ganar autoridad.

¿Cómo diferenciar entonces a uno del otro? ¿Cómo identificar lo fiable de lo *magufo*? En el ámbito de la salud, para diferenciar a la ciencia del fraude acientífico a grandes rasgos suele bastar con ver si la terapia está cubierta por la Seguridad Social. Por lo general, solo las terapias que cuentan con un consenso científico amplio y una eficacia más que probada se implementan en los hospitales y centros de salud, aunque también es cierto que en ocasiones ni tan siquiera esto basta, pues también aquí se están colando últimamente charlas de dudosa legitimidad. Es bastante inocente pensar que, si con cuatro piedras de magnetita pudiésemos curar un cáncer, íbamos a estar gastándonos dos millones de euros en cada máquina de radioterapia.

Continuando con el biomagnetismo, otra buena forma de identificar si la que se propone es una pseudoterapia es ver si el «terapeuta» pretende cubrirte el cuerpo con pequeños imanes a modo de acupuntura no punzante y con ello promete la curación. La primera *red flag* son las piedras milagrosas, la segunda es la promesa vertida. En la actualidad, el magnetismo se usa en los hospitales, pero única y exclusivamente en el diagnóstico de enfermedades y no en su tratamiento. Cualquiera que prometa lo contrario miente. Así, este fenómeno es empleado por diversas técnicas para observar la forma y el tamaño de ciertos tumores, para analizar los pulsos eléctricos del cerebro o como ayuda complementaria en las operaciones quirúrgicas; pero nunca para curar. Y aun en el caso del diagnóstico de enfermedades, la potencia que deben tener los imanes usados y la precisión con la que deben trabajar para detectar señales extremadamente bajas en nuestro organismo hacen que cualquier uso del magnetismo en medicina requiera de máquinas inmensas, de esas que por sí solas ocupan habitaciones enteras y cuestan más que una de las máquinas de radioterapia que comentábamos.

Hay diversos ejemplos de técnicas de diagnóstico relacionadas con el magnetismo. Por un lado, tenemos la resonancia magnética de imagen, que permite, entre otras cosas, analizar las zonas del cerebro afectadas tras un infarto cerebral. Una variación de esta técnica, la resonancia magnética de difusión, permite incluso cuantificar el tejido que ha entrado en necrosis. Ambas técnicas se usan también para generar imágenes en tres dimensiones de los tumores para permitir un mejor diagnóstico y futuro tratamiento. Aparte de la resonancia magnética, hay otros dispositivos que también usan este fenómeno para funcionar, como el SQUID, acrónimo que se corresponde a las siglas en inglés de «dispositivo superconductor de interferencia cuántica». La altísima precisión de este aparato, que es capaz de detectar campos magnéticos hasta cien millones de veces más pequeños que el de la Tierra, permite generar un mapa del cerebro en cuestión de milisegundos; es decir, mapea el cerebro más rápido de lo que funciona este mismo. Es por ello por lo que este dispositivo resulta muy útil para el estudio de la epilepsia o, ya fuera del ámbito de la salud, para la detección de menas de minerales y para el estudio de las ondas gravitacionales. Pero aquí acaban los usos del magnetismo: en el diagnóstico.

Hay muy pocas excepciones a esta regla, y aun en ellas, este fenómeno no es directamente el responsable de sanar. Uno de los pocos casos que hay a este respecto lo constituyen las nanopartículas magnéticas, hechas en su mayoría con óxidos de hierro. Con ellas se pueden llevar a cabo los conocidos como «tratamientos de hipertermia». La base tras estas terapias médicas es la introducción de nanopartículas en la sangre y la aplicación de un campo magnético alterno y externo en una zona concreta del cuerpo, allí donde tenemos el problema a eliminar. Con este procedimiento calentaremos las nanopartículas por inducción, incrementando así la temperatura de las células de alrededor en varias decenas de grados hasta matarlas. Este procedimiento se puede usar para el tratamiento de ciertos tipos de cáncer. Pero, si nos fijamos en este caso, incluso cuando tiene aplicaciones terapéuticas, no es el magnetismo el que cura. Solo queda, por tanto, desconfiar de quien diga lo contrario.

* * *

No hay diferencia entre las pseudociencias de hace dos siglos y las que hoy proliferan en nuestras ciudades, igual de absurdas son las unas como las otras. Y aun a pesar de su absoluta falta de fundamento, sus seguidores se cuentan por millones en todo el mundo. Parte de la responsabilidad de su éxito se debe al anumerismo y el acientifismo de gran parte de nuestra sociedad, el equivalente al término *analfabetismo* en cuanto a conceptos científicos se refiere. Ello no deja de ser paradójico, pues nunca antes habíamos contado con tal cantidad de información ni con una facilidad comparable para acceder a ella.

A esto hay que sumar que la respuesta que da la ciencia a un problema suele ser compleja, llena de matices y raramente categórica. Una respuesta simple, directa y que prometa una solución rápida suele ser mucho más fácil de aceptar. Más aún cuando los problemas que nos preocupan atañen a la salud nuestra o de algún allegado; hay momentos en los que las afirmaciones contundentes y esperanzadoras, pese a intuirse falsas, se vuelven demasiado atractivas como para no abrazarlas.

Por último, nada de esto se entendería sin ese acicate irresistible que es el dinero. Si hay algo que une a toda pseudociencia, sea cual sea su origen, fundamento o método, es el interés monetario, pues sin él pocas serían las «terapias alternativas» que habrían llegado a nuestros días, y menos aún los «profesionales» que las practicarían.

Cada día las pseudociencias relacionadas con el magnetismo ganan adeptos en una sociedad ávida de respuestas rápidas, simples y unívocas. No deja de ser curioso que muchas de estas imposturas, timos y bulos varios empezasen con un tipo cuyo único propósito era estafar a la nobleza parisina en las previas a la Revolución francesa.

CAPÍTULO VII
SOBRE EL MERCURIO Y LOS METALES ESENCIALES

O cómo encontrar a un ser de sangre azul

CADUCEO Y ESCULAPIO: HISTORIA DE DOS PALOS

Esta es la historia de un engaño. Los más benevolentes, los confiados, hablarán de un error, de una equivocación sin importancia; solo se tratará de eufemismos para definir una estafa. Es este un engaño sobre el viejo oficio de sanar. Viniendo de donde venimos, lo normal sería pensar en alguna pseudociencia como la responsable del fraude. Nada más lejos de la realidad. En esta ocasión, la estafadora es la medicina moderna.

Para descubrir el engaño tan solo hace falta pensar en una farmacia, probablemente sirva su establecimiento de referencia. Hay tres signos que caracterizan estos lugares. El primero son los carteles que llenan el espacio de gente sonriente, que no deja de contrastar con las caras más bien mustias que hacen cola frente al mostrador. El segundo son las luces verdes en forma de cruz que iluminan su fachada y llaman al infeliz. El tercero es un símbolo que evoca la antigüedad de la profesión del apotecario: dos serpientes enroscadas a una vara que, a su vez, luce rematada con dos pequeñas alas. Este es un símbolo antiquísimo, pero que no es exclusivo de la farmacia, sino que en la actualidad se utiliza para simbolizar la medicina y la enfermería. Es el caduceo de Mercurio.

A Mercurio ya lo conocimos en el capítulo del plomo, solo que bajo el nombre que le dieron los griegos: Hermes. Era aquel tipo que Rubens pintó con rasgos delicados y tocado con un sombrero alado. Si vamos al cuadro de nuevo, probablemente ahora veamos algo que antes se nos pasó por alto: en su mano izquierda sujeta una vara a la que se le enrollan dos serpientes, es el caduceo del que hablábamos, el símbolo que caracteriza a este dios.

Pese a su cara inocente, este ser divino no desentonaba con el resto de la familia, al menos en cuanto a usos y costumbres se refiere. Y de ello nace en parte su desdicha, pues era tal la sobrecarga de trabajo que sufría que apenas tenía tiempo para disfrutar de los pasatiempos típicos de un dios griego: violar, raptar y hurtar. A Mercurio se le encomendaban las tareas de la comunicación y el comercio, en un sentido laxo de los términos: como heraldo de los dioses debía transmitir sus mensajes, mientras que como transportista de submundo se encargaba de conducir a los muertos al Hades. Sin tiempo para sus «aficiones», Mercurio (Hermes) siempre fue desgraciado, tan solo hace falta oír su lamento de voz del autor clásico Luciano de Samósata (125-180 e. c.):

HERMES: ¿Hay en el cielo, madre, un dios más infeliz que yo?
MAYA: No digas esas cosas, Hermes.
HERMES: ¿Cómo no voy a decirlo, cuando tengo tantas ocupaciones, ya que debo trabajar sin ayuda y dividirme para cumplir tantos quehaceres? Al rayar el día, tan pronto me he levantado tengo que limpiar la sala de los banquetes, preparar los divanes y colocar cada cosa en su sitio; después, presentarme a Zeus y transmitir sus órdenes corriendo el día entero de arriba abajo, y a mi regreso, cubierto aún de polvo, servir la ambrosía; y, antes de que llegara aquí ese copero de reciente adquisición, era yo quien, además, tenía que escanciar el néctar. Y lo peor de todo es que soy el único que ni siquiera puedo dormir de noche, sino que entonces tengo que realizar el transporte de las almas a Plutón, acompañar a los muertos y permanecer en el tribunal; pues no bastan mis funciones diurnas (estar en las palestras, pregonar en las asambleas y aleccionar a los oradores), sino además despachar los asuntos necrológicos multiplicándome para ello.

Para cumplir con sus obligaciones, Mercurio llevaba casco y sandalias aladas que le permitían cruzar el espacio en la fracción de tiempo que dura un pensamiento. Y como señal de su labor, llevaba la vara que indicaba su condición de heraldo: el *kerykeion* o caduceo. Las dos serpientes que luce provienen de la leyenda por la cual Mercurio separó en el monte Citerón a dos de estos animales interponiendo su vara en mitad de la pelea. Al verla, los dos ofidios se entrelazaron al pequeño bastón sin hacerse daño, disponiendo sus cabezas una frente a otra sin señal de enemistad. Así quedaron ligadas por siempre a la vara, convirtiéndose en símbolo de la imparcialidad de los heraldos.

A la vista de la historia de Mercurio es posible que se estén preguntando qué tiene que ver este dios o su símbolo, el caduceo, con la medicina. La verdad es que nada en absoluto. No hay nada que lo vincule con la práctica médica, la enfermería o la farmacia. Si el caduceo de Mercurio es uno de los símbolos con los que identificamos la medicina es solamente porque en 1856, unos oficiales del ejército de los Estados Unidos decidieron usarlo en los galones del hospital de marina. La explicación que se da a esta elección es que quisieron usar este símbolo como distintivo del carácter «no combatiente» de la clase médica, pero a nadie se le escapa que probablemente lo confundieron con el verdadero símbolo de la medicina: la vara de Esculapio.

A continuación, vemos una representación esquemática de tres de los símbolos típicamente asociados con la medicina, la enfermería y/o la farmacia. De izquierda a derecha, el caduceo de Mercurio, la vara de Esculapio y la copa de Higía.

Gráfico 3. Elaboración propia.

A nadie se le escapa que, sea cual sea el símbolo, este lleva asociada una serpiente. En el caso del caduceo, este animal representa la imparcialidad del heraldo, pero probablemente esté también asociado al ciclo de la vida y la muerte y la labor como psicopompo (conductor de almas al «más allá») del dios. Este último significado es el que toma en la vara de Esculapio y en la copa de Higía.

La vara de Esculapio[58] fue el símbolo que adoptaron los primeros médicos que se separaron del estamento sacerdotal en la antigua Grecia, y representa el bastón del dios griego de homónimo nombre mediante el cual era capaz de curar a los enfermos. Este símbolo está constituido por una vara de extremo nudoso a la cual se ha enroscado una serpiente. Pero, puestos a elegir, lo cierto es que esta es bastante más sosa que el caduceo de Mercurio, con dos serpientes simétricas y acabado con unas alas que, no lo neguemos, le dan un toque de distinción. Así, a principios del siglo XX, el símbolo del caduceo se extendió del servicio del hospital de la Marina al resto de médicos de las Fuerzas Armadas estadounidenses y, de ahí, al cine y al imaginario colectivo. Es por ello por lo que su uso como representación del comercio y la economía coexiste con un uso impostado en la medicina, la enfermería y la farmacia. Hoy podemos encontrar este símbolo en los galones de los cuerpos médicos de muchos ejércitos del mundo, e incluso hasta hace poco ocupaba los escudos de universidades y sociedades médicas. En la actualidad, el símbolo del caduceo convive en nuestra sociedad con el de la vara de Esculapio y el de la copa de Higía; esta última, más relacionada con la farmacia. Así pues, el símbolo tantas veces utilizado para representar a la medicina no es más que una vulgar manipulación de la historia; nada tiene que ver el dios Mercurio con la práctica médica (si no tenía suficiente el hombre con el trabajo que tenía, para cargarlo con más obligaciones).

Hasta aquí, el uso incorrecto del caduceo no parece más que una simple curiosidad. Y es cierto, esta historia no pasa de ser una simple anécdota sobre la facilidad con la que símbolos que se usan desde antiguo mutan de significado. Pero hay algo más,

---

58 Esculapio para los romanos; Asclepio para los griegos.

pues es también la metáfora perfecta para entender el uso que se le ha dado durante la historia al elemento bautizado en honor de la divinidad mensajera, el metal líquido por excelencia: el mercurio.

Como dos gotas de agua, dios y metal fueron asociados a la medicina y la curación, sin que ninguno de los dos cumpliese el menor papel en esa tarea. Ambos se convirtieron en símbolo y estandarte del restablecimiento de la salud, del combate de las enfermedades y de las terapias sanadoras: el uno, durante los últimos dos siglos; el otro, durante gran parte de la historia. Y es que de igual forma que sucedía con el magnetismo, las propiedades fuera de lo común de este metal hicieron que múltiples sabios le atribuyeran propiedades sanadoras. Lo más irónico de esta asociación entre el mercurio en sus distintas facetas y la medicina es que tanto dios como metal solo son capaces de llevar a cabo una tarea relacionada con la salud; ambos, la misma: llevar a los seres humanos del mundo terrenal al Hades. Pues eso hay que reconocerlo, ambos son los perfectos psicopompos: el uno, en su papel de acompañante de las almas por el inframundo, y el otro, en el de metal venenoso por excelencia.

Que el mercurio es tóxico es una afirmación que no cogerá a nadie desprevenido, lo que resulta más sorprendente es que pese a ello este metal se usara en medicina durante siglos. Pero todo tiene un sentido. Es más, comprender el motivo de su toxicidad nos puede resultar muy útil para entender la labor que desempeñan los metales en el organismo. Hasta el momento en este libro hemos tratado su papel de puertas hacia afuera, si me permiten la expresión. Hemos visto la implicación de los metales en el desarrollo de la tecnología primitiva, en el arte, en la política y en las pseudociencias, entre otros, pero nada hemos dicho de lo que suponen los metales para nosotros, para el funcionamiento de nuestro organismo. Con la plata y el hierro tocamos este tema de forma tangencial, es hora de sumergirnos de pleno en él.

Los metales están presentes en todos los organismos vivos, y en todos ellos cumplen funciones indispensables para el funcionamiento de su metabolismo. Entre otros, los metales están implicados en la captación de la luz solar en los organismos fotosintéticos, en la eliminación de sustancias tóxicas y patógenos, en la transmisión de señales eléctricas entre neuronas o incluso en el transporte y distribución de nutrientes a través de la sangre. Pero simultáneamente, esos mismos metales pueden llegar a ser tóxicos, a generar especies dañinas o incluso a bloquear las reacciones de nuestro metabolismo. Los metales, por tanto, tienen un comportamiento dual y contradictorio en nuestro organismo. El mercurio, pese a ser ajeno al bienestar humano, nos ofrece la excusa perfecta para aproximarnos a este tema. Empecemos, pues, viendo esa historia de romances tóxicos y rupturas dolorosas que durante siglos mantuvieron el mercurio y los humanos.

PLATA VIVA

El mercurio es el más enigmático de cuantos metales existen. Por su aspecto resulta evidente que es un metal; su color, de un tono blanquecino grisáceo, y su intenso brillo recuerdan a la plata. Es pesado, mucho más denso que el agua y un buen conductor de la electricidad, aunque un mal conductor del calor. Pero hay una característica en él que desentona, que lo hace alejarse del resto de los metales; el hecho de que sea líquido viste a este elemento con un aura de misterio.

Por ese aspecto plateado pero líquido los griegos le pusieron el nombre de *hydrárgyros*, que podría traducirse como «plata acuática» o «plata líquida»; de hecho, el símbolo químico con el que se representa en la actualidad el mercurio, Hg, proviene de la abreviación de este término. Por idénticas razones a las de los helenos, los ingleses lo empezaron a llamar en la Edad Media *cwicseolfor*, o «plata viva», término hoy transformado en *quicksilver*. Por último, y de forma similar a lo que sucedía con el plomo, los romanos denominaron a este elemento «mercurio», creando un paralelismo entre las características del dios (gran velocidad y movilidad), las del metal (elevada fluidez) y las del planeta (su órbita es la más rápida de cuantas pueden observarse a simple vista).

Que de cuantos metales existen este sea el único capaz de fluir, el único que no tiene consistencia sólida…, eso debe de significar algo. Esta es la lógica que parecen haber seguido la mayoría de las grandes civilizaciones de la humanidad, pues todas han construido leyendas alrededor de este metal. El razonamiento, además, es muy parecido al que tenía lugar con el magnetismo: una propiedad fuera de lo común no puede venir sola, debe ir acompañada de otros atributos igual de extraordinarios e inexplicables, como la sanación. Es por ello por lo que todas las culturas que han tenido contacto con este elemento le han atribuido un carácter espiritual, lo han usado como talismán y/o le han asignado propiedades medicinales.

Una de las civilizaciones que mayor valor dio al mercurio fue la china, donde lo vincularon al rejuvenecimiento y la vida eterna. Aunque esta creencia ya existía en el siglo II, fue a partir del siglo IV con el alquimista Ko Hung que ganó notoriedad. Según él, una persona es lo que come, por lo que comiendo oro se debería poder alcanzar la perfección. El problema era que el verdadero creyente es por lo general pobre, inconveniente que hace necesario encontrar un substituto para el metal precioso. Según sus cálculos, ello se podía lograr substituyendo oro por cinabrio, un mineral de mercurio de fórmula HgS. Por si fuera poco, Ko Hung atribuía al cinabrio propiedades no menos milagrosas que la del rejuvenecimiento, como es la capacidad de flotar sobre las aguas si nos lo restregamos por los pies, ahuyentar a los ladrones si lo ponemos sobre la puerta de la casa, o que un anciano engendre hijos si se bebe esta sal mezclada con zumo de frambuesa.

Aunque el gran alquimista le dio base teórica, el mercurio llevaba siglos usándose en China con la intención de mantener un buen estado de salud, soldar fracturas e incluso alcanzar la inmortalidad. Hubo incluso quien lo logró, al menos en un sentido metafórico. Parece que ese fue el caso del primer emperador chino, Qin Shi Huang (259-210 a. e. c.). Aunque no está confirmado, se piensa que esta figura mítica de la cultura china consiguió la vida eterna bebiendo una mezcla de mercurio y polvo de jade, recetado por sus alquimistas, como quien se toma un cóctel de vitaminas. De ser cierta esta hipótesis, cuatro cosas habrían convertido a este hombre en inmortal: la unificación de China, el inicio de la muralla precursora de la Gran Muralla china, el ejército de guerreros de terracota de Xian y una muerte profundamente estúpida: el «cóctel» mercurial lo habría envenenado, causándole un fallo hepático y la muerte cerebral. Para colmo de la ironía, escritos de la época afirman que este emperador se hizo enterrar sobre un gran mapa de China esculpido en el suelo, cuyos ríos se habían representado con mercurio. Esta última afirmación no ha sido comprobada, pues el mausoleo en el que reposa el emperador no se ha abierto; en parte, para evitar un daño irreparable en la necrópolis y, en parte, por temor al desastre medioambiental que se podría dar de ser cierta la leyenda. En cualquier caso, estudios recientes sí que han encontrado elevados niveles de mercurio tanto en el suelo de la colina que rodea la tumba como en el ambiente, lo que apoya la idea del mapa fluvial hecho de mercurio.

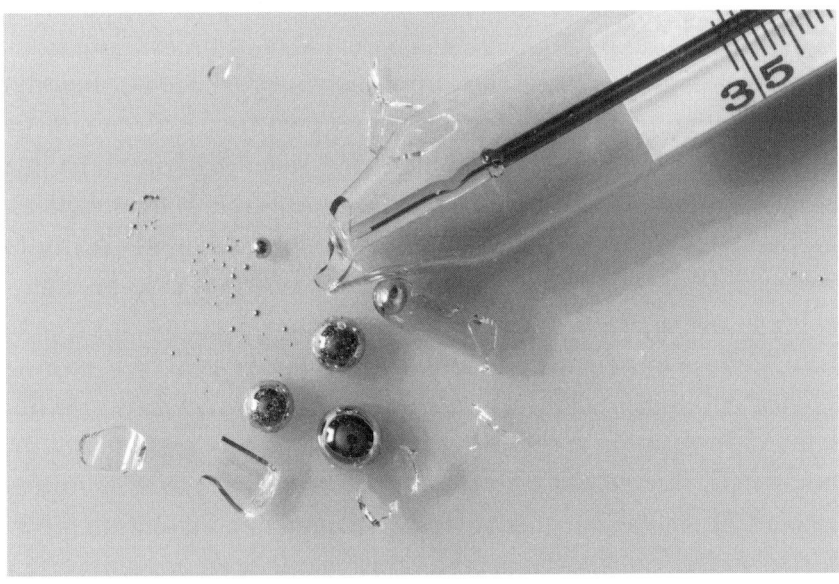

Termómetro de vidrio. Al romperse el cristal, se desprende el líquido que contiene en su interior y que nos permite medir la temperatura: el mercurio.

También en Europa la alquimia le dio una relevancia especial a este metal. Estos sabios además le añadieron una pieza más al rompecabezas sin sentido que era el mercurio: no solo resultaba desconcertante su liquidez, sino que además era capaz de alterar el metal inalterable, de mezclarse con el metal inmutable; de estropear, en definitiva, el metal perfecto, el oro.[59] Por si fuera poco, los antiguos le habían dado el nombre del dios de las transformaciones y los intercambios, esto tampoco podía ser una casualidad. Los alquimistas se convencieron así de que este metal era clave para lograr la transmutación de la materia.

Tal fue la importancia que le dieron los alquimistas al mercurio que llegaron a poner a este elemento en el centro de la composición del mundo. Mezclando observaciones del mundo natural con ideas de las filosofías presocrática y aristotélica, los alquimistas dedujeron que todo en la Tierra está formado por tres principios básicos, la *tria prima*: sal, azufre y mercurio. Estos, a su vez, estarían relacionados con los cuatro elementos sublunares (tierra, agua, aire y fuego). Según este pensamiento, combinando los tres principios de la *tria* podríamos generar cualquier material, animal o sustancia; todos serían al fin y al cabo una mezcla de sal, azufre y mercurio en diferentes proporciones. Todos, a excepción de los metales, que solo contendrían a los dos últimos. Así, añadiendo o retirando azufre de una mezcla de este con mercurio, se podría producir cobre, hierro, plata..., o incluso oro. De ahí parte la idea alquímica moderna de la transmutación de los metales y de la posibilidad de transformar el *hydrargyrum* o el *plumbum* en *aurum*.[60]

---

59 Ya lo vimos en el primer capítulo del libro; pese a que el oro es inerte a casi cualquier estímulo y sustancia, está indefenso frente a la acción del mercurio. Al ponerlos en contacto, los átomos de ambos metales se entremezclan, dando como resultado un producto, una amalgama, cuyas propiedades nada tienen que ver con ninguno de los metales de partida. El mercurio es, de hecho, el único metal capaz de disolver el oro.

60 También los químicos de la Antigüedad buscaban, entre otros fines, la obtención de oro a partir de metales pobres, solo que mediante ideas y procedimientos diversos. Buena prueba de que este interés no es exclusivo de la alquimia del siglo XVI es que el emperador Diocleciano (245-313 e. c.) proclamó un edicto por el cual todos los escritos relacionados con la alquimia debían ser destruidos. Diocleciano temía que se pudiese llegar a generar oro de forma artificial, minando la base de la moneda romana y permitiendo a los alquimistas amasar enormes fortunas con las que sobornar a los oficiales y ganar poder.

Si todo está hecho de sal, azufre y mercurio, por necesidad los seres humanos deben estar también compuestos por estos principios. Y de igual forma que un metal «enfermo» se puede purificar, es decir, se le puede quitar todo aquello que lo aleja de la perfección y «curarlo», también las personas enfermas pueden ser sanadas siguiendo las mismas ideas. Al final, tratar una dolencia no sería otra cosa que corregir un desequilibro entre los tres elementos de los que está formado el cuerpo humano. Y qué mejor que hacerlo usando las sustancias que lo componen: sal y mercurio. Nace así una farmacia nueva, que usa las sales inorgánicas y los metales para tratar las enfermedades, pero cuyo fundamento está más relacionado con el valor simbólico de estos elementos que con un conocimiento profundo de las patologías.

Así, durante la Edad Media coexistieron dos tipos de farmacia distintas: la galénica, tradicional y basada en la manipulación de las plantas para obtener sus principios activos, y la alquímica, destinada a subvertir el orden establecido y centrada en el uso de metales y minerales. Mientras que los seguidores de esta última rechazaban la farmacia galénica por anticuada y por no seguir los principios de composición del ser humano, los afines a la farmacia vegetal recelaban de la alquímica precisamente por el uso de metales, de los que conocían su toxicidad.[61]

A partir de la puesta en entredicho de la alquimia, precisamente gracias a tratados como los del alquimista Robert Boyle (*El químico escéptico*, 1661), y especialmente tras su demolición con los trabajos de Boerhaave y Lavoisier, entre otros, la disciplina alquímica fue expulsada del pensamiento científico al que una vez perteneció. A partir de este momento se dividió en dos ramas, la esotérica y la farmacéutica; ambas, sin contacto alguno entre sí; la primera tomó la parte espiritual de la alquimia, olvidándose

---

61 No confundir esta definición de la farmacia galénica con la que se usa en la actualidad. Hoy en día se conoce de esta forma a la rama de la farmacia que se encarga de transformar los medicamentos y principios activos para asegurar que sean estables, seguros y eficaces. Por ejemplo, es esta ciencia la encargada de estudiar cómo encapsular un medicamento de tal forma que solo se libere una vez haya llegado al duodeno y evitar que el estómago lo destruya.

del trabajo en el laboratorio, mientras que la segunda abandonó el simbolismo para centrarse en el trabajo experimental. Además, los conocimientos de la alquimia farmacéutica empezaron a aplicarse en la galénica, la que curaba mediante el uso de plantas, y a aplicar en esta sus técnicas. Mediante procesos ajenos a esta última, como son la destilación, la sublimación o la extracción con alcohol (una técnica propia de la alquimia árabe), los alquimistas estudiaron cómo aislar los principios activos de las plantas y cómo eliminar del fármaco final todo aquello inerte o que directamente pudiera ser perjudicial. Esta producción de medicamentos mediante la aplicación de procedimientos alquímicos a las plantas recibió el nombre de «espagiria».

Al final, las dos grandes ramas farmacológicas del momento acabaron uniéndose en una sola disciplina. Se aceptó que los principios activos pudiesen provenir tanto de una planta como de un mineral. Los metales se incorporaron por fin a la medicina y al tratamiento de patologías, hasta llegar a la actualidad, que continuamos usando multitud de ellos en el tratamiento de enfermedades como el cáncer o en la eliminación de bacterias y virus en las infecciones. Tal es la importancia del mercurio en el nacimiento de la farmacia moderna.

Visto el papel que se le daba al mercurio en la constitución de la materia y el vínculo que se pensaba que mantenía con nuestro organismo, se entiende mucho mejor la multitud de aplicaciones terapéuticas en las que se usó durante la Antigüedad, y especialmente a lo largo de la Edad Media. En Egipto, por ejemplo, se usaba como antiséptico. Los médicos lo administraban por vía oral, anal, o untándolo por todo el cuerpo en una mezcla que, además del metal, también contenía cenizas, zumo de limón y manteca de cerdo. En la medicina árabe medieval, por su parte, se usó con frecuencia y bastante éxito en el tratamiento de enfermedades de la piel, como la lepra; mientras que Guy de Chauliac (1300-1368), quien está considerado como uno de los más importantes cirujanos de la Edad Media, afirmaba que este metal era el mejor medicamento para ayudar a cicatrizar las heridas cutáneas. Ahora bien, si hay una enfermedad en cuyo tratamiento se ha usado con fruición el mercurio, ese es el llamado «mal francés», *morbo gallico* o, simplemente, «sífilis».

En la era anterior a los antibióticos, las infecciones suponían un peligro real de muerte, especialmente cuando eran causadas por bacterias con las que no habíamos tenido contacto y contra las que no habíamos podido levantar una defensa. Es el caso de Sudamérica y la llegada de los conquistadores europeos. Veinte años después de que un español pisase la arena de la playa de San Salvador por primera vez, la combinación de pólvora y bacterias había diezmado al 90 % de la población del Caribe. Buena parte del genocidio que tuvo lugar en el continente americano fue causado por las bacterias que las carabelas llevaron consigo del viejo mundo y que sembraron la muerte a través de las sucesivas olas de gripe (en 1493), viruela (entre 1519 y 1520) y sarampión (en la década de 1530) en un pueblo indefenso ante una enfermedad desconocida.

Pero el viaje no fue solo de ida. Con la vuelta de los navíos, desembarcaron en puertos europeos enfermedades desconocidas para nosotros, aunque sus consecuencias fueron más modestas. Entre ellas, la primera de las enfermedades venéreas (o, al menos, la primera que recibió tal nombre), la sífilis. Los movimientos de tropas en un continente en guerra continua se encargaron de diseminarla a través de los territorios, el «amor al prójimo» se ocupó de distribuirla entre la población. Fue una enfermedad que siempre vino de fuera, que nunca fue propia: para italianos, ingleses y alemanes, era «el mal francés»; para los franceses, era napolitano; los rusos la llamaban «la enfermedad polaca»; los polacos, «la alemana»; los portugueses, «la castellana», y los turcos, «la cristiana». Nadie la reclamaba como suya, y con razón; la sífilis probablemente fue el problema médico más importante de principios del siglo XVI.

Entre los síntomas de esta enfermedad, causada por la bacteria *Treponema pallidum*, se encuentra la aparición de úlceras en los órganos sexuales, manchas rojas por todo el cuerpo y, en los estados avanzados, problemas neurológicos y cardíacos; aunque esto es en la actualidad. Con el tiempo, la enfermedad ha suavizado sus síntomas y, de igual forma que ya no es ni de lejos tan mortal como era, tampoco sus efectos son los mismos. Para ver lo que suponía padecer esta enfermedad en su momento de mayor esplendor podemos acudir a la descripción que hizo de ella el caballero germano Ulrich von Hutten. Según este, a la sífilis la acompaña la aparición de furúnculos de una fetidez nauseabunda y pústulas de color verde oscuro, de cuya visión afirmaba que era «peor que sentir el dolor que infligen, pese a que la sensación se asemeja a estar acostado sobre fuego».

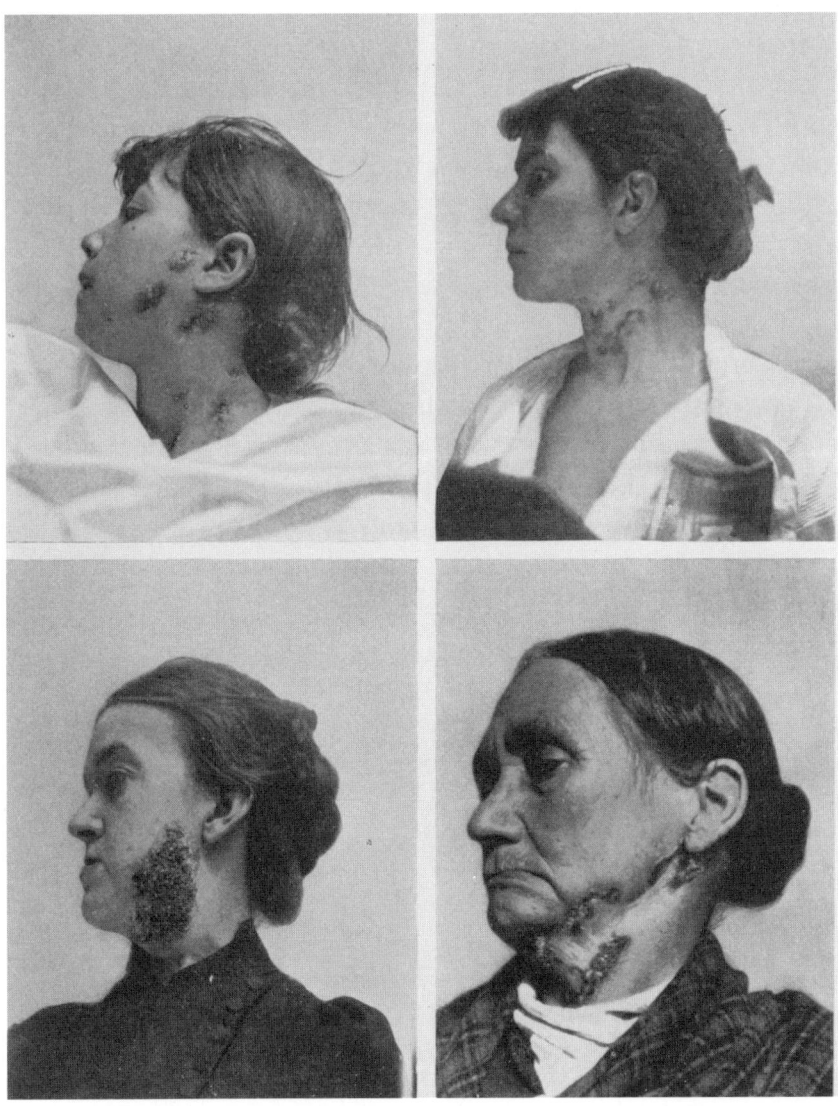

Evolución de las úlceras causadas por la sífilis en pacientes de distintas edades afectadas por la enfermedad.

La época en que la epidemia de sífilis causaba sus mayores estragos coincidió con la de elaboración de la teoría alquímica de la *tria prima*; con lo que, si hubo una dolencia en la que se aplicó la idea de tratar las enfermedades mediante el mercurio, esa fue «el mal francés». Fue de hecho el propio Paracelso uno de los primeros en defender este uso terapéutico, renegando de otros basados en plantas como el guayaco o palosanto, según él, por inútiles y costosos. Así, a principios del siglo XVI el mercurio se empezó a administrar a los pacientes mediante fricciones, emplastos e incluso fumigaciones. En estas últimas se encerraba al enfermo en una cabina y se repartía a su alrededor cinabrio, el sulfuro de mercurio que hemos visto antes; bajo la cámara se colocaba una estufa encendida, cuyo calor provocaba que el mineral empezase a desprender vapores de mercurio. Recluido en la caja, al enfermo no le quedaba otra que inhalarlos.

Hoy en día no está muy claro que la fumigación de personas en general y el uso del mercurio en particular ayudasen lo más mínimo al tratamiento de la sífilis, pero de lo que no cabe la menor duda es de la lista de trastornos que provocaron: desde sofocos y lipotimias por el calor, hasta la pérdida de dientes, problemas de respiración, bronquitis, parálisis, convulsiones e incluso la muerte a causa del mercurio. De hecho, tan doloroso era este proceso, el cual debía mantenerse durante veinte o treinta días, que muchos enfermos preferían morir antes que someterse a él. A pesar de todo ello, el uso del mercurio se mantuvo en toda Europa durante más de cuatro siglos, hasta que el descubrimiento y distribución de la penicilina a finales de la década de 1940 diese punto final a esta mal llamada terapia.

NUESTRO AMIGO EL METILMERCURIO

Curar con mercurio nunca fue una buena idea. Si se usaba este metal era en parte por una concepción errónea de la naturaleza del organismo humano y sobre todo por la inexistencia de alternativas, no porque desconociesen su toxicidad. De hecho, fueron numerosos los médicos, sabios y alquimistas que se opusieron al uso de mercurio para tratar tanto la sífilis como cualquier otra enfermedad, desde Dioscórides (40-90) y Galeno (129-216) en la Antigüedad, hasta Jean Fernel (1497-1558) y el mencionado Ulrich von Hutten (1488-1523) contemporáneamente a la epidemia sifilítica. De hecho, el propio Paracelso recomendaba la aplicación del mercurio únicamente de forma externa y con gran prudencia.

Lo que probablemente ninguno de ellos llegó ni siquiera a sospechar fue la magnitud de su toxicidad. Incluso hoy en día, pese a saberlo nocivo, nos resulta extraño oír hablar de él como de un asesino de masas. Al fin y al cabo, muchos de los lectores que fuesen niños cuando todavía existían los termómetros de mercurio habrán jugado con él tras romperse uno de estos dispositivos y derramar su contenido, e incluso habrá quien lo haya sostenido en sus manos, pasándoselo de una a la otra maravillado por su liquidez metálica y su extraño y desmesurado peso, sin por ello haber desarrollado dolencia alguna. Ello sucede porque en estas situaciones lo que estamos tocando es mercurio metálico, y este apenas es tóxico; los que rezuman peligro son los compuestos que este metal puede formar con otras moléculas, pues ellos son capaces de atravesar todas y cada una de las barreras protectoras que impone nuestro organismo a las toxinas y llegar hasta nuestro sistema nervioso central para arrasarlo.

Así, el mercurio metálico apenas penetra en nuestro organismo en contacto con la piel y tan solo un 0.01 % lo hará a través de nuestro tracto digestivo en caso de ser ingerido. El mayor peligro con este metal viene con su inhalación; pero, a no ser que lo calentemos, los vapores mercuriales tampoco serán muy abundantes. Ello no quita que se puedan producir (y se produzcan) intoxicaciones agudas por inhalación de mercurio, pero en cualquier caso el peligro que entraña este metal es moderado dada su escasa habilidad introduciéndose en nuestro organismo. La historia cambia cuando es oxidado.

Si, en lugar de exponernos al mercurio metálico, lo hacemos a una de sus sales inorgánicas compuestas por mercurio oxidado —Hg(I) o Hg(II)—, como son el sulfuro o el cloruro de mercurio, el riesgo de intoxicación aumenta considerablemente. Ahora nuestro cuerpo ya no absorberá el 0.01 % de lo que ingiramos, sino que tomará entre un 2 y un 10 %. Con ello, los efectos de la intoxicación serán cada vez más graves. En el caso de la ingesta, por ejemplo, incluirán la corrosión de la mucosa que protege la boca, el esófago y el estómago, derivando en su necrosis, en gastroenteritis hemorrágica y en una pérdida masiva de líquidos. Y si la entrada de este mercurio inorgánico en nuestro organismo es traumática, su expulsión no es mucho mejor. En su salida del organismo a través de la orina, este elemento daña los riñones y causa la muerte de parte de su tejido, lo que deriva en una insuficiencia renal crónica.

Pero, si hay una forma tóxica de verdad del mercurio, esa es la que aparece cuando este no solo se encuentra oxidado, sino que además está unido a moléculas orgánicas. Un ejemplo es el metilmercurio, una de las formas más tóxicas que adopta este metal. Estos compuestos se introducen en nuestro organismo de todos los modos posibles y sin la menor dificultad, ya sea inhalados, ingeridos o a través de la piel. Da igual incluso que llevemos guantes, este elemento los atravesará, penetrará en la dermis y acabará impregnando todos y cada uno de nuestros tejidos. Su pequeño tamaño, su carga y su preferencia por los tejidos adiposos hacen que no haya barrera dentro de nuestro cuerpo que se le resista, ni la placenta ni el gran muro protector del cerebro: la barrera hematoencefálica. Al penetrar en esta última, el metilmercurio consigue llegar al sistema nervioso central y destrozarlo.

Las intoxicaciones leves por mercurio se caracterizan por la aparición de un temblor en las extremidades que se intensifica con los movimientos voluntarios y desaparece al dormir. Además, provoca un cambio en el comportamiento y el estado de ánimo de las personas que incluye un aumento de la ansiedad, la irritabilidad y la depresión; al tiempo que reduce las capacidades cognitivas del intoxicado. Si el envenenamiento es más grave, estos síntomas no solo se intensifican, sino que además aparecen otros nuevos, como el entumecimiento de la cara y las extremidades, y problemas motores que acaban derivando en parálisis, ceguera, sordera, coma y muerte. Si la persona está embarazada, también el feto sufrirá las consecuencias, viéndose gravemente afectado su desarrollo cerebral y provocando problemas de ceguera, sordera y rigidez o agarrotamiento de sus músculos.

Gran parte de la toxicidad del mercurio viene dada por su capacidad de interaccionar con los átomos de sulfuro de nuestras proteínas. Si recordamos, el principal mineral en el que se encuentra este metal en la naturaleza es el cinabrio, una sal compuesta por azufre y mercurio; ello no es casual: uno y otro elementos sienten una enorme afinidad entre ellos, de forma que allí donde se encuentran se unen de forma casi irreversible. Y si hay un componente de nuestro organismo que contiene azufre en abundancia, ese son las proteínas. Así, una vez el mercurio entra en nuestro cuerpo y encuentra a una de estas, lo cual tiene lugar de forma casi inmediata, se une a los aminoácidos de su estructura que contienen azufre (cisteínas y metioninas), distorsionando por completo su estructura y volviéndola inútil. Y dado que las proteínas son omnipresentes en el organismo de los seres vivos, las tareas afectadas por tal interacción van desde el transporte de nutrientes, oxígeno y desechos metabólicos por la sangre, hasta funciones de actividad enzimática o estructural, con lo que el fallo tiene lugar a todos los niveles.

Modelo molecular de catión de metilmercurio en tres dimensiones.

En conclusión, curar con mercurio nunca fue una buena idea. Podemos al menos consolarnos pensando que los envenenamientos por mercurio habrán sido más bien pocos a lo largo de la historia, dado el limitado uso que le hemos encontrado a este metal. Al fin y al cabo, la palabra *utilidad* no es la primera que nos viene a la cabeza al oír mencionar el nombre de este elemento. Ojalá estuviésemos en lo cierto.

DE BOLIVIA A MINAMATA PASANDO POR FLORENCIA

Es difícil pensar en una aplicación que pueda darse al mercurio, más allá de los termómetros o las pilas de botón, pero esto no es debido a que se trate de un metal inservible, sino a que su extrema toxicidad ha acabado condenándolo al ostracismo y a la prohibición de su uso. Pero que no se nos ocurra no significa que no la tenga o no la haya tenido en el pasado. De hecho, el mercurio ha sido la principal herramienta de trabajo para múltiples oficios desde hace milenios, al tiempo que una condena para la salud de quienes desarrollaban tales labores.

Una de las principales aplicaciones ya la hemos mencionado de pasada, no es otra que la minería del oro y la plata. Como sabemos, el oro es inerte, no reacciona prácticamente con ningún producto que le echemos. Esto le da un gran valor en el mercado, pero también complica enormemente su extracción en los yacimientos, y lo mismo sucede, aunque con un menor grado de rotundidad en las afirmaciones, con la plata. La gran mayoría del resto de metales se obtienen en forma de mineral y mezclados con otros muchos productos; parte del éxito de la minería reside precisamente en aprender a purificar esos metales calentándolos en hornos o haciéndolos reaccionar con ciertos compuestos, por ejemplo, como ya vimos con el cobre en el segundo capítulo del libro. La inmensa reticencia de los metales nobles a reaccionar dificulta este proceso en extremo; primero, porque es inevitable que los pedazos de oro nativo no arrastren contaminantes que reduzcan el número de quilates, y segundo, porque buena parte del oro y la plata escaparán a todo filtro o barrera que les pongamos, pues su tamaño será tan pequeño que hará imposible capturarlos.

Todo ello lo soluciona el mercurio: no solo es una de las únicas formas de hacer que el oro reaccione, sino que además lo disuelve y lo integra en su interior, como el agua con un grano de sal. Así, si añadimos el líquido metal sobre una mezcla de oro y escoria, el mercurio disolverá al áureo elemento sin importar la cantidad de impurezas que haya o lo pequeñas que sean sus pepitas. Filtrando la mezcla separaremos el líquido compuesto de mercurio y oro del resto de impurezas, y calentándolo evaporaremos el mercurio dando lugar a la aparición de oro puro y reluciente. El proceso para purificar plata es equivalente.

Es por este motivo que gran parte de la minería del oro y de la plata se viene realizando desde el siglo XVI de esta manera. Los galeones españoles que cruzaban el Atlántico en dirección al Nuevo Mundo no solo transportaban viruela y buscavidas en sus bodegas, sino que también cargaban con ingentes cantidades de mercurio para utilizar en las minas sudamericanas. Difícilmente el éxito español en el continente americano hubiese sido el mismo sin las minas de mercurio de Almadén (Ciudad Real). El procesado del oro por amalgamación además se mantuvo en uso durante siglos. Durante la fiebre del oro norteamericana de finales del siglo XIX, por ejemplo, se instalaron enormes molinos destinados a pulverizar roca para posteriormente añadirle mercurio y así disolver las microscópicas pepitas de oro que pudiese contener. Un ejemplo es la fábrica Deadwood Terra Gold construida en Dakota que ya comentamos en el primer capítulo del libro.

Lejos de lo que pueda parecer, el uso del mercurio en la minería del oro no es cosa del pasado, sino que continúa usándose hoy en día, especialmente en la conocida como minería artesanal o de pequeña escala. Este es el modo de subsistencia de parte de la población de las áreas rurales de países pobres, para los que el mercurio constituye la única forma de acceder a este recurso. Pero que el concepto «pequeña escala» no nos confunda, pues este tipo de minería ocupa en la actualidad a entre diez y quince millones de personas en todo el mundo, un millón de los cuales son niños;

produce entre el 10 y el 15 % del oro a nivel global, y constituye la principal fuente de contaminación por mercurio: tan solo esta práctica libera al medio ambiente entre cuatrocientas y mil cuatrocientas toneladas de este elemento al año.

Lo nefasto de las consecuencias de esta minería es fácil de prever. Por una parte, los mineros se ven expuestos por múltiples vías a un veneno mortal: mediante la manipulación de la amalgama de oro y mercurio, a través de la inhalación de este último durante su evaporación, y por la ingesta de alimentos contaminados. Por otra parte, la degradación del medio ambiente y el ecosistema es absoluta, y puede perdurar durante décadas tras el cese de la actividad minera. Todo ello ha llevado a que expertos de la ONU pidiesen en 2022 a la comunidad internacional la prohibición del comercio de mercurio a imagen de lo hecho con los metales conflictivos, los 3TGs. El problema es que, para las comunidades que la desarrollan, esta minería constituye una de las únicas formas de subsistencia con las que cuentan, al tiempo que la alternativa química al mercurio en la extracción del oro es el cianuro, un compuesto que, por lo que sea, tampoco es que se preste demasiado a ser utilizado.

Los mineros no son los únicos que han trabajado el oro haciendo uso del mercurio, por lo que tampoco han sido los únicos que han sufrido las consecuencias de este. Los afectados se cuentan por millones e incluyen personajes tan distintos de los mineros de la meseta boliviana como son los artistas de Renacimiento italiano. Uno de los ejemplos más claros lo tenemos en Florencia. Frente a una de las construcciones más excelsas de la humanidad y a la sombra de la cúpula más grande jamás realizada en albañilería, la que diseñó Brunelleschi para el duomo de la ciudad, se alzó una de las obras cumbre del Renacimiento: las Puertas del Paraíso de Ghiberti. Son las puertas que, hasta que fuesen desmontadas y guardadas en el Museo dell'Opera del Duomo, miraban de frente a la fachada de la catedral *fiorentina*, las que cerraban el lado este del baptisterio; allí montados, diez paneles dorados que representan otras tantas escenas del Antiguo Testamento hacían sentir al visitante el síndrome de Stendhal en todo su esplendor.

Puertas del Paraíso, obra realizada por Lorenzo Ghiberti entre 1425 y 1452.

Veintisiete años tardó Lorenzo Ghiberti en completar la mejor de sus obras. En 1452, con 74 años, colocó los últimos paneles de la obra que le daría fama eterna. Unos paneles dorados, pero que no están completamente hechos con oro, dado que, como ya sabemos, dada su maleabilidad no habrían resistido el castigo del tiempo en las condiciones que lo han hecho. Los golpes y accidentes habrían acabado deformando las imágenes hasta volverlas irreconocibles. Los grabados están hechos de bronce, duro y resistente, y más tarde recubiertos con el áureo elemento. Es precisamente en el proceso de recubrimiento donde interviene el mercurio: de haber dorado las puertas con pan de oro, estas difícilmente habrían resistido la erosión que causa estar al aire libre; Ghiberti las doró usando la amalgama de mercurio. Disolvió oro en este metal, pintó los paneles con él y por último los calentó. Así, el mercurio se evaporó, dejando tras de sí un finísimo pero homogéneo recubrimiento dorado que cubría todos los rincones del grabado, por recónditos que fuesen. Es de prever que, fruto de la utilización de las amalgamas mercúricas, tanto Ghiberti como sus ayudantes sufriesen en algún grado las consecuencias de este agente neurotóxico.

Más allá del uso del mercurio para la manipulación del oro, existen otros muchos oficios que han empleado este metal. Uno de los más conocidos es el de la industria de los sombreros de fieltro. El fieltro es un textil hecho a partir de fibras de lana o pelo que no se han tejido y que en su lugar han sido apelmazadas. El mercurio se utilizaba precisamente para mejorar tal agregación. Según la leyenda, en Turquía utilizaban pelo de camello para fabricar el fieltro, proceso que era acelerado remojando el pelo en la orina de dicho animal. Ello hizo que en Francia los obreros usaran su propia orina con idéntico fin, hasta que se dieron cuenta de que uno de ellos obtenía sistemáticamente un mejor producto; este obrero en cuestión padecía de sífilis, con lo que estaba siendo tratado con un compuesto de mercurio. Según se cuenta, fue así como se estableció la relación entre el metal y el proceso, aunque no hay pruebas de que esta historia sea cierta.

La fabricación de los sombreros de fieltro, en cualquier caso, fue una profesión de alto riesgo. La incidencia de las enfermedades neurológicas fue elevadísima a causa del mercurio empleado, con lo que poco a poco fue calando el estigma de la relación entre este oficio y el deterioro de la salud mental. Hay además quien sugiere que este es el origen de expresiones como *Mad as a hatter* («Loco como un sombrerero»), o de personajes como el Sombrerero de *Las aventuras de Alicia en el país de las maravillas* de Lewis Carrol; aunque lo más probable es que tales afirmaciones sean apócrifas.

Más reciente todavía: el mercurio se ha utilizado con frecuencia en la industria química como catalizador en la síntesis de compuestos como el acetaldehído. Como producto de este proceso durante los años 50 y 60 del siglo xx se generaron miles de toneladas de desechos inorgánicos de mercurio que fueron lanzados al mar sin ningún tipo de tratamiento. Esto es ya de por sí catastrófico para el ecosistema marino, pero no es lo peor. El mercurio inorgánico era absorbido por las bacterias anaerobias del detritus marino, quienes lo transformaban en metilmercurio, recuerden, una de las formas más tóxicas que puede adoptar este metal. Y a través de estas bacterias, el mercurio se introducía en la cadena trófica.

Parte del problema del mercurio radica en que los seres vivos no lo eliminan con facilidad, por lo que se va acumulando en su organismo con el tiempo. En su interior, aquellas bacterias guardaban el mercurio absorbido durante toda una vida. Cuando eran engullidas por un depredador, todo ese metal se incorporaba a su organismo, sumándolo al de todas las bacterias con las que se había alimentado antes. Estos pequeños depredadores servían de alimento para crustáceos que eran engullidos, a su vez, por los peces. De esta forma, el mercurio pasaba de ser vivo en ser vivo. La acumulación en la cadena trófica es además exponencial, por lo que los peces más afectados son los que más arriba de esta se encuentran: los grandes depredadores marinos como los atunes acababan siendo los depositarios de todo el mercurio. Y por encima de los atunes en la cadena trófica están los humanos.

El vertido de mercurio indiscriminado por parte de la industria ha provocado centenares de muertes, así como problemas de carácter neurológico a miles de víctimas, particularmente en el caso de las poblaciones en las que el consumo de pescado forma parte esencial de la dieta. Algunos casos de especial relevancia son los sucedidos en Niigata y la bahía de Minamata, Japón, entre 1958 y 1965, directamente relacionadas con la Chisso Corporation; la gravedad y extensión de estos casos fue tal que el nombre de la bahía llegó a bautizar a un trastorno: la enfermedad de Minamata. Otro caso bastante sonado fue el del envenenamiento de las tribus nativas americanas cree e inuit al este de Quebec, Canadá, afectadas en los años 70 por la puesta en marcha de una planta hidroeléctrica. Durante su construcción, esta planta alteró la trayectoria de una serie de ríos, que empezaron a movilizar al mercurio depositado en el suelo y llevarlo al mar.

A la luz de todas estas tragedias, era cuestión de tiempo que el uso de mercurio acabase regulándose y restringiéndose dentro de lo posible; aunque mucho se tardó. En 2013, 140 países adoptaron el llamado «Convenio de Minamata sobre el Mercurio», bautizado en honor de la ciudad japonesa de aciago recuerdo. En este tratado se marcó el 2020 como el año en que los países participantes debían detener la producción, importación y exportación de una gran cantidad de productos con mercurio, incluyendo termómetros, lámparas fluorescentes, cosméticos, plaguicidas, antisépticos y baterías; así como su utilización en la producción de acetaldehído. Según Monika Stankiewicz, secretaria ejecutiva del Convenio de Minamata, su objetivo es «proteger la salud humana y el medio ambiente de las emisiones antropogénicas de mercurio y sus compuestos». Fuera de este tratado quedaron las pilas de botón con un porcentaje de mercurio inferior al 2 %, las amalgamas dentales y algunos aparatos de medición de alta precisión para los cuales no exista alternativa.

LOS METALES ESENCIALES Y LA SANGRE AZUL

El mercurio es tóxico sin ambages, cualquier concentración de este metal es nociva para el ser humano. Puede que sea este el único motivo por el que la autodenominada «medicina alternativa» no lo usa del mismo modo que sí hace con los imanes y el magnetismo. Tanto mejor. El problema es que haciendo una asociación rápida fácilmente podríamos concluir que el resto de los metales comparten esta característica con el mercurio, que todos son venenosos. Nos estaríamos equivocando de plano. No solo los hay que presentan una bajísima toxicidad, sino que hay muchos sin los que no puede darse la vida.

Pensemos, por ejemplo, en el hierro. Todos sabemos que debemos comer lentejas y espinacas porque «tienen mucho hierro», e incluso conocemos el nombre de la enfermedad que produce la falta de este metal, la anemia. Por tanto, no nos es ajena la presencia de metales en nuestro organismo ni su importancia para mantener un buen estado de salud. Entonces, ¿qué es lo que hace que unos metales resulten tan tóxicos y otros sean imprescindibles?

La principal de las razones tiene que ver con lo preparados que estemos para gestionarlos. El control que ejerce el organismo sobre los metales esenciales es férreo, monitorizando en cada momento su concentración, localización y la forma que adoptan. Cuando nos alimentamos, los intestinos absorben los metales que nos interesan a través de mecanismos muy determinados, específicos para cada metal y para cada forma que este pueda presentar. Una vez en la sangre, el metal tampoco viaja por ella libremente, sino que lo hace encapsulado en receptáculos cuyo único fin es el transporte de este elemento de un punto A a un punto B, asegurándose de que no interacciona con nada que no debería y de que no participa en reacciones indeseadas. Por último, los metales son almacenados en depósitos específicamente destinados a ello, a la espera de que los necesitemos. Es aquí donde nuestro organismo acumula los metales cuando hay un exceso de ellos en sangre o en el interior de las células, y de donde los toma en caso de haber un déficit. Esta capacidad de los organismos por mantener una condición interna estable compensando los cambios internos y externos que puede sufrir se conoce como homeóstasis, y no es exclusiva de los metales, sino que también se da con el pH, la temperatura o los niveles de azúcar en sangre, por ejemplo. En definitiva, la presencia de los metales, su concentración en cada tejido y las reservas de los mismos son factores altamente regulados por nuestro metabolismo.

Bajemos de la teoría y pongamos ejemplos concretos; retomemos el caso del hierro. Un ser humano de unos 70 kg de peso contiene entre tres y cuatro gramos de este metal en su organismo, es decir, el hierro supone alrededor de un 0.006 % de la masa total de una persona. Es fácil despreciar porcentajes tan ridículos, pero lo cierto es que este par de gramos cumplen un papel clave en funciones tan importantes como el transporte del oxígeno por la sangre o su almacenamiento en los músculos.

El oxígeno es transportado dentro de los glóbulos rojos mediante la proteína conocida como «hemoglobina». Para desempeñar esta función, cada una de estas proteínas contiene cuatro átomos de hierro en su estructura que funcionan a modo de punto de amarre del oxígeno. Sin hierro, el oxígeno no puede ser atrapado por la hemoglobina y transportado a través de la sangre desde los pulmones hasta los tejidos que necesiten de él, como los músculos o el cerebro, lo que deriva en asfixia. De hecho, muchos venenos lo son precisamente por tratarse de sustancias que atacan a este punto de la hemoglobina bloqueando al átomo de hierro y evitando que pueda enlazarse con el oxígeno, como es el caso del monóxido de carbono. Alrededor del 65 % del hierro de nuestro organismo está en la hemoglobina, mientras que un 4 % adicional se encuentra en la mioglobina, la proteína encargada de almacenar el oxígeno en los músculos y ofrecer un suministro rápido de este en los primeros instantes en que realizamos un esfuerzo físico. El resto se halla en otras enzimas como citocromos, catalasas y peroxidasas, siendo transportado en las transferrinas o almacenado en ferritinas y hemosiderinas. Así, pese a su escasa cantidad, el hierro es un actor crucial e insustituible en nuestro metabolismo.

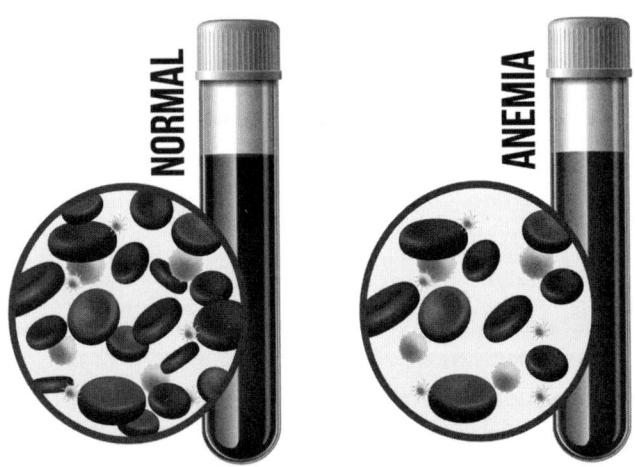

Contraste entre nivel de glóbulos rojos en una muestra de sangre normal y otra muestra de sangre con deficiencia de hierro.

Pero cada día perdemos hierro. Las hemorragias, la menstruación o la propia descamación de la piel (la caída de piel muerta) hacen que perdamos alrededor de 1 mg de hierro al día, que puede aumentar hasta los 12 mg en el caso de las personas menstruantes. Este hierro debe ser repuesto mediante la alimentación. En los países desarrollados, una dieta promedio proporciona unos 15 mg al día, de los cuales absorbemos 1; ya vemos que esta absorción no es demasiado eficaz, pero más que suficiente para cubrir nuestras necesidades. Para llevar a cabo tal labor, nuestro sistema digestivo contiene una serie de mecanismos específicos para capturar el hierro, que además serán más o menos eficaces en función de la procedencia del metal: si su origen es animal, se absorberá con mucha más facilidad que si es vegetal. Esto parece una tontería, pero no lo es. Como hemos visto, la gran parte del hierro de los animales está contenido en la hemoglobina y la mioglobina, por lo que en ambos casos está interaccionando con una misma molécula, el conocido como «grupo hemo». Es el color rojo de este compuesto formado por un átomo de hierro y una molécula orgánica llamada «porfirina» el que le da el color característico a la sangre. En estos sistemas, el hierro se encuentra en un grado de oxidación que se conoce como «ferroso», y que es perfectamente asimilable por el organismo. En cambio, en los vegetales y legumbres, el hierro no se halla interaccionando con un grupo hemo, por lo que está en otro grado de oxidación, el conocido como «férrico». Dado que nosotros solo podemos absorber hierro ferroso y no férrico, este último debe ser transformado y pasar de una forma a la otra antes de ser asimilado por el organismo. Esto hace que la absorción del hierro vegetal sea más difícil por necesidad. Un modo de ayudar a que nuestro organismo tome el hierro de vegetales y legumbres es incluir en nuestra dieta alimentos ricos en vitamina C, también conocida como «ácido ascórbico», como son los pimientos, los cítricos y las verduras de hoja verde. El motivo es que la vitamina C es capaz de ayudar a la transformación del hierro férrico a ferroso, con lo que se facilita su asimilación.

El hierro no es ni de lejos el único metal del que necesitamos para vivir. El calcio y el magnesio, metales alcalinotérreos, forman parte de los huesos e intervienen en el tono muscular, además de participar en la regulación de los latidos cardíacos, en la estabilización de las membranas celulares y en la formación y liberación de neurotransmisores. El sodio y el potasio, metales alcalinos, participan en la transmisión de los impulsos nerviosos, en el equilibrio osmótico del agua y en la regulación del pH de las células. El zinc, metal de transición, interviene en el metabolismo de las proteínas y ácidos nucleicos, en el correcto funcionamiento del sistema inmunitario y en el sentido del gusto y el olfato. El cobalto, otro metal de transición, forma parte de la vitamina B12, un compuesto clave en la formación de los glóbulos rojos y la producción de ADN. Y estos son solo algunos ejemplos de metales esenciales y de las tareas que estos cumplen para mantener el buen estado de salud de una persona.

Es más, algunos de los metales que hemos visto en este libro también son imprescindibles para nuestro metabolismo. Un ejemplo es el cobre, del que una persona de 70 kg apenas tiene unos 120 mg (es decir, un 0.00017 % de su peso), pero que no por ello es menos esencial que cualquier otro. Pese a su escasa abundancia, este metal forma parte de nuestro sistema inmunológico y de nuestras defensas antioxidantes; además de ser una pieza clave en la obtención de energía en las mitocondrias. Es más, da igual el hierro del que dispongamos, que, si no tenemos cobre, padeceremos anemia igual. Esto es debido a que este último metal participa en el transporte del hierro hasta la médula ósea, donde se producirá la hemoglobina. Sin cobre no hay transporte, y sin este no hay producción de la proteína rojiza.

Por último, el cobre no solo es esencial para los humanos, sino que lo es para casi la totalidad de los seres vivos. Un ejemplo de ello son los moluscos. Probablemente les habrá pasado que hayan pisado algún que otro caracol en su vida. La imagen que habrán visto bajo su zapato, desde luego, no es la más agradable del mundo; pero, si han prestado atención, se habrán dado cuenta de que hay algo que, precisamente por estar acostumbrados a ello, no nos damos cuenta de que falta: un pequeño charco de sangre. Una mancha roja alrededor del caracol aplastado, como de hecho sucedería con la mayoría de los animales. ¿Cómo es esto posible?

La explicación es, en realidad, bastante obvia: no vemos sangre porque, sencillamente, la mayoría de los moluscos carecen de ella… Al menos, tal y como estamos acostumbrados a pensarla. Como hemos visto, el color rojo de la sangre humana viene dado por la hemoglobina y por el hierro que esta contiene. Pero sucede que muchas especies de moluscos no disponen de esta proteína, sino de otra completamente distinta pero con idéntica función: la hemocianina. En esta, el oxígeno se une a dos átomos de cobre para ser transportado, de manera análoga a lo que sucedía con el hierro en la hemoglobina. Pero no es esta la característica más interesante de esta proteína, sino su color o, más bien dicho, su constante cambio de color.

Paul Bert y León Fredericq fueron los primeros en observar el fenómeno; el primero, en 1867, mientras estudiaba una sepia (*Sepia officinalis*), y el segundo, en 1878, haciendo lo propio con un pulpo (*Octopus vulgaris*). Los dos fisiólogos francófonos se dieron cuenta de que la «sangre» de estos cefalópodos era transparente e incolora hasta que pasaba por las branquias; en el momento en el que se recargaba de oxígeno, se tornaba azul. Con los años, esta observación se extendió a otros muchos moluscos, como los caracoles, y crustáceos, como las langostas. Así, la sangre de estos seres invertebrados, llamada «hemolinfa», cambia de color en función de si va cargada de oxígeno o si va de vacío, pasando del azul verdoso del primer caso al incoloro del segundo. No deja de ser curioso que al final lo que hacía especiales a los miembros de la realeza era un desmesurado número de patas.

Por último, y más allá de humanos, sepias y langostas, hay otros muchos seres vivos para los que el cobre es imprescindible. Por mencionar un par de casos: multitud de plantas lo usan para llevar a cabo la fotosíntesis, mientras que hongos unicelulares como la levadura lo emplean durante la respiración celular.

GRISES Y MATICES

En cualquier caso, la catalogación de los metales, como la de la mayoría de las sustancias, no es dicotómica: prácticamente ningún metal se puede definir de forma taxativa como beneficioso o perjudicial, y menos sin tener en cuenta el modo de ingesta o de su dosis. Sucede lo mismo con los azúcares, la sal, los hidratos de carbono y las grasas; todos ellos son necesarios, solo que, en función del tipo que sean y su procedencia, las dosis recomendadas serán más o menos elevadas. Así, a pesar de que hay excepciones, como es el caso del mercurio o del plomo, en los que cualquier dosis es nociva, para el resto de los metales hay una ventana de administración por debajo de la cual sufrimos trastornos relacionados con su déficit y por encima los padecemos relacionados con su exceso.

Es el caso del hierro, por ejemplo. Ya hemos visto que este es un elemento esencial para nuestro organismo y que sin él funciones vitales como la respiración no podrían llevarse a cabo. Así, no es de extrañar que un déficit en su ingesta lleve a la aparición de trastornos. El más común es la anemia, la cual aumenta la palidez de la tez, al tiempo que provoca un aumento de la debilidad y el cansancio en quien la sufre. Esto es debido a que sin hierro no podemos fabricar hemoglobina, por lo que no somos capaces de reemplazar por completo aquella que es degradada. Poco a poco, la concentración de esta proteína en sangre se va reduciendo, con lo que la cantidad de oxígeno que puede ser transportado también sc ve limitada, lo que conduce a esa sensación de fatiga. Por contra, un exceso de hierro también es perjudicial. En caso de que el organismo tome más hierro del necesario y del que es capaz de gestionar, este puede acumularse en el hígado, el corazón y el páncreas, pudiendo llegar a dañarlos o a provocar un fallo en los mismos. Esta enfermedad, por su parte, es conocida como «hemocromatosis». En definitiva, una concentración de un metal esencial fuera de los límites adecuados provoca la aparición de trastornos.

Lo más interesante, y de lo que podemos sacar buen provecho, es que estas ventanas de administración son diferentes para cada ser vivo. La tolerancia que una planta puede tener al zinc, por ejemplo, puede ser mucho mayor que la de un mamífero; lo que para ella es una cantidad mínima esencial para funcionar, a nosotros nos podría suponer un problema. Es más, puede incluso darse el punto de que un compuesto esencial para casi la totalidad de los seres vivos puede ser un veneno para otros. Y es que la toxicidad de un elemento no es nunca una propiedad intrínseca del metal, sino que depende de lo adaptados que estemos nosotros al mismo. En tanto en cuanto los seres humanos los necesitamos y hemos estado en contacto con ellos durante la mayor parte de la evolución, nuestro organismo tiene mecanismos específicos para identificar, atrapar, transformar, transportar y utilizar metales como el hierro y el cobre; todo ello, mientras nos aseguramos de que no interaccionan con aquello que no deben y puedan causar problemas. En cambio, hay otros metales para los que no estamos preparados, como son el mercurio y el plomo. Estos se cuelan dentro de nuestro organismo a través de lugares insospechados; sus características hacen que los muros que levanta nuestro cuerpo frente a los agentes nocivos y que funcionan un 99 % de las veces sean inútiles frente a estos elementos. Un ejemplo es la barrera hematoencefálica, un muro infranqueable para la inmensa mayoría de compuestos y toxinas, pero una cortina de bolas para el mercurio. Y una vez traspasadas estas barreras, los metales tienen a su disposición toda una pléyade de puntos donde interaccionar, disrumpiendo el correcto funcionamiento de los órganos y causando los problemas que ya hemos visto anteriormente.

Lo mismo sucede con el cobre, solo que en sentido contrario. Nuestro metabolismo está preparado para gestionar este elemento, por lo que su presencia raramente es un problema para nuestra salud; de hecho, el problema sería más bien la ausencia de este elemento. En cambio, para muchas bacterias el cobre es tan tóxico como lo es para nosotros el mercurio. Es más, esta característica ha hecho que desde antiguo se usasen minerales cúpricos como bactericidas de un modo similar a como se hacía con la plata: los egipcios los usaban para esterilizar agua, Hipócrates los utilizaba para tratar heridas abiertas, los aztecas trataban el dolor de garganta con este metal y en la India lo aplicaban sobre forúnculos y úlceras venéreas para combatir la infección.

Esta elevada toxicidad del cobre para las bacterias y algunos hongos hace que hoy en día se use extensamente en la agricultura ecológica. La legislación europea establece que, para que un tipo de alimento o producto en general pueda llevar la etiqueta de «ecológica», durante su producción no se deben haber empleado fertilizantes, herbicidas ni plaguicidas de origen sintético, entre otros requisitos. Pero esta normativa no impide que se usen otros compuestos «de origen natural» que sustituyan estas mismas funciones. Uno de los más empleados es el «cloruro de calcio tribásico de cobre», también conocido como «caldo bordelés» por haber sido inventado en 1880 en Burdeos con el fin de usarse en los viñedos de la zona. Gracias al cobre y su acción plaguicida y antifúngica, este producto se usa para evitar la proliferación de enfermedades y hongos, por un lado, y de plaguicidas sintéticos por otro.

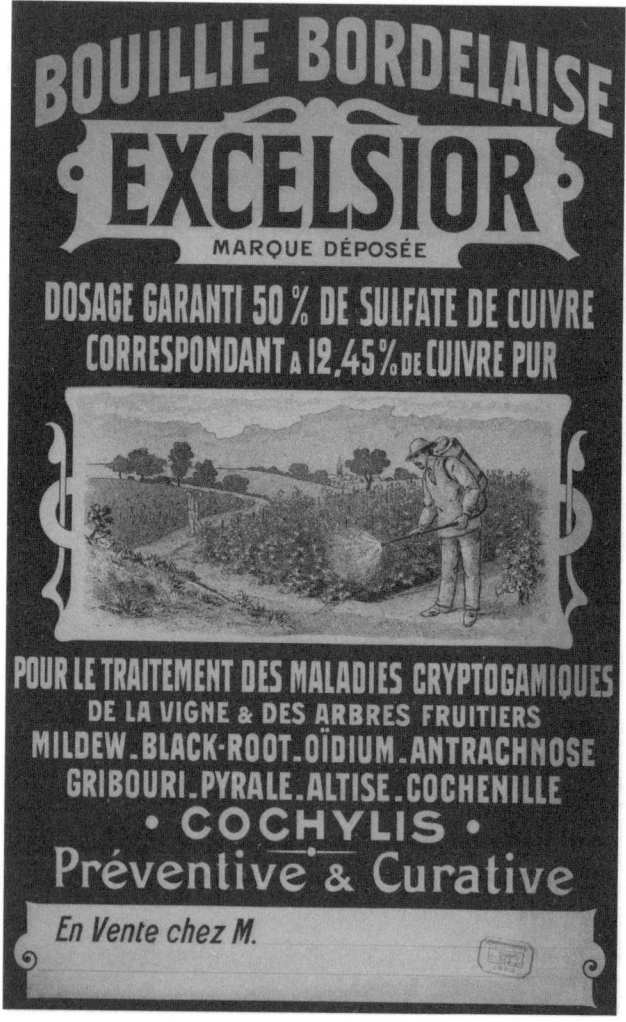

Cartel publicitario de caldo bordelés de la marca francesa Excelsior (50 % de sulfato de cobre correspondiente a 12,45 % de cobre puro), para el tratamiento de enfermedades criptogámicas de la vid y de los árboles frutales.

El caldo bordelés se prepara mezclando sulfato de cobre ($CuSO_4$) con cal viva (CaO), con lo que ya podemos ver lo que tiene de «natural». Y de igual modo, el hecho de usar este último producto en su síntesis puede servir de indicación para ver lo que su preparación tiene de inocuo para la salud humana; aunque lo cierto es que, frente a la imagen que se tiene de ella, la agricultura ecológica no es más saludable ni da lugar a productos de mayor calidad, pero esta es otra discusión. Además, el resultado del uso del caldo bordelés es que, para evitar usar productos de eficacia probada y escasos o nulos efectos secundarios, usamos otros con una reducida efectividad y sin que por ello evitemos contaminar los acuíferos del subsuelo ni causar un impacto negativo sobre la comunidad bacteriana de la tierra, imprescindible para el mantenimiento de su salud. Tanto es así que la Autoridad Europea de Seguridad Alimentaria mantiene ciertas reticencias a su uso por su elevado riesgo para aves, mamíferos y organismos del suelo; aunque considera que sus niveles actuales no suponen una preocupación para la salud humana.

Sea como fuere, lo que queda claro es el papel dual que mantienen los metales con los seres vivos: a un tiempo, pieza insustituible en sus organismos y saboteadores de sus mecanismos internos; todo depende de a quien le preguntes. El mercurio es tóxico sin matices, nocivo para los humanos a cualquier concentración. En cambio, el cobre, el hierro, el sodio o el magnesio son tan esenciales para los humanos como lo es el oxígeno; lo único que nos debe preocupar de ellos es lo mismo que de cualquier otro compuesto imprescindible, desde el agua a las proteínas: que haya un déficit o un exceso que sobrepase la capacidad de asimilación de nuestro metabolismo.

Los metales forman parte esencial e insustituible de todos y cada uno de los seres vivos que habitan o que alguna vez habitaron el planeta. Y los seres humanos no somos distintos. Con cada inhalación, miles de millones de átomos de hierro se aseguran de hacer llegar el oxígeno a cada uno de los rincones de nuestro cuerpo. Cada especie reactiva de oxígeno que se genera y puede dañar el cerebro o el ADN es destruida por algunos de los más eficientes mecanismos creados por la naturaleza: enzimas de cobre, zinc y hierro. Con cada caricia en nuestra piel, un flujo metálico recorre nuestra médula espinal y lleva la sensación de su tacto a nuestro cerebro. No podemos pensar, sentir ni soñar sin ellos porque los metales son, en definitiva, parte inseparable de nuestro ser. Y así ha sido siempre. Porque, antes incluso de ser seres humanos, ya éramos seres metálicos.

EPÍLOGO
NUESTRO PRIMER METAL

A lo largo de este libro hemos ido arrastrando una pregunta que en ningún momento hemos acabado de definir, pero que siempre ha estado latente: ¿cuál fue el primer metal del ser humano?

La respuesta puede parecer evidente. Si aceptamos que los capítulos del libro están ordenados en función de la fecha estimada para el descubrimiento del elemento protagonista del mismo, el primer metal que nunca usó el ser humano debe de ser el oro. Y puede ser que acertemos; de hecho, ya hemos visto que este metal se usaba allá por el 4500 a. e. c., en un momento en el que la madera, el sílex y el hueso constituían las principales materias primas con las que construíamos nuestras herramientas. Pero esa puede ser la clave: a falta de una máquina del tiempo, nunca podremos estar seguros de nuestra respuesta. En primer lugar, por la dificultad en obtener evidencias materiales al respecto; en segundo lugar, porque esa primera posición está muy reñida entre tres elementos, y en tercer lugar, porque primero tenemos que definir a qué nos referimos cuando hablamos de «usar un metal».

En la Antigüedad hubo dos aspectos clave a la hora de dar por primera vez con uno de estos elementos: uno es su abundancia; el otro, su forma química. Y ya hemos visto que el segundo es incluso más importante que el primero. Muchos metales se encuentran en forma de mineral en la naturaleza, ahí tenemos al estaño y la casiterita; el hierro y la ferrita, o el mercurio y el cinabrio; por poner algunos ejemplos. Sin la tecnología necesaria para transformar esos minerales ya no es que no podíamos sacar de ellos un metal, es que ni sabíamos que estaba ahí dentro. Por lo tanto, los primeros metales descubiertos debieron de ser aquellos que se encontraban como tales en la naturaleza, en su forma metálica: el oro, el cobre y la plata.

Ahora, ¿cómo escoger uno entre los tres candidatos? La discusión que vimos en el capítulo segundo sobre la dificultad para datar exactamente el inicio de la Edad de Cobre está estrechamente ligada a esta misma disyuntiva: si no podemos ni tan siquiera determinar cuál es el objeto más antiguo hecho con un metal, mucho menos vamos a poder ordenarlos por fecha de descubrimiento. Por lo tanto, escoger un metal entre estos tres puede que sea imposible. No hay, por tanto, un ganador en esta competición; o, dicho de otra forma, hay una primera posición ocupada por tres elementos al mismo tiempo.

Podría ser incluso que ninguno de estos tres ocupase el podio. Aunque oro, cobre y plata son los tres elementos que se podían encontrar en la Tierra en estado nativo (como metales), no son los únicos. Hay un tipo de hierro muy especial que también puede encontrarse como metal y no como mineral: hierro meteórico, el metal atrapado en un meteorito y que llegó al planeta con el impacto de este último. Hay objetos creados con este metal con miles de años de antigüedad, como la daga de Alaca Höyük (en la actual Turquía) del 2500 a. e. c., o unas cuentas de hierro encontradas cerca de Gerzeh producidas durante época del antiguo Egipto (sobre el 3200 a. e. c.). ¿Quién nos dice que por casualidad el primer metal que encontramos no fue hierro caído de un meteorito? Cosas más raras se han visto.

El resto de los metales se fueron descubriendo conforme avanzó la tecnología. El uso extensivo del cobre no se consiguió cuando se halló en pequeñas cantidades entre la tierra, sino cuando se desarrolló el horno y la metalurgia y se aprendió a extraerlo de los minerales de malaquita y calcopirita. Y lo mismo con el hierro, los objetos creados con el metal obtenido de los meteoritos son anecdóticos, su uso real se produjo con la evolución y perfeccionamiento del horno. Conforme más difícil de transformar fuese un mineral, más tarde se lograba alcanzar el grado de tecnología necesario para llevar a cabo dicho proceso; por eso la obtención en abundancia del cobre, el plomo o el estaño llegó antes que la del hierro, que necesita de temperaturas mucho más elevadas, entre otros factores.

Por último, hay una cuestión adicional que cabe considerar: la metálica no es la única forma que adopta un metal. Ya hemos visto que también existen como minerales, combinados con otros compuestos dando lugar a estructuras que nada tienen que ver con la imagen de metal que tenemos en la cabeza. Y ya no es que estas sales se puedan usar, es que su utilización precede en milenios al hallazgo de cualquier pepita reluciente. Antes de dar propiedades sobrenaturales a un pedazo de oro, y mucho antes incluso de unirlos a golpes de martillo y darles la forma de un anillo, nuestros ancestros ya pintaban sus hazañas (o sueños) de caza en las cuevas prehistóricas, curaban enfermedades con ungüentos en Egipto y se maquillaban con polvos en Mesopotamia, y para todas estas actividades usaban metales: hierro, plata y cobre, respectivamente. Es más, el último de los siete metales, el mercurio, ya se usaba en forma de cinabrio hace treinta mil años en las cuevas de España y Francia; los pintores paleolíticos «decoraban» con este pigmento rojo sus cuevas decenas de miles de años antes de que se fabricase el objeto más antiguo de metal que sospechamos que pudo haber sido hecho por un humano. Por lo tanto, si decidiésemos considerar en un sentido amplio la frase «el primer metal usado por una persona», la ordenación de los descubrimientos se volvería todavía más vaga y difusa.

En cualquier caso, y lejos de desmerecerlos, esta última consideración no hace más que poner en valor el papel de los metales en la historia humana. Los mismos elementos que utilizamos hoy en día para comunicarnos a través de los dispositivos electrónicos, los que nos sirven para representar en una pantalla el mundo que nos rodea y aquel que deseamos, son los mismos que usábamos con ese mismo fin antes incluso de desarrollar un lenguaje escrito, cuando pintábamos en la pared de una cueva. Con los metales curamos hoy, intentamos curar ayer e invocamos la sanación anteayer sobre un muro de piedra. Los metales no solo forman parte de nuestro ser y nuestro metabolismo, no solo son y fueron herramientas con las que transformar el mundo; también son partícipes desde hace decenas de miles de años de la construcción de nuestra identidad y de nuestra cultura. Para bien y para mal. Sin ellos, ni fuimos ni podríamos haber sido. Porque, al final, solo se puede entender la esencia humana si se la contempla a través del reflejo que deja en un metal.

CONCLUSIONES

Hay un concepto que conecta a la humanidad en su conjunto a través del espacio y del tiempo. Es un concepto que une los fusilamientos de Goya con los satélites de comunicaciones que nos proporcionan internet, de donde baja para entretejerse en el manto de los santos y continuar su viaje a través de la sangre de los humanos y los moluscos, del pico de las palomas y el abdomen de las abejas; para acabar formando parte de los pigmentos de las pinturas rupestres de Altamira. Es un concepto que, cuando se materializa, adopta la forma de un metal.

Los metales han formado parte de la historia humana desde su origen como especie. Los metales corrían por nuestras venas antes incluso de que fuésemos seres humanos, y hoy mismo continúan siendo inseparables de nuestro organismo: intervienen en el transporte de sustancias, en la eliminación de especies tóxicas, en la metabolización de nutrientes, en la transmisión de señales eléctricas y en la estabilización de las proteínas. Esta no es una característica exclusivamente humana, sino que la compartimos con la totalidad de los seres vivos: ayudan a absorber la luz del sol, a transformar la energía lumínica en energía química y a fijar el oxígeno, el carbono y el nitrógeno en la cadena trófica. Son piezas fundamentales en los sentidos, como en la detección de la intensidad, dirección y sentido del campo magnético en las aves migratorias, en los insectos y en ciertas bacterias. En definitiva, los metales son parte esencial e insustituible de cualquier organismo vivo.

Los metales han sido un componente fundamental de la tecnología humana, hasta el punto de llegar a marcar eras enteras de nuestra historia. El avance de la tecnología metalúrgica permitió el descubrimiento de ciertos metales, como el plomo, y de nuevas fuentes de obtención, como los minerales malaquita y casiterita; al tiempo que posibilitó la generación de nuevos metales, como el bronce. Y estos cambiaron a su vez las sociedades: las estratificaron, ahondaron en la especialización de algunos de sus miembros y estimularon el comercio y la exploración del mundo. Así mismo, los nuevos metales facilitaron la mejora de la tecnología existente, estableciendo de esta forma una espiral virtuosa.

Con el descubrimiento de nuevos metales, sus aplicaciones prácticas se multiplicaron. Vimos que los podíamos utilizar en ciencia y medicina, como sucedió con la plata, el cobre, el hierro y el mercurio; algunos, de forma más acertada que otros. Y este uso continuó hasta llegar a nuestros días. Hace siglos usamos la plata para desinfectar heridas, y hoy la continuamos utilizando en sistemas de ventilación y en el material quirúrgico para evitar las infecciones; así como para intentar acabar con la gran amenaza que acecha: las superbacterias. Ayer usamos el hierro y el magnetismo de sus minerales para tratar de curar enfermedades, hoy empleamos ese mismo magnetismo para tratar de identificarlas.

Desde que se descubriesen, los metales han formado parte de la tecnología humana sin solución de continuidad. Durante milenios lo hicieron apenas un puñado de ellos, los únicos que conocíamos; hoy lo hacen decenas, cada uno con centenares de usos y aplicaciones. Indio en las pantallas de los dispositivos electrónicos y litio en sus baterías; estaño en los circuitos eléctricos de cualquier sistema; neodimio en las turbinas de los aerogeneradores y en los motores de los vehículos eléctricos; la lista es interminable. Es esta una dependencia que solo hará que se incremente en el futuro: el aumento de la electrónica y la tecnología a nuestro alrededor y el cambio de modelo de producción de energía en el que nos hallamos inmersos ahondarán aún más en este punto.

Los metales no solo forman parte de nuestro organismo, de nuestra ciencia y de nuestra tecnología, sino que además han estado siempre íntimamente ligados a la cultura humana. Ellos han sido los causantes de la generación de mitos como el del herrero enfermo, influencia del bronce arsenical, y de supersticiones y pseudociencias, como el mesmerismo transformado en el hipnotismo y la terapia magnética en nuestros días. Gracias a sus propiedades los hemos vinculado a los dioses y, con ellos, los hemos representado: a Saturno y el plomo; a Hermes y el mercurio, y al dios abrahámico y el oro. Y gracias a estas mismas propiedades hemos alcanzado el sueño inalcanzable, nos hemos convertido en inmortales a través del Disco de Oro que mantendrá vivo nuestro recuerdo incluso después de nuestra propia extinción.

El arte en su conjunto, y especialmente el pictórico, el escultórico y el arquitectónico, es deudor de los metales. Todas y cada una de las grandes pinturas de la humanidad los contienen como parte de sus pigmentos y de sus bases, las catedrales iluminan el interior de sus naves con colores producidos por nanopartículas metálicas alojadas en sus vidrieras; al tiempo que cualquier construcción moderna es solo posible gracias a su uso.

Y, por último, los metales no solo han determinado nuestro modo de ver el mundo, sino también cómo nos vemos a nosotros mismos y cómo nos relacionamos. En su búsqueda se han emprendido las expediciones más extraordinarias, y se han cometido los crímenes más atroces. Se cometieron ayer y se continúan cometiendo hoy. Su posesión y su necesidad siguen influyendo en buena parte de las relaciones entre las naciones del mundo, así como en la distribución de los «fondos de ayuda» y de las «tropas de paz». Todo por los metales, por disponer de ellos, por usarlos a voluntad.

Conocer a los metales, por tanto, significa conocernos a nosotros mismos. Implica profundizar en lo que somos, como seres vivos y como especie con cultura propia. Y lo más importante, nos permite evidenciar que todas las disciplinas humanas están conectadas, que el conocimiento humano no está encajonado y fraccionado en unidades discretas e independientes, sino que para entenderlo hace falta tomar una perspectiva múltiple, multidisciplinar. La política, la religión, las supersticiones, la ciencia, la medicina, la historia, la tecnología y el arte; todos beben entre sí, los unos de los otros. Todos se influencian mutuamente, todos son hijos de todos los demás, de forma que cualquier disciplina solo se puede entender si es a la luz de todas las otras ramas del conocimiento humano. Los metales nos han servido para evidenciar este hecho.

Hay, en definitiva, un concepto que conecta a la humanidad en su conjunto, a todos los hombres y mujeres que habitan y a los que alguna vez habitaron este planeta. Es un concepto que, cuando se materializa, adopta mil formas distintas, mil colores y propiedades; que ha transformado al ser humano y condicionado la vida de todos nosotros. Un concepto extraordinario escondido tras una apariencia de extrema sencillez, tras la simplicidad que rezuma una sencilla barra de hierro gris, un pedazo de plomo sin más. Un simple metal.

Estrasburgo, 2 de abril de 2023

Agradecimientos

Si este libro pudiese saber a algo, probablemente lo haría a café. De igual modo, si pudiese emitir algún sonido, ese sería el de música de ZOO. Porque así ha sido engendrado, con la calma que rodea al primer café del día, con el gusto cálido del de después de comer y con música de ZOO sonando de fondo.

Lo que sin duda no tiene es patria. Este es un texto que he ido escribiendo a lo largo de los diferentes *postdocs* que he hecho y que por tanto tiene algo de cada una de las ciudades donde estos tuvieron lugar. Se gestó a través de paseos por las calles de París, sobre una bicicleta por la huerta de València y en las orillas de los canales de Estrasburgo. Es por tanto inevitable que algo haya quedado de cada una de estas ciudades entre sus páginas.

Pero ningún libro es obra de una sola persona, por ello es de justicia agradecer en este punto a todos aquellos que tanto de forma directa como indirecta han contribuido a su elaboración. En primer lugar, quiero agradecer a mis editores, Antonio, M.ª Victoria y Rebeca, por el trabajo y el cariño depositado en estas páginas; por todas las horas de lectura y correcciones que han mejorado y dado la forma final al libro. Me acuerdo ahora de un correo a media tarde y la llamada de aquella mañana de octubre que dio origen a esta historia.

Es probable que pocos de aquellos profesores que me dieron clase en la universidad sospechasen que sus lecciones de química inorgánica, bioinorgánica y de historia de la química serían el germen de este libro. Pero así ha sido. Quiero agradecer particularmente a Enrique García-España, a Paco Lloret y a José Ramón Bertomeu por las discusiones que siguieron a la carrera y que tanto han contribuido a que este libro sea hoy una realidad.

Me gustaría agradecer asimismo a todos aquellos que han aportado sus reflexiones y su opinión para mejorar el texto, y en especial a la buena gente del *podcast A Ciencia Cierta* por ese aluvión de ideas que uno recibe siempre que habla con ellos de divulgación; en particular, a Antonio, a Daniel y a Ginesa.

Mis últimos pensamientos van dirigidos a mi pareja, a mis padres y a mi hermano: a Neus, a José Luis, a Rosa y a Cèsar. Mis primeros y más entusiastas lectores, quienes conocen las líneas de este texto desde sus primeros esbozos; antes incluso, cuando las ideas todavía pertenecían al mundo de lo inmaterial y ni tan siquiera habían empezado a tomar forma en un folio en blanco. Es en ellos en quienes pienso cuando escribo. Quienes siempre están a mi lado, incluso en la distancia, apoyándome en este proceso tan placentero como tortuoso que es escribir. Gracias, pues lo bueno que pueda tener este libro es en gran parte responsabilidad vuestra también.

Bibliografía

LECTURAS RECOMENDADAS

Leer a Daniel Torregrosa siempre es buena idea, se trate del tema del que se trate, pero especialmente si estamos interesados en la mitología y su relación con la ciencia moderna. Este ha sido, de hecho, un tema recurrente a lo largo de los capítulos de este texto, por lo que no se puede más que recomendar su libro *Del mito al laboratorio*, editado por Cálamo en 2018, como una magnífica opción para adentrarse un poco más en este mundo. Asimismo, la lectura de *Por qué los girasoles se marchitan* de Oskar González Mendia, y editado también por Cálamo en 2021, es prácticamente obligatoria si queremos saber un poco más sobre la relación entre arte y química. Por último, si la intención es aprender sobre curiosidades de los elementos de la tabla periódica, *La cuchara menguante* de Sam Kean y editado en España por Ariel acostumbra a ser una magnífica elección.

LECTURAS PARA PROFUNDIZAR

A lo largo de los diferentes capítulos, en este libro se han utilizado diversas fuentes de información que van desde artículos de investigación recientes, trabajos de revisión bibliográfica y libros de consulta, hasta entrevistas, discursos y charlas.

En las siguientes páginas se realiza una recopilación de algunos textos de consulta que pueden resultar de utilidad para todo aquel que quiera ampliar la información que se ha aportado en cada capítulo.

I. SOBRE EL ORO, LA ETERNIDAD Y LAS RELIGIONES

BERGER, E.; FONG, W., y CHORNOCK, R. (2013). «Smoking gun or smoldering embers? A possible r-process Kilonova associated with the short-hard GRB 130603B». *The Astrophysical Journal Letters*, 774(L23).

HARVARD-SMITHSONIAN CENTER FOR ASTROPHYSICS (17 de julio de 2013). «Earth's gold came from colliding dead stars». *ScienceDaily*. Revisado el 18 de octubre de 2022 en www.sciencedaily .com/ releases/2013/07/130717134921.html.

JET PROPULSION LABORATORY, NASA. *Voyager*. Californa Institute of Technology. Disponible en https://voyager.jpl.nasa.gov.

LA NIECE, S. (2009). *Gold*. Harvard University Press.

MAZADIEGO MARTÍNEZ, L. F. y PUCHE RIART, O. (1998). «Mitología del oro: el oro y el sol». *Boletín Geológico y Minero*, 109(5), 629640.

NOBEL PRIZE OUTREACH AB (1998). *A unique gold medal*, en www. nobelprize.org/prizes/about/the-nobel-medals-and-the-medal-for-the-prize-in-economic-sciences/.

SAGAN, C. (1994). *Pale Blue Dot: A vision of the human future in space*. Ballantine Books.

WILLBOLD, M.; ELLIOTT, T., y MOORBATH, S. (2011). «The tungsten isotopic composition of the Earth's mantle before the terminal bombardment». *Nature*, 477, 195-198.

II. SOBRE EL COBRE Y EL FIN DEL NEOLÍTICO

ATERMAN, K. (1999). «From Horus the child to Hephaestus who limps: a romp through history». *American Journal of Medical Genetics*, 83, 53-63.

GRAVES, R. (2012). *Los mitos griegos*. Ariel.

HARPER, M. (1987). «Possible toxic metal exposure of prehistoric bronze workers». *British Journal of Industrial Medicine*, 44, 652656.

JUÀREZ, A. (2004). «La simbologia del ferrer mitològic». *GAUSAC. Publicació del Grup d'Estudis Locals de Sant Cugat del Vallès*, 25, 58-62.

MARTÍN, A. (2003). «Espada de Guadalajara. Edad del Bronce». *Museo Arqueológico Nacional, Las armas: defensa, prestigio y poder*.

MONTERO RUIZ, I. y MURILLO BARROSO, M. (2010). «La producción metalúrgica en las sociedades argáricas y sus implicaciones sociales: una propuesta de investigación». *Menga: revista de prehistoria de Andalucía*, 1, 37-52.

MURILLO BARROSO, M.; LABARGA BOCOS, A., Y DÍEZ FERNÁNDEZ-LOMANA, J. C. (2020). *La metalurgia: la revolución del metal*. Origen. Cuadernos de Atapuerca.

RADIVOJEVIĆ, M.; REHREN, T.; PERNICKA, E.; ŠLJIVAR, D.; BRAUNS, M., Y BORIC, D. (2010). «On the origins of extractive metallurgy: new evidence from Europe». *Journal of Archaeological Science*, 37(11), 2775-2787.

SCOTT, D. A. (2002). *Copper and bronze in art: corrosion, colorants, conservation*. Getty publications.

UHLIG, T.; KRÜGER, J.; LIDKE, G.; JANTZEN, D.; LORENZ, S.; IALONGO N., Y TERBERGER, T. (2019). «Lost in combat? A scrap metal find from the Bronze Age battlefield site at Tollense». *Antiquity*, 93(371), 1211-1230.

WEB OF ELEMENTS (19 de marzo de 2007). *Abundance in Earth's crust*. Revisado el 3 de noviembre de 2022 en http://www.webelements.com/webelements/properties/text/image-flash/abund-crust.html.

III. SOBRE LA PLATA Y LAS INFECCIONES FRUSTRADAS

ALEXANDER, J. W. (2009). «History of the medical use of silver». *Surgical Infections*, 10(3), 289-292.

ALFRANCA, G.; ARTIGA, Á.; STEPIEN, G.; MOROS, M.; MITCHELL, S. G., Y DE LA FUENTE, J. M. (2016). «Gold nanoprism-nanorod face off: comparing the heating efficiency, cellular internalization and thermoablation capacity». *Nanomedicine*, 11(22), 21-34.

ÁVALOS, A.; HAZA, AI.; MATEO, D., Y MORALES, P. (2013). «Nanopartículas de plata: aplicaciones y riesgos tóxicos para la salud humana y el medio ambiente». *Revista Complutense de Ciencias Veterinarias*, 7(2), 1-23.

AVIGAD, N. (1953). «The epitaph of a royal steward from siloam village». *Israel Exploration Journal*, 3, 137-152.

BAYDA, S.; ADEEL, M.; TUCCINARDI, T.; CORDANI, M., Y RIZZOLIO F. (2020). «The history of nanoscience and nanotechnology: from chemical-physical applications to nanomedicine». *Molecules*, 25, 112.

CARO, R.; LÓPEZ ORTIZ, G., Y SÁNCHEZ OJANGUREN, M. F. (1998). *Aceleradores de partículas. Parte I.* Consejo de Seguridad Nuclear.

FRANK, A. J.; CATHCART, N.; MALY, K. E., Y KITAEV, V. (2010). «Synthesis of silver nanoprisms with variable size and investigation of their optical properties: a first-year undergraduate experiment exploring plasmonic nanoparticles». *Journal of Chemical Education*, 87, 1087-1101.

FREI, A.; VERDEROSA, A. D.; ELLIOTT, A. G.; ZUEGG J., Y BLASKOVICH, M. A. T. (2023). «Metals to combat antimicrobial resistance». *Nature Reviews Chemistry*, 7(3):202-224.

GIMENO, D.; GARCÍA-VALLÉS, M.; FERNANDEZ-TURIEL, J. L.; BAZZOCCHI, F.; AULINAS, M.; PUGÈS, M.; TAROZZI, C.; RICCARDI, M. P.; BASSO, E.; FORTINA, C.; MENDERA, M., Y MESSIGA, B. (2008). «From Siena to Barcelona: deciphering colour recipes of Na-rich mediterranean stained glass windows at the XIII–XIV century transition». *Journal of Cultural Heritage*, 9, e10-e15.

GONG, K.; HU, J.; CUI, N.; XUE, Y.; LI, L.; LONG, G., Y LIN, S. (2021). «The roles of graphene and its derivatives in perovskite solar cells: A review». *Materials and Design*, 211, 110170.

HARDEN, D. B. Y TOYNBEE, J. M. C. (1959). «The Rothschild lycurgus cup». *Archaelogia*, 97, 179-212.

JEEVANANDAM, J.; BARHOUM, A.; CHAN, Y. S.; DUFRESNE A., Y DANQUAH, M. K. (2018). «Review on nanoparticles and nanostructured materials: history, sources, toxicity and regulations». *Beilstein Journal of Nanotechnology*, 9, 1050-1074.

KOCHMANN, W.; REIBOLD M.; GOLDBERG R.; HAUFFE W.; LEVIN A. A.; MEYER D. C.; STEPHAN T.; MÜLLER H.; BELGER A., Y PAUFLER P. (2004). «Nanowires in ancient Damascus steel». *Journal of Alloys and Compounds*, 372, L15-L19.

LANSDOWN, A. B. G. (2006). «Silver in health care: antimicrobial effects and safety in use». *Current Problems in Dermatology*, 33, 17-34.

OLIVA MONTERO, J. M. (2013). «Copa de Licurgo: cuando ciencia y arte se dan la mano para hacer historia». *MoleQla: revista de Ciencias de la Universidad Pablo de Olavide*, 11, 1-2.

RAI, M.; YADAV, A., Y GADE, A. (2009). «Silver nanoparticles as a new generation of antimicrobials». *Biotechnology Advances*, 27, 76-83.

Siddiqi, K. S.; Husen, A., y Rao, R. A. K. (2018). «A review on biosynthesis of silver nanoparticles and their biocidal properties». *Journal of Nanobiotechnology*, 16, 14.

Sorinolu, A. J.; Godakhindi, V.; Siano, P.; Vivero-Escoto, J. L., y Munir, M. (2022). «Influence of silver ion release on the inactivation of antibiotic resistant bacteria using light-activated silver nanoparticles». *Material advances*, 3, 9090-9102.

Zagalsky, P. C. (2017). «Trabajo indígena, conflictos y justicia en la Villa Imperial de Potosí y su Cerro Rico, una aproximación. Virreinato del Perú, siglos XVI-XVII». *Revista Historia y Justicia*, 9, 11-45.

Zhao, L.; Zhang, X.; Wang, X.; Guan, X.; Zhang, W., y Ma, J. (2021). «Recent advances in selective photothermal therapy of tumor». *Journal of Nanobiotechnology*, 19, 335.

IV. SOBRE EL PLOMO, SUS SALES Y EL ARTE

Dalvi, S. R. y Pillinger, M. H. (2013). «Saturnine gout, redux: a review». *The American Journal of Medicine*, 126(5), 450.

Frankenburg, F. R. (2014). *Brain-Robbers. How alcohol, cocaine, nicotine, and opiates have changed human history*. Praeger Publishing.

Guijarro-Castro, C. (2013). «La influencia de la enfermedad neurológica de Goya en su cambio de estilo pictórico». *Neurosciences and History*, 1(1), 12-20.

McConnell, J. R.; Wilson, A. I.; Stohl, A.; Arienzo, M. M.; Chellman, N. J.; Eckhardt, S.; Thompson, E. M.; Pollard, A. M., y Steffensen, J. P. (2018). «Lead pollution recorded in Greenland ice indicates European emissions tracked plagues, wars, and imperial expansion during antiquity». *Proceedings of the National Academy of Sciences, U.S.A.*, 115(22), 5726-5731.

Rodríguez Torres, M. T. (1993). *Goya, Saturno y el saturnismo: su enfermedad*. Autoedición.

Santiago, J. M. (2006). «Goya, Fortuny, Van Gogh, Portinari: el saturnismo en los pintores a lo largo de tres siglos». *Revista Clínica Española*, 206(1), 30-32.

V. SOBRE EL ESTAÑO, LOS MINERALES Y LA POLÍTICA

BODEGA BARAHONA, F. (1989). «Historia antigua del estaño». *Cadernos do Laboratorio Xeolóxico de Laxe*, 14, 295-322.

DESHMUKH, A. (2019). «Trade in conflict minerals - congolese warlords, MNC's, and Dodd-Frank 1502». *Perceptions*, 5, 2.

EWING, J. (2021). «Detendremos la mina»: los habitantes de Groenlandia desconfían de los proyectos de explotación». *The New York Times*.

GONZÁLEZ, M. (2012). *La Conjura: Los mil y un días del golpe.* Editorial Catalonia.

KRAVCHYK, K.; PROTESESCU, L.; BODNARCHUK, M. I.; KRUMEICH, F.; YAREMA, M.; WALTER, M.; GUNTLIN, C., y KOVALENKO, M. V. (2013). «Monodisperse and inorganically capped Sn and Sn/SnO2 nanocrystals for high-performance Li-ion battery anodes». *Journal of the American Chemical Society*, 135, 4199-4202.

LAMBERT, R. (2019). «Un golpe de Estado demasiado fácil en Bolivia». *Le Monde Diplomatique*, 12, 22.

MARTÍNEZ SAN MILLÁN, C. (2020). «Las diferentes iniciativas sobre diligencia debida en la cadena de suministro de minerales de zonas de conflicto y de alto riesgo: ¿existen alternativas viables más eficaces?». *Estudios Internacionales, Universidad de Chile*, 197, 121-151.

MEUNIER, E. (2019). *El estaño del Noroeste ibérico desde la Edad del Bronce hasta la época romana. Por una primera síntesis.* Universidad de Alcalá y Universidad de Sevilla.

MONTERO FENOLLÓS, J. L. (1994-1995). «El comercio del estaño en el Próximo Oriente Antiguo según los archivos de Ebla y de Mari (III y II milenios a. C.)». *Arse: Boletín anual del Centro Arqueológico Saguntino*, 28-29, 187-198.

NEA/IAEA (2021). *Uranium 2020: Resources, Production and Demand.* OECD Publishing.

OJEWALE, O. (2022). «Mining and illicit tradingof coltan in the Democratic Republic of Congo». *ENACT: Enhancing Africa's response to transnational organised crime*, 29, 1-19.

PEINADO LORCA, M. (2021). «Los botones alotrópicos de Napoleón». *El Obrero. Historalia.*

Plumbridge, W. J. (2007). «Tin pest issues in lead-free electronic solders». *Journal of Materials Science: Materials in Electronics*, 18, 307-318.

Powell, W.; Frachetti, M.; Pulak, C.; Bankoff, H. A.; Barjamovic, G.; Johnson, M.; Mathur, R.; Pigott, V. C.; Price, M., y Yener, K. A. (2022). «Tin from Uluburun shipwreck shows small-scale commodity exchange fueled continental tin supply across Late Bronze Age Eurasia». *Science Advances*, 8, eabq3766.

Schwab, H. (1984). «De Cornualles a Corinto. ¿Hubo una "ruta del estaño" en tiempos de los griegos?». *Correo de la UNESCO*, xxxvii, 10-12.

United States Government Accountability Office (2020). «Actions needed to assess progress addressing armed groups' exploitation of minerals». *Report to Congressional Committees*.

VI. SOBRE EL HIERRO, LA CIENCIA Y LA PSEUDOCIENCIA

Andrä, W. y Nowak H. (2007). *Magnetism in medicine: a handbook, second edition*. WILEY-VCH Verlag GmbH & Co. KGaA.

Blechman, A. D. (2007). *Pigeons: The fascinating saga of the world's most revered and reviled bird*. Grove Press.

Bonet Safont, J. M. (2019). «Hipnosis, magnetismo animal y monstruosidad en la literatura inglesa de finales del siglo xix». *Asclepio. Revista de Historia de la Medicina y de la Ciencia*, 71, 279.

Carbonell, M. V.; Flórez, M.; Martínez, E., y Álvarez, J. (2017). «Aportaciones sobre el campo magnético: historia e influencia en sistemas biológicos». *Intropica*, 12(2), 143-159.

Gieré, R. (2016). «Magnetite in the human body: Biogenic vs. anthropogenic». *Proceedings of the National Academy of Sciences, U.S.A.*, 113, 11986-11987.

Gilder, S. A.; Wack, M.; Kaub, L.; Roud, S. C.; Petersen, N.; Heinsen, H.; Hillenbrand, P.; Milz, S., y Schmitz, C. (2018). «Distribution of magnetic remanence carriers in the human brain». *Scientific Reports*, 8, 11363.

Keeton, W. T. (1974). «The mistery of pigeon homing». *Scientific American*, 231, 96-107.

KIRSCHVINK, J. L.; KOBAYASHI-KIRSCHVINK, A., Y WOODFORD, B. J. (1992). «Magnetite biomineralization in the human brain». *Proceedings of the National Academy of Sciences, U.S.A.*, 89, 76837687.

KOBAYASHI, A. Y KIRSCHVINK, J. L. (1995). *Electromagnetic fields. Chapter 21. Magnetoreception and electromagnetic field effects: sensory perception of the geomagnetic field in animals and humans.* American Chemical Society.

LAMBINET, V.; HAYDEN, M. E.; REIGL, K.; GOMIS, S., Y GRIES, G. (2017). «Linking magnetite in the abdomen of honey bees to a magnetoreceptive function». *Proceedings of the Royal Society B*, 284, 20162873.

LANSKA, D. J. Y LANSKA, J. T. (2007). *Brain, mind and medicine: essays in eighteenth-century neuroscience. Chapter 21: Franz Anton Mesmer and the rise and fall of animal magnetism: dramatic cures, controversy, and ultimately a triumph for the scientific method.* Springer.

LEFÈVRE, C. T.; SCHMIDT, M. L.; VILORIA, N.; TRUBITSYN, D.; SCHÜLER, D., Y BAZYLINSKI, D. A. (2012). «Insight into the evolution of magnetotaxis in *Magnetospirillum* spp., based on *mam* gene phylogeny». *Applied and Environmental Microbiology*, 78, 72387248.

LIANG, C. H.; CHUANG, C. L.; JIANG, J. A. Y YANG, E. C. (2016). «Magnetic sensing through the abdomen of the honey bee». *Scientific Reports*, 6, 23657.

NIMPF, S. Y KEAYS, D. A. (2022). «Myths in magnetosensation». *iScience*, 25, 104454.

PATTIE, F. A. (1994). *Mesmer and animal magnetism: A chapter in the history of medicine.* Edmonston Publishing.

SOFFIA, P. (2009). Difusión por resonancia magnética: bases y aplicaciones oncológicas en órganos extracraneanos. *Suplemento de Revista Chilena de Radiología*, 15, s17-s24.

STEPTOE, A. (1986). «Mozart, Mesmer and "Cosi Fan Tutte"». *Music & Letters*, 67, 248-255.

TREIBER, C. D.; SALZER, M. C.; RIEGLER, K.; EDELMAN, N.; SUGAR, C.; BREUSS, M.; PICHLER, P.; CADIOU, H.; SAUNDERS, M.; LYTHGOE, M.; SHAW, J., Y KEAYS, D. A. (2012). «Clusters of iron-rich cells in the upper beak of pigeons are macrophages not magnetosensitive neurons». *Nature*, 484, 367-370.

VANBERGEN, A. J.; POTTS, S. G.; VIAN, A.; MALKEMPER, E. P.; YOUNG, J., Y TSCHEULIN, T. (2019). «Risk to pollinators from anthropogenic electro-magnetic radiation (EMR): Evidence and knowledge gaps». *Science of The Total Environment*, 695, 133833.

WINKLHOFER, M. (2012). «An avian magnetometer». *Science*, 336, 991-992.

XU, J.; SANG, W.; DAI, H.; LIN, C.; KE, S.; MAO, J.; WANG, G., Y SHI, X. (2022). «A detailed analysis of the effect of different environmental factors on fish phototactic behavior: directional fish guiding and expelling technique». *Animals*, 12, 240.

—; JAROCHA, L. E.; ZOLLITSCH, T.; KONOWALCZYK, M.; HENBEST, K. B.; RICHERT, S.; GOLESWORTHY, M. J.; SCHMIDT, J.; DÉJEAN, V.; SOWOOD, D. J. C.; BASSETTO, M.; LUO, J.; WALTON, J. R.; FLEMING, J.; WEI, Y.; PITCHER, T. L.; MOISE, G.; HERRMANN, M.; YIN, H.; WU, H.; BARTÖLKE, R.; KÄSEHAGEN, S. J.; HORST, S.; DAUTAJ, G.; MURTON, P. D. F.; GEHRCKENS, A. S.; CHELLIAH, Y.; TAKAHASHI, J. S.; KOCH, K.-W.; WEBER, S.; SOLOV'YOV, I. A.; XIE, C.; MACKENZIE, S. R.; TIMMEL, C. R.; MOURITSEN, H., Y HORE, P. J. (2021). «Magnetic sensitivity of cryptochrome 4 from a migratory songbird». *Nature*, 594, 535-541.

VII. SOBRE EL MERCURIO Y LOS METALES ESENCIALES

ARROYO DE LA FUENTE, M. A. (2009). *Iconografía de Hermes en el arte clásico*. Liceus. Portal de humanidades.

CHARLEBOIS, C. T. (1978). «High mercury levels in indians and inuits (eskimos) in Canada». *Ambio*, 7, 204-210.

ESDAILE, L. J. Y CHALKER, J. M. (2018). «The mercury problem in artisanal and small-scale gold mining». *Chemistry. A European Journal*, 24, 6905-6916.

ESTEVA DE SAGRERA, J. (2005). «La farmacia alquimista». *Historia de la farmacia*, 24, 84-90.

EUROPEAN FOOD SAFETY AUTHORITY (2018). «Peer review of the pesticide risk assessment of the active substance copper compounds copper(I), copper(II) variants namely copper hydroxide, copper oxychloride, tribasic copper sulfate, copper(I) oxide, Bordeaux mixture». *European Food Safety Authority Journal*, 16, 5152.

FERRER, A. (2003). «Intoxicación por metales». *Anales del Sistema Sanitario de Navarra*, 26, 141-153.

GHIRETTI-MAGALDI, A. Y GHIRETTI, F. (1992). «The pre-history of hemocyanin. The discovery of copper in the blood of molluscs». *Experientia*, 48, 971-972.

HARADA, M. (1995). «Minamata disease: methylmercury poisoning in Japan caused by environmental pollution». *Critical Reviews in Toxicology*, 25, 1-24.

HURRELL, R. Y EGLI, I. (2010). «Iron bioavailability and dietary reference values». *The American Journal of Clinical Nutrition*, 91, 1461S–1467S.

PROGRAMA DE LAS NACIONES UNIDAS PARA EL MEDIO AMBIENTE (2008). *El uso del mercurio en la minería del oro artesanal y en pequeña escala.* United Nations Industrial Development Organization.

ROS-VIVANCOS, C.; GONZÁLEZ-HERNÁNDEZ, M.; NAVARRO-GRACIA, J. F.; SÁNCHEZ-PAYÁ, J.; GONZÁLEZ-TORGA, A., Y PORTILLA-SOGORB, J. (2018). «Evolución del tratamiento de la sífilis a lo largo de la historia». *Revista Española de Quimioterapia*, 31, 485-492.

SOUTO, A.; GÓMEZ GÓMEZ, L., Y GARCÍA MATA, S. (2012). «Termómetros de mercurio, aún tóxicos aún presentes». *Anales del Sistema Sanitario de Navarra*, 35, 525-528.

TAMPA, M.; SARBU, I.; MATEI, C.; BENEA, V., Y GEORGESCU, S. R. (2014). Brief History of Syphilis. *Journal of Medicine and Life*, 7, 4-10.

VILAPLANA, M. (2001). «El metabolismo del hierro y la anemia ferropénica». *Offarm*, 20, 123-127.

YEPEZ LEÓN, G. (2006). «El símbolo de la medicina». *Scientifica*, 4, 10-13.

ZHAO, G.; ZHANG, W.; DUAN, Z.; LIAN, M.; HOU, N.; LI, Y.; ZHU, S., Y SVANBERG, S. (2020). «Mercury as a geophysical tracer gas - emissions from the emperor Qin tomb in Xi'an studied by laser radar». *Scientific reports*, 10, 10414.

Aquí hace fin este libro, cuya impresión culminó el 5 de marzo de 2024. Tal día, hace cuarenta y cinco años, se produjo el máximo acercamiento de la sonda espacial Voyager 1 a Júpiter.

OTROS TÍTULOS DE LA COLECCIÓN

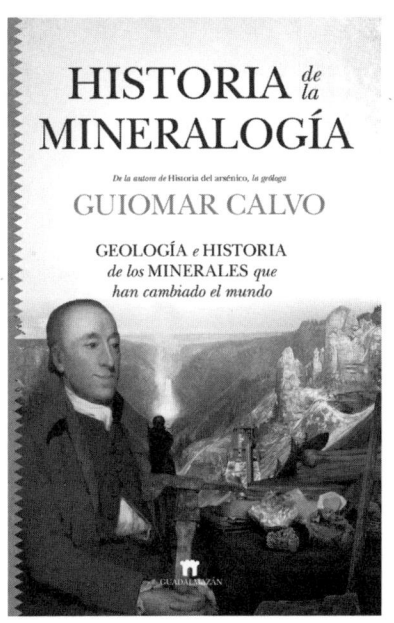

HISTORIA *de la* **MINERALOGÍA**

De la autora de *Historia del arsénico, la geóloga*

GUIOMAR CALVO

GEOLOGÍA *e* **HISTORIA** *de los* **MINERALES** *que han cambiado el mundo*

Del autor de *Historia de los volcanes*, @geologoenapuros

HISTORIA *de las* **TIERRAS RARAS**

NAHÚM MÉNDEZ

MÁS ALLÁ DE LO ORDINARIO, EL INCREÍBLE VIAJE DE LOS ELEMENTOS QUE MOLDEAN NUESTRO MUNDO TECNOLÓGICO Y DESAFÍAN LOS VIEJOS CONCEPTOS SOBRE GEOPOLÍTICA. EXPLORA EL FASCINANTE LEGADO DE LOS ELEMENTOS OCULTOS UNA ODISEA A TRAVÉS DE LAS TIERRAS RARAS Y SU IMPACTO EN LA ERA MODERNA.

HISTORIA *del* **TIEMPO**

Del ingeniero y físico, autor de *Historia del Cálculo*

CARLOS BLANCO

¿Cómo ha sido la evolución del concepto de tiempo a lo largo de nuestra historia? ¿Cómo diferentes disciplinas como la astronomía, la física, las matemáticas, la biología o el arte han abordado su estudio? ¿Qué formas de medirlo hemos usado desde la Antigüedad? ¿Cómo ha sido el camino hacia la precisión de medida actual desde los primeros calendarios?

Del astrofísico

EDUARDO BATTANER

HISTORIA *de la* **FÍSICA** *del* **UNIVERSO**

CÓMO LA ASTRONOMÍA SE HIZO FÍSICA

«No hay astronomía sin física ni física sin astronomía». KEPLER